CONSTRUCTION AND INNOVATION OF SINGLE SIDE SUSPENSION FOOTBRIDGE WITH THREE DIMENSIONAL CURVED DUAL DECKS

空间曲梁双桥面单边悬索桥建设与创新

庞学雷 于 辉 编著

方亚非 主审

人民交通出版社股份有限公司
China Communications Press Co.,Ltd.

内 容 提 要

本书概括性地介绍了空间曲梁双桥面单边悬索桥的建设过程，系统梳理了空间曲梁双桥面单边悬索桥在设计、深化、加工、施工、监测、荷载试验、验收、BIM建模过程中的主要内容和步骤，系统总结了上述建设过程中的技术特点及难点，并总结归纳了空间曲梁双桥面单边悬索桥的成功经验和启示。

本书旨在为有意了解或参与此类桥梁设计、施工、监控、管理等的企业、大专院校、科研单位和社会各界提供参考和帮助。

图书在版编目(CIP)数据

空间曲梁双桥面单边悬索桥建设与创新 / 庞学雷，于辉编著. -- 北京 : 人民交通出版社股份有限公司，2016.8

ISBN 978-7-114-13000-7

Ⅰ. ①空… Ⅱ. ①庞… ②于… Ⅲ. ①悬索桥—研究 Ⅳ. ①U448.25

中国版本图书馆CIP数据核字(2016)第099919号

书　　名：空间曲梁双桥面单边悬索桥建设与创新
著 作 者：庞学雷　于　辉
责任编辑：卢俊丽
出版发行：人民交通出版社股份有限公司
地　　址：(100011)北京市朝阳区安定门外外馆斜街3号
网　　址：http://www.ccpress.com.cn
销售电话：(010) 59757973
总 经 销：人民交通出版社股份有限公司发行部
经　　销：各地新华书店
印　　刷：北京盛通印刷股份有限公司
开　　本：787×1092　1/16
印　　张：17.25
字　　数：386千
版　　次：2016年8月　第1版
印　　次：2016年8月　第1次印刷
书　　号：ISBN 978-7-114-13000-7
定　　价：75.00元

前言 FOREWORD

上海国际旅游度假区内的两座空间曲梁双桥面单边悬索桥位于度假区内的星愿湖边，紧邻上海迪士尼乐园（Shanghai Disney Resort），分别位于星愿湖的西南侧和东南侧。两座桥均为弧形平面、单侧悬挂的空间悬索结构，因其主副桥拼合结构的设计理念成为国内首创，世界第一。

两座桥顺桥跨度分别为120m和90m，每座桥均由主副桥拼合而成，主桥宽6m，副桥宽3m，主副桥在平面上都是半径不同的圆形曲线，桥面分为内侧副桥的玻璃桥面和外侧主桥的钢桥面，只在中间部位通过踏步进行拼合连接，让游客在主副桥之间转换通行，抑或可以坐在踏步上观赏风景。主副桥的起坡高度与坡度不同，分离的主副桥之间形成一个月牙形的空隙，由此形成了主副桥之间复杂的空间关系，行走时在四条不锈钢扶手的引导下形成动态变化的视觉体验。

本书将以东桥为例，对桥梁的设计、施工等过程中所进行的思考与创新进行叙述，希望能为今后同类桥梁的建设提供借鉴与帮助。

本书共分为12章。第1章概述，主要介绍了空间曲梁双桥面单边悬索桥工程的特点及难点；第2章单边悬索桥建设条件和主要技术标准，详细介绍了空间曲梁双桥面单边悬索桥工程设计概况；第3章单边悬索桥结构设计与分析，详细介绍了空间曲梁双桥面单边悬索桥结构设计与分析计算；第4章单边悬索桥抗风抗震性能分析，介绍了空间曲梁双桥面单边悬索桥抗风、抗震分析计算；第5章单边悬索桥人致振动舒适性研究，介绍了人致振动舒适性评估计算以及减振设计方法；第6章单边悬索桥钢结构和索缆加工，介绍了空间曲梁双桥面单边悬索桥钢结构及索缆的制造工艺及流程；第7章单边悬索桥成桥施工，介绍了空间曲梁双桥面单边悬索桥成桥方案的选择、施工阶段计算分析以及施工过程关键步骤的控制；第8章单边悬索桥施工监测，介绍了施工监测的目的、工作内容和结果；第9章单边悬索桥静力荷载试验，介绍了静力荷载试验目的、内容和结果；第10章单边悬索桥动力荷载试验，介绍了动力荷载试验目的、内容和结果；第11章单边悬索桥验收标准，详细介绍了空间曲梁双桥面单边悬索桥验收标准；第12章单边悬索桥BIM技术的应用，介绍了本项目中BIM技术在施工图BIM、建筑效果和项目管理方面的应用。

本书由上海申迪项目管理有限公司总工程师庞学雷（教授级高级工程师）负责组织和定稿，庞学雷、于辉编写，方亚非审校，于超和蒋垠茏为本书的编写也做了大量的工作。

空间曲梁双桥面单边悬索桥的建设得到了申迪集团领导全方位的大力支持。申迪集团有限公司董事长范希平、总裁是明芳、副总裁王庆国、副总裁程放的英明决策和信任，为这一创新成果奠定了基础、提供了空间；上海申迪建设有限公司总经理金大成，上海申迪项目管理有限公司总经理王强、副总经理冯双平在项目建设阶段给予的支持和全力的配合，是项目得以顺利完成的重要保障。

在上海申迪集团的领导下，由申迪项目管理公司总工程师庞学雷先生带领的申迪项目管理团队策划、组织并主导了整个项目的科研、设计、施工、监理、咨询、施工控制、监测、加工制造等，创造性地完成了全部的建设工作。

阿法建筑设计咨询（上海）有限公司（RFR 上海）于辉先生完成了桥梁的系统方案和初步设计，在项目的前期做了大量协调工作，在后期的施工实施过程中解决了很多重大技术问题，为本项目的成功建设起到了重要作用，Florian Rochereau 先生主要负责了桥梁的参数化设计和结构找形计算。

上海现代建筑设计（集团）有限公司花炳灿、孙洲、郑沁宇、于军峰、罗辑、朱华军在项目的设计、施工图绘制及 BIM 模型的建立等方面负责了出图和分析建模工作，参与了全过程的技术研究工作。

上海市政工程设计研究总院（集团）有限公司方亚非、李鹏、罗东伟全面负责了本桥梁的设计复核工作，并对施工过程与调试检测工作提出了十分专业的意见，对本桥的建设起到了技术把关的作用。除此之外，上海市政工程设计研究总院（集团）有限公司大桥设计研究院总工方亚非先生担任本书主审，提出了诸多宝贵的意见。

上海建工集团股份有限公司邓福弟、陈路伟、毕俊成、徐宝成、伍小平、李鑫奎、苏昱晟、吕晓天、况中华、李怀翠在项目设计、施工过程中做了大量组织协调工作。

上海市基础工程集团有限公司蔡忠明、邓文武、金仁兴、钱建兴、马晓云、王星、阮再兴针对本工程的基础设计和施工提出了具体的工程技术解决方案并组织了施工。

上海建科工程项目管理有限公司黄斌、应培堃、李火龙、唐志明、张三明、阵震毕、陆秀明负责了本项目的监理工作。

上海建科院上海市工程结构新技术重点实验室邢云、谭长建、崔鑫在桥梁的监测和试

验方面提出了很多建设性的意见并实施了全部的监测工作。

中国建筑西南设计研究院有限公司彭建华、唐海峰、王颖、周钧、崔孝凯、刘高、许建、孙德铭组织实施了本项目的地质勘察。

广东坚朗五金制品股份有限公司王晓丽、尚景联、李海勋、陈广宁，江苏中泰钢结构股份有限公司陈红波、陆桃峰、李磊、章健、陆健在缆索及配件的科研、制作安装、钢结构深化设计及加工拼装过程中做了大量卓有成效的工作，圆满地实现了设计的意图。

同济大学孙利民教授和杨伟博士为桥梁的人致振动分析做出了大量卓有成效的工作。同济大学蒋垠茏、陈轶迪、袁远、王瑞雪、崔杨同学对书籍的资料整理和文字校对也做出了很大的贡献。

在此，对于上述参与项目建设各方面工作，付出努力的领导、合作者、建设者表示诚挚的谢意！

谨以此书献给所有为此项目付出艰辛工作的单位和个人。

本书介绍的内容引用了RFR上海、上海现代建筑设计（集团）有限公司、上海市政工程设计研究总院（集团）有限公司、上海建科院上海市工程结构新技术重点实验室、上海建工集团股份有限公司、广东坚朗五金制品股份有限公司、江苏中泰钢结构股份有限公司、同济大学，在桥梁结构初步设计、桥梁结构深化设计、桥梁施工和桥梁试验方面做出的杰出工作成果，在此一并表示感谢。同时，本书的编写过程中也参考了很多国内外同行的相关资料、图片及论著，并尽其所能在参考文献中予以列出，但如有疏漏之处，敬请谅解。

由于作者水平有限，且成书时间较紧，书中不妥之处在所难免，敬请广大读者批评指正。

庞学雷

二〇一六年六月于上海

目录
CONTENTS

第1章 概述

1.1 工程背景

上海国际旅游度假区内的两座空间曲梁双桥面单边悬索桥位于度假区内的星愿湖边，紧邻上海迪士尼乐园（Shanghai Disney Resort）。两座悬索桥分别位于星愿湖的西南侧和东南侧，均为弧形平面、单侧悬挂的空间悬索结构和主副桥拼合结构，此设计理念为世界第一、国内首创，如图 1.1 所示。

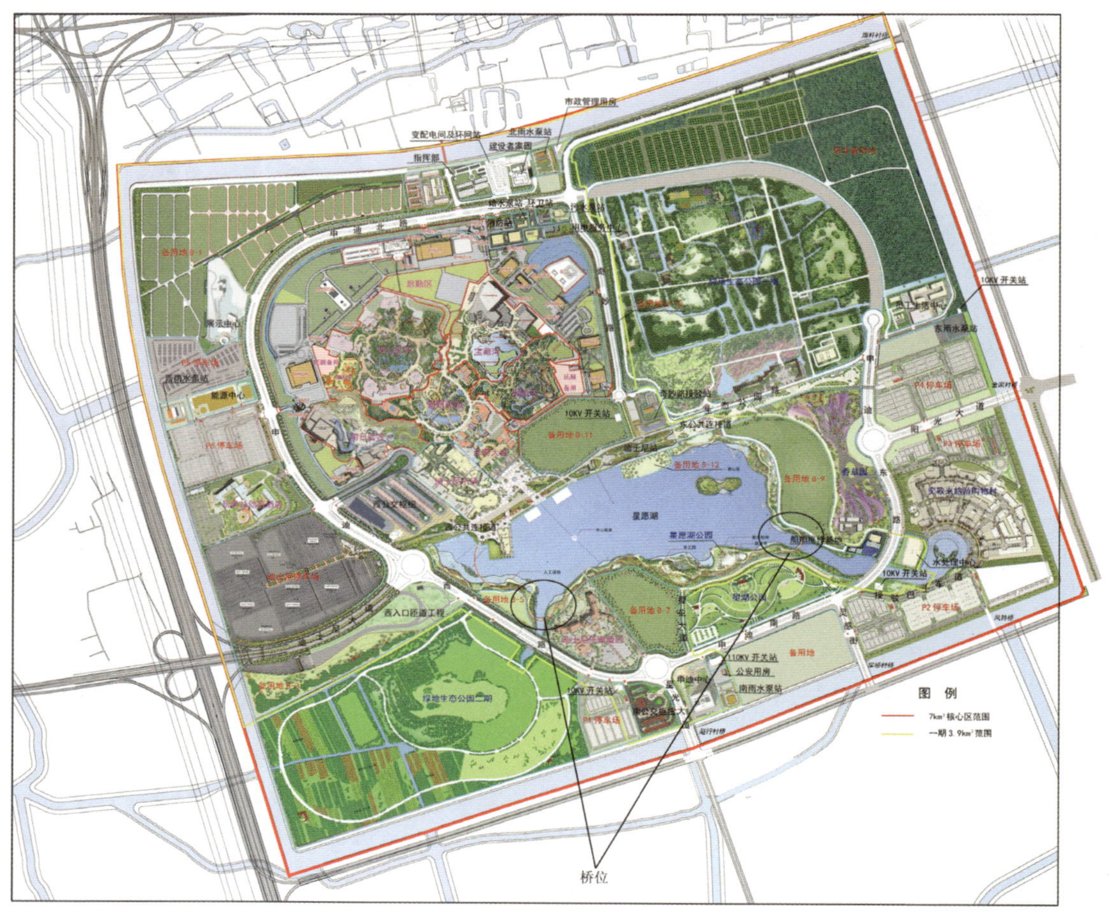

图 1.1　上海国际旅游度假区地理位置图

该工程所属的星愿湖公园景观项目为迪士尼主题乐园周边配套公园，位于浦东新区的上海国际旅游度假区核心区内，核心区北临迎宾高速公路（S1），西临沪芦高速公路（S2），东临唐黄路，南临航城路。作为度假区的亮点，星愿湖周边以合理的规划布局、环湖绿化景观的营造以及基础设施的建设，自然衔接各功能区域并为游客创造出独特、舒适、迷人的室外湖滨休闲场所，而这两座景观性桥梁则作为全公园内最令人瞩目的点睛之作。同时，由于这两座在同类桥梁中主桥宽度最大、主副桥复杂拼合，目前成为该类桥梁中的世界第一。

本书将以东桥为例，对桥梁的设计、施工等过程中所进行的思考与创新进行叙述，希望能为今后同类桥梁的建设提供借鉴与帮助。

桥梁全称为“空间曲梁双桥面单边悬索桥”，下文为了叙述方便，在各章标题中简称为“单边悬索桥”。

1.2　桥梁景观构思

在上海国际旅游度假区星愿湖公园边，南侧蜿蜒起伏的木栈道伸向湖的尽头，两座弧形曲线景观桥如同彩虹飘逸在水面，跨越了微波荡漾的湖面，连通着湖泊公园东南区域的薰衣草园和远处的香草园。

站在主桥中央，眺望远方迪士尼城堡高高耸立的塔顶和欧美风格的迪士尼小镇，或者立足悬出主桥的钢悬臂副桥，透过防滑玻璃弧形桥面，静静地观赏脚下清澈的流水、远处宽阔的湖面，如同在湖面上荡漾，令人心旷神怡。

夜晚，被泛光灯照亮的纤细的索缆，将主桥轻轻拉起，嵌入在扶手内的 LED 灯，把副桥的玻璃桥面渲染得如童话世界般晶莹剔透。站在桥上近赏湖中桥静谧优雅的灯光倒影，远望湖对岸灯火璀璨的建筑，美轮美奂。

每晚烟火表演时分，伫立桥上，天空中七彩起舞的烟火与湖水中变形的色彩倒影如同现代抽象派油画，波光粼粼，交相辉映。而景观桥也因其主副桥拼合双向曲线的弧形，从不同的角度述说着结构美的风姿。具体如图 1.2 ~图 1.8 所示。

图 1.2　景观桥近景模拟图

图 1.3　景观桥远眺模拟图

图 1.4　景观桥俯瞰模拟图

图 1.5　景观桥模拟图

图 1.6　桥梁竣工图(1)

图 1.7　桥梁竣工图(2)

图 1.8　桥梁夜景图

1.3 单边悬索桥工程的特点及难点

1.3.1 结构分析与设计

因全桥由混凝土结构、钢结构和索缆体系组成荷载支承力学体系，索缆体系“柔性”的自平衡特性与钢筋混凝土及钢结构的“刚性”，导致桥梁在不同形态时的受力状况变化以及空间找形与力学计算极其复杂，可谓“牵一发而动全身”。因此，对桥梁进行了参数化建模，并进行了细致的找形分析（图 1.9），最终选定主桥宽 6m、高 1.7m。

人行桥结构的静力分析比较复杂，需要考虑各种设计荷载（如恒、活、风、雪、地震、温度等）及其组合、材料徐变、基础变形和沉降等各种因素的综合作用，并充分考虑荷载不对称分布的不利影响。进行结构分析的同时，还要考虑桥梁环索张拉施工的各中间过程的受力情况。因此，在使用 GSA 软件对本桥进行计算的同时，还采用 Midas Civil 软件进行了复算（图 1.10），并使用大型有限元分析软件 ANSYS 进行辅助计算。

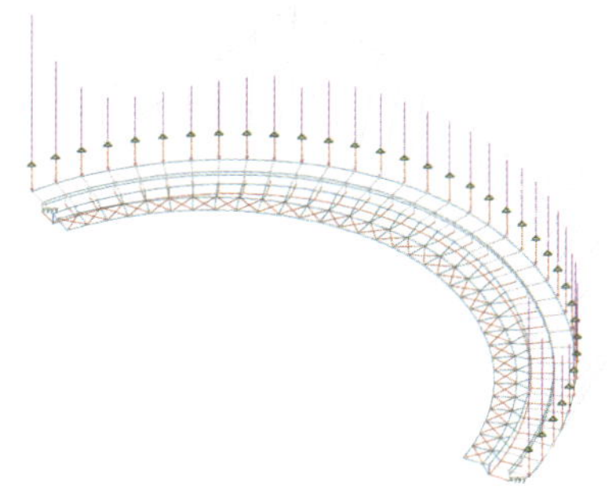

图 1.9 结构找形分析

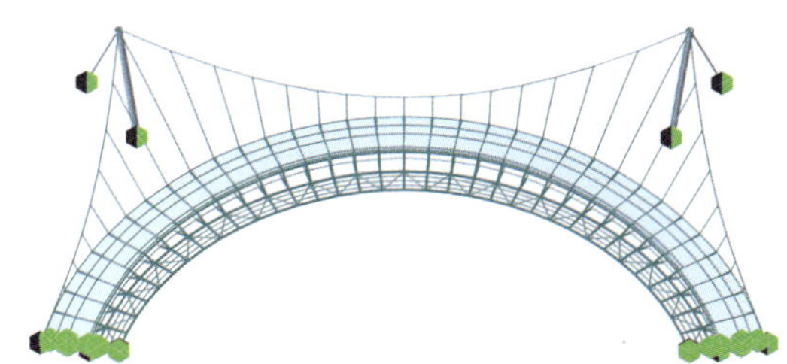

图 1.10 Midas Civil 计算模型

由于桥梁的设计计算基频在 3Hz 以下，需要对人致振动进行分析，并提出合理的调频处理方法，以提高行人的舒适度。为此，委托同济大学桥梁系孙利民教授（长江学者）进行人致振动专题研究，以复核舒适度指标并论证采取 TMD 减振措施及布置方法，最终确定在东桥的 1/4、1/2、3/4 跨径处和西桥的 1/2 跨径处设置 TMD 阻尼器（图 1.11），在全桥完成基频测试后进行调节。

此外，为确保风荷载以及地震作用下结构的安全，对全桥进行了数值风洞验算，并进行了抗震验算。图 1.12 所示为桥梁数值风洞模型。

图 1.11 桥梁跨中 TMD 阻尼器

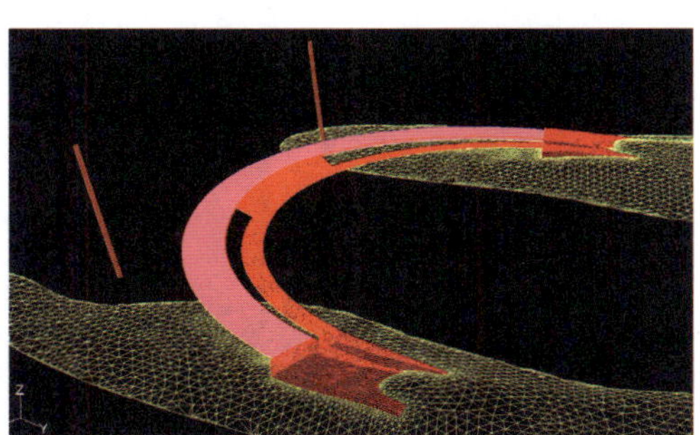

图 1.12 桥梁数值风洞模型

由于桥梁的主塔倾斜会对基础产生水平推力，且主塔在使用过程中会随着各种荷载组合的不同变化，向不同方向产生偏转，因此为主塔基础与背索基础自身及相互间提供稳定的支承、有效解决主塔下端支承问题十分重要。由于现有沉桩设备可实现的最大倾角为 78°，因此，将主塔倾角选为与斜桩相同的 78°。图 1.13 所示为索塔和背索系统构造图。

主缆与环向索为该桥的主要受力构件，而该桥又为人行桥，行人可以近距离地观察、触摸到部分主缆与环索，这就对主缆与环向索的耐久性与美观性提出了很高的要求。由于该工程中部分主缆索与吊索之间的角度较大，索夹与索缆之间易产生滑移，因此，选择了 GALFAN（95% 锌 + 5% 铝）防腐涂层的进口封闭索。GALFAN 镀层的延展性和可变性极强，防腐性能优异，不会出现变色、老化、龟裂等影响美观的问题。图 1.14 所示为 GALFAN 涂层封闭索与索头。针对索夹滑移的问题，工程中通过内衬锌膜与调整索夹内部细纹，提升了抗滑性能。

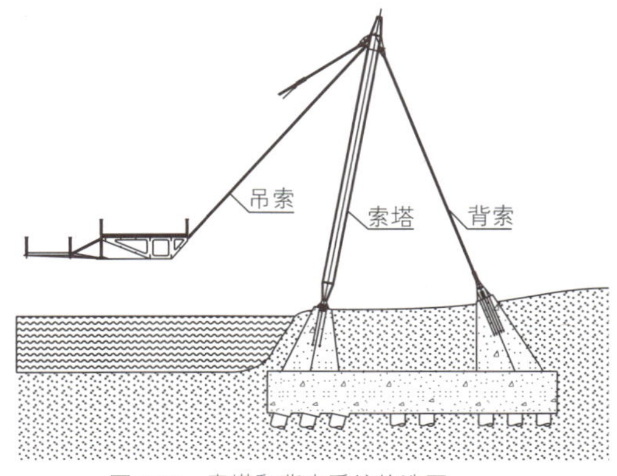

图 1.13　索塔和背索系统构造图

图 1.14　GALFAN 涂层封闭索与索头

1.3.2　主要部件设计与制作

由于主塔底部会产生不定方向的空间转角，因此，主塔与基础间采用球铰连接。球铰结构给加工、制作和安装提出了很高的要求，经过制造厂商与设计施工单位的充分沟通，分析了质量可靠性与制作难度。本项目采用反向碗扣与固定的铸钢球进行无限位铰接，保证了主要受力点的安全可靠。并对铸钢球进行超声波探伤，保证其加工质量，图 1.15 所示为主塔铰接部分。

a）结构实拍

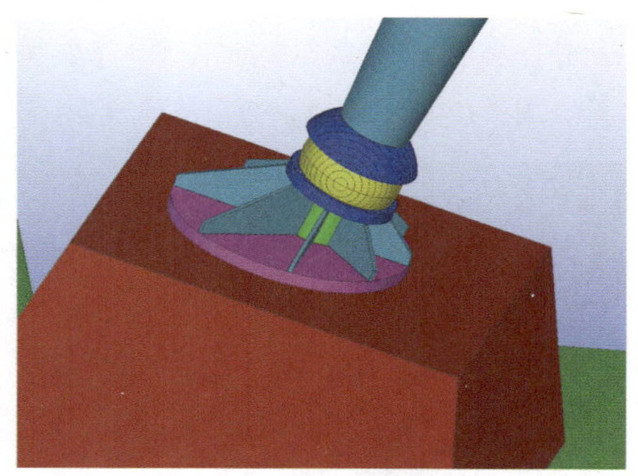

b）BIM 模型

图 1.15　主塔铰接部位

因吊索系为空间异面直线，主缆与吊索连结处的每个索夹均有一个扭转角度，所以吊索系的安装与定位比较困难。本项目通过与制造厂商的沟通，采用在工厂内模拟成桥应力状态下进行长度与转角的精准标定，在现场进行安装，以保证其位置、转角与成桥后的吊索方向一致。图 1.16 所示为测量工装。

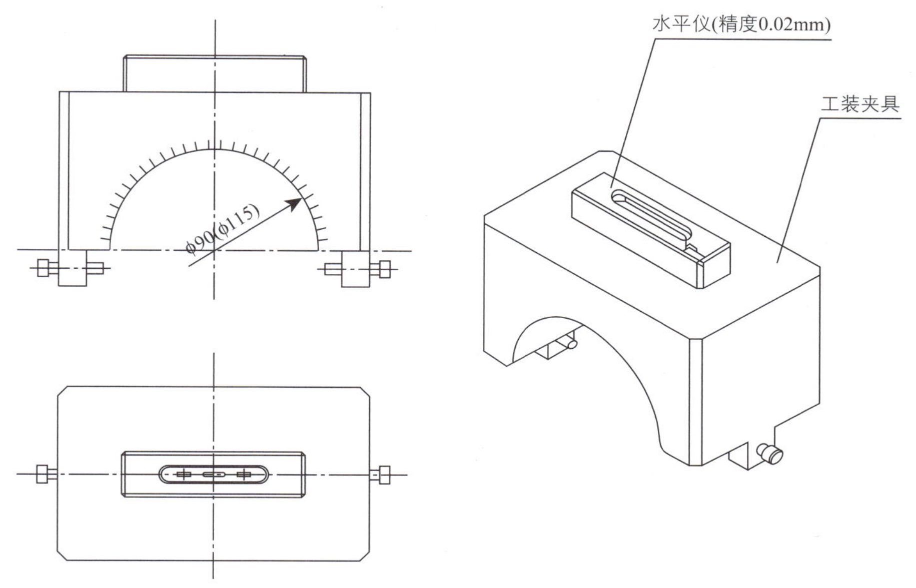

图 1.16　测量工装

主桥钢梁为三向曲线即球面形态，对制造安装的精度要求很高。该项目采用在钢结构加工厂内设置全桥胎架进行预拼装，再分段拆解后运输到达现场进行拼装的方式，保证全桥曲线的顺接。图 1.17 所示为全桥胎架预拼装。

由于桥梁为柔性结构，轻盈飘逸，因此栏杆的选择不同于传统桥梁结构。主副桥栏杆选用了不锈钢钢绞线网（图 1.18），在建筑风格上与全桥的柔性结构相呼应，同时降低了风荷载的影响；扶手与栏杆下部踢脚线槽采用整体不锈钢双向曲线，虽然制作难度增大，但可起到引导视线与消弥副桥边梁折线的作用。

图 1.17　全桥胎架预拼装

图 1.18　不锈钢钢绞线网

桥面铺装中，为解决钢梁表面与铺装层的层间结合力可靠性问题和大型沥青摊铺机荷载无法上桥施工的难题，经过长达 10 个月的试验，最终选用了厚度仅为 3 ~ 5mm 的 safetrack sc 彩色抗滑薄层系统作为铺装(图1.19);为保证副桥的玻璃桥面在雨天潮湿情况下达到高防滑性能,经过9次试验分析,通过在多层复合夹胶玻璃表面加设磨砂圆点的方法得以解决(图1.20)。

图1.19 彩色抗滑薄层系统

图1.20 多层复合夹胶磨砂玻璃

1.3.3 受力体系转换与成桥方案

根据该桥的结构形式,有"主塔就位、曲梁落架","曲梁就位、主塔顶升"和"曲梁就位、背索张拉"三种成桥方式可以选择。

"主塔就位、曲梁落架"的优势在于,从理论上讲,如果落架出现问题,可以退回到前一个工况,曲梁有支架保护,较为安全;而且方便分阶段控制。其劣势在于,如果落架的位移过大,容易造成成桥前索缆安装困难,部分吊挂点无法安装,甚或成桥之后支座反力偏小,导致背索索力增大。

"曲梁就位、主塔顶升"的优势在于,避免了"主塔就位、曲梁落架"方案中的不足。其劣势在于,千斤顶定位稳定性较差,需要辅助安全措施;所需千斤顶的吨位较大。

"曲梁就位、背索张拉"的优势在于,避免了"主塔就位、曲梁落架"方案中的不足。其劣势在于,所需千斤顶吨位较大,对张拉设备要求较高;若采用压顶,还需辅助张拉器具;张拉空间比较小。

经过项目建设单位组织设计、咨询、审核、施工,以及与制造厂商反复分析讨论研究,确定的"落架成桥"方案,可确保在成桥过程中全桥始终处于由支架承重并受控状况,且随时可以复位到上一个工况,以策安全。

1.3.4 BIM技术的应用

该悬索桥的设计与施工涉及三维空间的复杂模拟与分析,因此整个建设过程中采用BIM技术进行辅助建造,通过视觉模型的场景模拟,解决了桥型选择与环境配合问题,提高了决策效率。同时通过管理协同平台实现了参建各方的施工信息可视化共享目标。图1.21所示为整体BIM模型。

通过采用TEKLA软件建模,分析每个细部构造的合理性以及与其他部件配合的合理性与方法的研究,将某些不能准确表达甚至不能表达的细节表现出来。例如:桥台钢筋为空间曲线,无法采用CAD平面图纸表达,故应用BIM模型并以钢筋算量表为辅在现场直接进行电脑辅助钢筋放样。图1.22所示为桥台钢筋分布BIM模型。

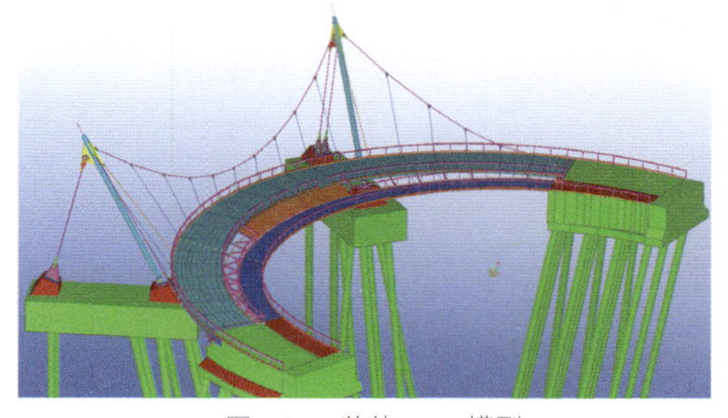

图 1.21 整体 BIM 模型

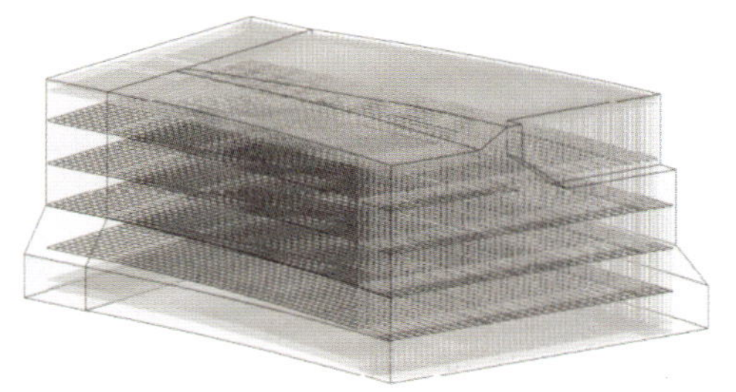

图 1.22 桥台钢筋分布 BIM 模型

1.3.5 全桥静载、动载试验

由于桥梁结构新颖复杂，因此在成桥之后需要对桥梁进行静载、动载试验，以测试桥梁的性能。全桥“落架成桥”施工完成后进行了静载试验，采用 6 种最不利工况下的荷载组合进行加载试验，经过对加载工况下的桥梁姿态测量与内力测试，桥梁符合设计理论计算。图 1.23 所示为桥梁静载试验。

在铺装工程完成后进行动荷载试验并测量实际基频，据此调整 TMD 的阻尼刚度，实现人致振动的舒适性目标。图 1.24 所示为桥梁动载试验。

图 1.23 桥梁静载试验

图 1.24 桥梁动载试验

1.4 参考项目

1.4.1 建成项目

1）参考案例 1——Kehlheim Bridge

Kehlheim Bridge 的基本情况及相关图片，见表 1.1 和图 1.25。

Kehlheim Bridge 的基本情况 表 1.1

基本情况	竣工时间	1987 年
	建成地点	拜仁州，德国
	功能	人行 / 自行车
	造价	—

形状和尺度	河宽	47m
	桥形	弧线 C 形
	半径	31m
	跨度	62m
	桥长	100m
	桥宽	4.2m
技术指标	塔高	20m
	塔截面	ϕ 660×100
	梁截面	混凝土箱梁
	梁高	h=0.87m
	主缆垂跨比	f/L=7/31
	主缆直径	ϕ 90mm

a）

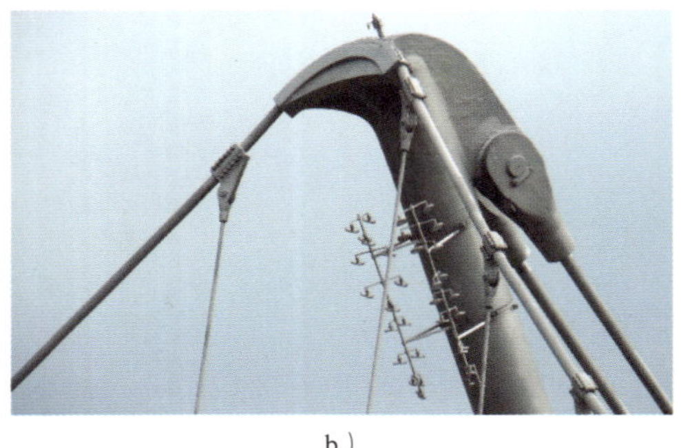

b）

c）

图 1.25 Kehlheim Bridge

2）参考案例 2——Malecon Passerelle

Malecon Passerelle 的基本情况及相关图片，见表 1.2 和图 1.26。

Malecon Passerelle 的基本情况　　表 1.2

基本情况	竣工时间	1995 年
	建成地点	穆尔西亚，西班牙
	功能	人行 / 自行车
	造价	—
形状和尺度	河宽	—
	桥形	弧线 C 形
	半径	—
	跨度	60m
	桥长	—
	桥宽	5.1m
技术指标	塔高	—
	塔截面	—
	梁截面	—
	梁高	—
	主缆垂跨比	—
	主缆直径	—

a）

b）

c）

图 1.26　Malecon Passerelle

3）参考案例 3——West Park Bridge

West Park Bridge 的基本情况及相关图片，见表 1.3 和图 1.27。

West Park Bridge 的基本情况　　表 1.3

基本情况	竣工时间	2003 年
	建成地点	波鸿州，德国
	功能	人行 / 自行车
	造价	—
形状和尺度	河宽	—
	桥形	弧线 S 形
	半径	—
	跨度	120m
	桥长	130m
	桥宽	3.0m
技术指标	塔高	30m
	塔截面	—
	梁截面	钢格梁（无扭转刚度）
	梁高	h=1.0m
	主缆垂跨比	f/L=4/15
	主缆直径	—

a）

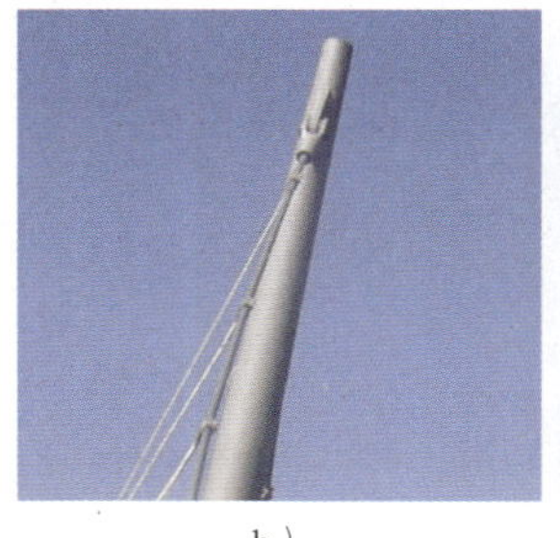

b）

c）

d）

图 1.27　West Park Bridge

4）参考案例 4——Liberty Bridge

Liberty Bridge 的基本情况及相关图片，见表 1.4 和图 1.28。

Liberty Bridge 的基本情况　　表 1.4

基本情况	竣工时间	2004 年
	建成地点	南加州，美国
	功能	人行 / 自行车
	造价	$4.5Mio
形状和尺度	河宽	—
	桥形	弧线 C 形
	半径	—
	跨度	116m
	桥长	—
	桥宽	3.7m
技术指标	塔高	—
	塔截面	—
	梁截面	钢格梁（无扭转刚度）
	梁高	h=1.3m
	主缆垂跨比	f/L=1/61
	主缆直径	—

a）

b）

图 1.28　Liberty Bridge

5）参考案例 5——Sassnitz Bridge

Sassnitz Bridge 的基本情况及相关图片，见表 1.5 和图 1.29。

Sassnitz Bridge 的基本情况 表 1.5

基本情况	竣工时间	2007 年
	建成地点	萨斯尼茨，德国
	功能	人行 / 自行车
	造价	—
形状和尺度	河宽	—
	桥形	弧线 C 形
	半径	—
	跨度	118m
	桥长	130m
	桥宽	3.0m
技术指标	塔高	40m
	塔截面	40m
	梁截面	钢箱梁
	梁高	h=0.75m
	主缆垂跨比	f/L=1/4
	主缆直径	95mm

a）

b）

c）

d）

e）

图 1.29 Sassnitz Bridge

1.4.2 规划中项目

1）参考案例 1——Bruce Vento Regional Trail Bridge

Bruce Vento Regional Trail Bridge 的基本情况及相关图片，见表 1.6 和图 1.30。

Bruce Vento Regional Trail Bridge 的基本情况　　表 1.6

基本情况	竣工时间	原预计 2014 年
	建成地点	明尼苏达州，美国
	功能	人行 / 自行车
	造价	$7.7Mio（预计）
形状和尺度	河宽	—
	桥形	弧线 C 形
	半径	—
	跨度	152m
	桥长	—
	桥宽	3.5m
技术指标	塔高	—
	塔截面	—
	梁截面	钢箱梁
	梁高	—
	主缆垂跨比	—
	主缆直径	—

图 1.30　Bruce Vento Regional Trail Bridge

2）参考案例 2——University Pedestrian Bridge

University Pedestrian Bridge 的基本情况及相关图片，见表 1.7 和图 1.31。

University Pedestrian Bridge 的基本情况　　表 1.7

基本情况	竣工时间	原预计 2013 年
	建成地点	俄亥俄州，美国
	功能	人行 / 自行车
	造价	$7.0Mio（预计）
形状和尺度	河宽	—
	桥形	弧线 S 形
	半径	—
	跨度	—
	桥长	294m
	桥宽	—
技术指标	塔高	—
	塔截面	—
	梁截面	钢箱梁
	梁高	h=1.0m
	主缆垂跨比	—
	主缆直径	—

图 1.31　University Pedestrian Bridge

第2章

单边悬索桥建设条件和主要技术标准

2.1 自然地理条件

2.1.1 地形地貌

该桥的建设场地主要为空地，局部有施工便道、堆土，除堆土外地势较平坦。星愿湖泊已少量蓄水。现场勘察实测勘探孔孔口高程为 2.84 ~ 4.85m。场地地貌单元属长江三角洲入海口东南前缘的滨海平原。

2.1.2 地基土的构成与特征

现场勘察所揭露的 90.30m 深度范围内的地层为第四纪全新世～晚更新世长江三角洲滨海平原型沉积土层，主要由黏性土、粉（砂）性土组成。建设场地位于上海地区滨海平原型正常沉积地段，按地层沉积时代、成因类型及其物理力学性质指标的差异，场地土层自上而下可分为 8 个主要层次（①层该场地未见）。第⑤层下面为第⑥层暗绿～草黄色粉质黏土，第⑦层分为 2 个亚层（⑦ 1、⑦ 2 层），其下为第⑨层，层位分布基本稳定。场地内第⑦层、第⑨层直接连接。

2.1.3 场区水文地质条件

1）地表水

建设场地范围星愿湖有少量蓄水，临时道路边有宽为 0.3 ~ 0.5m 的排水沟。

2）地下潜水

上海地区的地下水主要有浅部土层中的潜水、部分地区浅部粉（砂）性土层中的微承压水和深部粉性土、砂土层中的承压水。对该工程基础设计有直接影响的是浅部土层中的潜水，其补给来源主要为大气降水与地表径流。潜水位埋深随季节、气候、潮汛、降水量、地表水等因素而有所变化。勘察期间测得潜水静止水位埋深为 0.20 ~ 2.00m，高程为 2.29 ~ 3.88m。上海地区潜水年平均水位埋深一般为 0.50 ~ 0.70m，低水位埋深按 1.5m 考虑，设计可根据需要选择合适的地下水位埋深。

3）水和地基土腐蚀性评价

根据有关规范，上海地区地下水按Ⅲ类环境考虑，较符合实际情况。现场勘察在勘探孔 Z01 和 Z16 内各取 1 组地下水样及星愿湖内采取 1 组地表水进行水检分析，分析结果见表 2.1 ～表 2.3。

水对混凝土的腐蚀性评价　　表 2.1

按环境类型：水和土对混凝土结构的腐蚀性判别				按地层渗透性：水和土对混凝土结构的腐蚀性判别			
腐蚀介质含量		判别结果		腐蚀介质含量		判别结果	
SO_4^{2-}（mg/L）	193.4 ~ 230.4	<500	微腐蚀性	pH 值	7.3 ~ 7.7	>5.0	微腐蚀性
Mg^{2+}（mg/L）	93.7 ~ 123.9	<3 000	微腐蚀性	侵蚀性 CO_2（mg/L）	0.0 ~ 3.9	<30	微腐蚀性
NH_4^+（mg/L）	2.9 ~ 4.9	<800	微腐蚀性				
OH^-（mg/L）	0.0	<57 000	微腐蚀性				
总矿化度（mg/L）	711.8 ~ 788.7	<50 000	微腐蚀性				

水对钢筋混凝土结构中钢筋的腐蚀性评价　　表 2.2

腐蚀介质	含量(mg/L)	判 别 结 果	
水中 Cl^-	44.8 ~ 104.8	长期浸水 <10 000	微腐蚀性
		干湿交替 <100	微腐蚀性
		干湿交替 100 ~ 500	微腐蚀性

水对钢结构的腐蚀性评价　　表 2.3

腐蚀介质	含量(mg/L)	判 别 结 果	
水中 $Cl^-+SO_4^{2-}$	267.0 ~ 315.8	<500	弱腐蚀性

由表 2.1 ~ 表 2.3 可知，建设场地及周围无地下水污染源，且地下水位高，地基土呈饱和状态，根据规范及水腐蚀性判定报告表：建设场地内潜水、地表水和地基土对混凝土有微腐蚀性；当长期浸水时，潜水及地表水对混凝土中的钢筋有微腐蚀性，当干湿交替时，对混凝土中的钢筋有弱腐蚀性；潜水对钢结构有弱腐蚀性。

2.1.4　不良地质条件

该场地的明暗浜调查工作于前期勘察已完成，场地内共有 5 条暗浜分布。

2.1.5　场地地震效应评价

1）场地类别、抗震设防烈度及有关参数

根据有关规范规定，该场地抗震设防烈度为 7 度，设计地震分组属第一组，设计基本地震加速度值为 0.10g。根据勘察结果及上海地区第四纪覆盖层的厚度资料，该场地第四纪覆盖层的厚度大于 80m，且场地 20m 以内范围内地基土主要由剪切波速 V_s<150m/s 的土层组成，故场地土类型属软弱场地土，建筑场地类别为Ⅳ类。结合上海市工程建设规范《岩土工程勘察规范》（DGJ 08-37—2012），该工程属临岸场地，场地属对建筑抗震不利地段，设计中采取了相应的抗震措施。

2）场地地震液化判别

场地在 20.00m 深度范围内不存在第四纪全新世连续分布的饱和的砂质粉土和砂性土，因此在抗震设防烈度为 7 度时，场地地基无液化问题。

2.1.6　场地稳定性和适宜性评价

根据区域地质构造资料，上海地区属于地质构造稳定区域，虽场地内有暗浜分布，位于抗震不利地段，但整体场地较稳定，在采取一定的工程措施后，适宜该工程建设。

2.1.7　地基土承载力

建设场地浅层分布的土层的地基土承载力按上海市工程建设规范《岩土工程勘察规范》（DGJ 08-37—2012）和《地基基础设计规范》（DGJ 08-11—2010）有关公式进行计算（计算时假定基础为条形基础，宽度为 1.50m，埋深为 1.00m，地下水位为 0.50m），结合地区经验综合确定，浅层地基土承载力建议值见表 2.4。

地基土承载力设计值 f_d 及特征值 f_{ak} 值一览表 表 2.4

层序	地层名称	P_s 值	重度	直剪固快峰值强度		地基承载力建议值	
		P_s（MPa）	γ（kN/m^3）	c（kPa）	φ（°）	设计值 f_d（kPa）	特征值 f_{ak}（kPa）
②	褐黄～灰黄色粉质黏土	0.67	18.5	19	16.5	80	80
③	灰色淤泥质粉质黏土	0.47	17.5	11	16.5	55	55
③	灰色黏质粉土	0.90	18.1	7	26.0	85	85
④	灰色淤泥质黏土	0.59	16.6	11	11.5	60	60
⑤	灰色黏土	0.94	17.5	15	12.0	80	80

2.1.8 桥梁桩基工程分析评价

该工程所建桥梁为空间曲梁双桥面单边悬索桥，桥梁采用桩基础，受较大的水平力及弯矩等荷载。

1）桩端埋置层位选择

场区第⑤层及以上土层为沉积年代较晚的全新世 Q4 饱和软弱黏性土及松散粉性土，均为中～高压缩性，承载力低，均不宜选作本工程所建桥梁的桩端埋置层位。

第⑥～第⑦$_{1\text{-}2}$ 层土，其埋藏较浅，不建议作为所建桥梁的桩端埋置层位。

第⑦$_{2\text{-}1}$ 层灰黄色粉砂，密实，中压缩性，其含水率 w=28.5%，重度 γ=18.8kN/m^3，孔隙比 e=0.802，压缩系数 $a_{0.1\sim0.2}$=0.19MPa^{-1}，压缩模量 $E_{s0.1\sim0.2}$=10.09MPa，平均比贯入阻力 P_s=14.15MPa，标准贯入平均击数为 39.6 击，该层顶面埋藏较稳定，层顶埋深 35.00 ～ 36.50m，工程性质好，埋藏适中，厚度较大，平均厚度约 10.80m，可考虑该层为所建桥梁的桩端埋置层位。

第⑦$_{2\text{-}2}$ 层灰黄色粉砂，密实，中压缩性，其含水率 w=27.7%，重度 γ=18.9kN/m^3，孔隙比 e=0.780，压缩系数 $a_{0.1\sim0.2}$=0.18MPa^{-1}，压缩模量 $E_{s0.1\sim0.2}$=10.34MPa，平均比贯入阻力 P_s=21.53MPa，标准贯入平均击数为 60.40 击，层顶埋深 46.00 ～ 48.00m，工程性质好，埋藏适中，可考虑该层为所建桥梁的桩端埋置层位。

第⑨层灰色细砂，密实，中压缩性，其含水率 w=28.1%，重度 γ=18.8kN/m^3，孔隙比 e=0.790，压缩系数 $a_{0.1\sim0.2}$=0.20MPa^{-1}，压缩模量 $E_{s0.1\sim0.2}$=9.65MPa，平均比贯入阻力 P_s=21.17MPa，标准贯入平均击数为 77.50 击，层顶埋深 67.20 ～ 68.80m，工程性质好，但埋藏较深，若设计需要，也可考虑该层为所建桥梁的桩端埋置层位。

综上所述：该桥梁可选择的桩端埋置层位为第⑦$_{2\text{-}1}$ 层灰黄色粉砂、第⑦$_{2\text{-}2}$ 层灰黄色粉砂及第⑨层灰色细砂。

2）桩型选择

（1）桩型选择应满足周围环境条件的要求。

（2）桩型选择应从经济性角度考虑，优先选用经济性好且施工质量易于控制的桩型。

（3）桩型选择除考虑满足桩身结构强度外，尚应考虑沉桩可行性。

（4）桩截面的规格选择，应尽量和预估的单桩竖向承载力设计值相匹配。

首先，从场地周围环境考虑：由于建设场地位于星愿湖泊边缘，呈条带状分布，场地内圈紧邻湖泊的护岸，西桥的西北侧及东南侧为规划酒店，西桥北侧为星愿湖；东桥除北侧临湖之外，其周围环境相对较简单。总体来讲，场地周围环境对桩基施工有一定限制。

其次，从沉桩可行性考虑：当选择第⑦$_{2-1}$层为桩端埋置层位时，应选择适当的机械设备及正确的沉桩程序，且采用相匹配的桩型与桩径，必要时进行试沉桩，若桩端进入第⑦$_{2-1}$层深度较大时，预制桩沉桩困难，宜采用钻孔灌注桩施工。当选择第⑦$_{2-2}$层、⑨层为桩端埋置层位时，预制桩沉桩困难，宜采用钻孔灌注桩施工。

3）单桩竖向极限承载力估算

桩基参数及承载力估算，分别按照上海规范《岩土工程勘察规范》（DGJ 08-37—2012）及行业规范《公路桥涵地基与基础设计规范》（JTG D63—2007）。

根据土层物理力学性质指标、静力触探 P_s 值和标准贯入试验击数 N，并结合土层埋藏深度、该地区经验和《岩土工程勘察规范》（DGJ 08-37—2012），综合确定各土层的桩侧土极限摩阻力标准值 f_s 及桩端土极限端阻力标准值 f_p，具体见表 2.5 ~ 表 2.8。

桩侧土极限摩阻力标准值 f_s 及桩端极限端阻力标准值 f_p 　　表 2.5

土层编号	土层名称	P_s	预制桩		灌注桩	
			f_s（kPa）	f_p（kPa）	f_s（kPa）	f_p（kPa）
②	褐黄～灰黄色粉质黏土	0.67	15		15	
③	灰色淤泥质粉质黏土	0.47	15（6m 以上）		15	
			20（6m 以下）			
③	灰色黏质粉土夹淤泥质粉质黏土	0.90	15（6m 以上）		15	
			20（6m 以下）			
④	灰色淤泥质粉质黏土	0.59	25		20	
⑤	灰色黏土	0.94	35		30	
⑥	暗绿～草黄色粉质黏土	2.79	75		55	
⑦$_{1-1}$	草黄色砂质粉土夹黏性土	5.10	70		55	
⑦$_{1-2}$	草黄～灰黄色砂质粉土	9.18	85		65	
⑦$_{2-1}$	灰黄色粉砂	14.15	100	6 000	75	1 800
⑦$_{2-2}$	灰黄色粉砂	21.53	110	7 000	85	2 200
⑨	灰色细砂	21.17	115	9 000	90	2 800

单桩竖向承载力估算 　　表 2.6

桩　　型	规格（cm）	持力层	依据孔号	桩顶埋深（m）	桩端进入持力层（m）	桩端入土/桩端高程（m）	单桩竖向极限承载力标准值 R_g（kN）	单桩竖向承载力特征值 R_a（kN）
预制方桩	45×45	⑦$_{2-1}$	Z03	2.00	2.00	38.0/-34.25	4 140	2 070
钻孔灌注桩	ϕ80						4 130	2 065
钻孔灌注桩	ϕ100						4 570	2 285
钻孔灌注桩	ϕ80	⑦$_{2-2}$	Z03	2.00	2.00	48.0/-44.25	6 260	3 130
钻孔灌注桩	ϕ100						7 120	3 360
钻孔灌注桩	ϕ120						9 940	4 970
钻孔灌注桩	ϕ80		Z03	2.00	2.00	58.0/-54.25	8 830	4 415
钻孔灌注桩	ϕ100						9 610	4 805
钻孔灌注桩	ϕ120						13 000	6 500

续上表

桩　　型	规格（cm）	持力层	依据孔号	桩顶埋深（m）	桩端进入持力层（m）	桩端入土/桩端高程（m）	单桩竖向极限承载力标准值 R_g（kN）	单桩竖向承载力特征值 R_a（kN）
钻孔灌注桩	ϕ80	⑨	Z03	2.00	1.80	70.0/−66.25	11 290	5 645
钻孔灌注桩	ϕ100						13 060	6 530
钻孔灌注桩	ϕ120						17 290	8 645
钻孔灌注桩	45×45	⑦$_{2-1}$	Z12	2.00	1.20	38.0/−34.36	4 230	2 115
钻孔灌注桩	ϕ80						4 220	2 110
钻孔灌注桩	ϕ100						4 650	2 325
钻孔灌注桩	ϕ80	⑦$_{2-2}$	Z12	2.00	2.00	48.0/−44.36	6 330	3 165
钻孔灌注桩	ϕ100						7 180	3 590
钻孔灌注桩	ϕ120						8 710	4 355
钻孔灌注桩	ϕ80		Z12	2.00	2.00	58.0/−54.36	8 890	4 445
钻孔灌注桩	ϕ100						9 660	4 830
钻孔灌注桩	ϕ120						11 610	5 805
钻孔灌注桩	ϕ80	⑨	Z12	2.00	2.00	70.0/−66.36	11 360	5 680
钻孔灌注桩	ϕ100						13 110	6 555
钻孔灌注桩	ϕ120						15 740	7 870

桩基沉降计算参数　　表 2.7

土层编号	土层名称	压缩模量（MPa）
⑦$_{2-1}$	灰黄色粉砂	40
⑦$_{2-2}$	灰黄色粉砂	60
⑨	灰色细砂	70

地基土水平抗力系数的比例系数 m 值　　表 2.8

土层号	①	②	③	④
预制桩、钢桩建议值	4.5	6.0	2.0	3.0
灌注桩建议值	6.0	14.0	3.0	3.5

2.2　主要设计指标

（1）道路等级：专用景观人行桥。

（2）荷载等级：人群荷载按《城市人行天桥与人行地道技术规范》（CJJ 69—1995）和《城市桥梁设计规范》（CJJ 11—2011）中规定的最大值取用。

（3）通航标准：等外级，桥下净空要求 3.50m。

（4）主桥桥面宽度：全宽 6.0m，净宽 5.5m。

（5）副桥桥面宽度：全宽 3.0m，净宽 2.5m。

（6）设计水位：常水位 3.45m，最高水位 3.6m。

（7）结构设计安全等级：一级。

（8）桥梁纵坡：桥面最大纵坡 4.0%，不设横坡，竖曲线半径 580m。

（9）环境类别：上部结构Ⅰ类；桩和承台按Ⅰ类环境要求。

（10）依据《上海迪士尼乐园—湖泊边缘景观人行桥沿途工程勘察报告》，抗震设防烈度7度，抗震设防类别为C类；以Ⅱ类场地，分区特征周期0.4s进行抗震验算。

（11）设计基本风速：33.8m/s。

（12）设计基准期：100年。

2.3 主要技术标准

（1）《市政公用工程设计文件编制深度规定》（建设部2004年1月）。

（2）《城市桥梁设计规范》（CJJ 11—2011）。

（3）《公路桥涵设计通用规范》（JTG D60—2004）。

（4）《公路桥涵地基与基础设计规范》（JTG D63—2007）。

（5）《公路工程水文勘测设计规范》（JTG C30—2002）。

（6）《公路钢筋混凝土及预应力混凝土桥涵设计规范》（JTJ D62—2004）。

（7）《公路桥涵钢结构及木结构设计规范》（JTJ 025—1986）。

（8）《公路工程技术标准》（JTG B01—2003）。

（9）《公路工程地质勘察规范》（JTJ C20—2011）。

（10）《公路桥梁抗风设计规范》（JTG/T D60-01—2004）。

（11）《公路桥梁抗震设计细则》（JTG/T B02-01—2008）。

（12）《公路桥涵施工技术规范》（JTJ/T F50—2011）。

（13）《公路工程混凝土结构防腐蚀技术规范》（JTG/T B07-01—2006）。

（14）《公路桥梁钢结构防腐涂装技术条件》（JT/T 722—2008）。

（15）《桥梁用结构钢》（GB/T 714—2008）。

（16）《城市人行天桥与人行地道技术规范》（CJJ 69—1995）。

（17）《钢结构设计规范》（GB 50017—2003）。

（18）《建筑钢结构焊接技术规程》（JGJ 81—2002）。

（19）《钢结构工程施工质量验收规范》（GB 50205—2001）。

（20）《城市道路照明设计标准》（CJJ 45—2006）。

（21）《建筑物防雷设计规范》（GB 50057—2010）。

（22）《城市环境（装饰）照明规范》（DB 31/T316—2004）。

（23）《人行桥设计准则——行人荷载作用下振动性能评估》（SETRA 法国标准）。

（24）《人行桥设计准则》（FIB Bulletin 32）。

（25）《德国人行桥设计指南》（钢结构在人行荷载下的振动 EN03—2007）。

第 3 章

单边悬索桥结构设计与分析

空间曲梁双桥面单边悬索桥桥面为圆形平面，桥面分为内外两侧，并在桥中部将内外两侧之间的空间联系起来，作为行人的休息平台。

内侧桥面宽 3m，主要为行人步行用途；外侧桥面宽 6m，主要为自行车通行，同时兼做检修车的临时通行道。

桥梁结构体系主要由内、外侧主梁及空间主缆、吊索、背索和索塔组成。内、外侧主梁组成桥面系，两端与桥台采用铰接连接并限制扭转约束，跨中由悬挂于主缆上的柔性吊索提供竖向弹性支撑。

主缆为空间悬链线布置，每个索塔顶部布置两根背索，背索与主跨、边跨主缆一起，保证成桥时索塔顶部的整体平衡。图 3.1 为桥梁结构示意图。

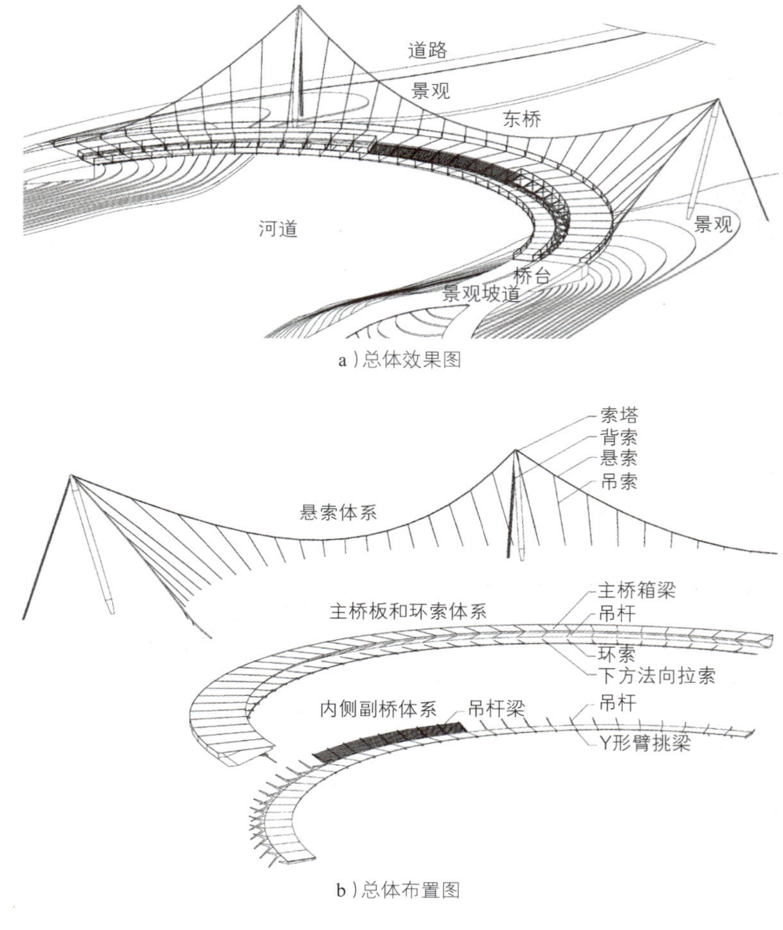

图 3.1　桥梁结构示意图

3.1　结构受力原理

3.1.1　荷载和偏心

桥梁荷载主要由吊索受拉承担。如果吊索的延长线通过主梁结构的质心，则在结构自重下主梁无翻转变形，否则主梁上产生翻转力矩 $M_T=G\cdot e$，其中 G 为结构自重，e 为水平偏心距（图 3.2）。因此应优化吊索的倾角，尽量减小自重下的扭转力矩。

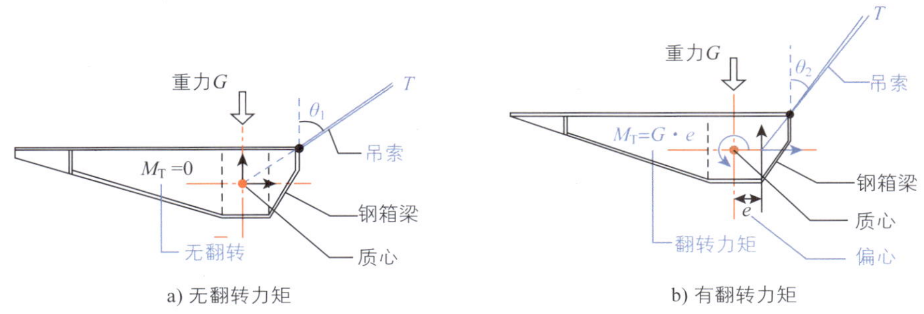

a) 无翻转力矩　　b) 有翻转力矩

图 3.2　荷载与偏心分析示意图

但综合考虑吊索倾角变化、活荷载的分布，以及作用在副桥上的恒活荷载等因素，主梁上的偏心力矩仍无法规避。

3.1.2　吊索倾角的效应

因吊索的倾角，在承担主梁上传递的竖向荷载的同时，也会产生水平拉力。该水平分力在每个吊点沿法线方向作用在主梁上。主梁在平面上为圆拱梁结构，可产生轴力作用。该项目中吊索在主梁外侧，因此在主梁上产生的轴力为拉力。当竖向荷载沿着跨度不均匀分布时，其在水平平面的法向分量也不均匀，此时主梁通过自身平面内抗弯抵抗此不均匀荷载。

3.1.3　主梁抗扭原理

作用在平面弧形曲梁上的翻转力矩，可通过曲梁截面自身抗扭将翻转力矩分解为沿弧线布置的竖向支撑（任三点不共线）上拉压轴力，从而曲梁两端部不需要抗扭约束，也不会翻转。类似的工程实例可以参考德国汉堡公交总站雨棚结构，长度 190m，最大悬挑 37m，如图 3.3 所示。

图 3.3　扭转环梁—铰接柱结构案例

该景观人行桥的外侧主梁采用与上述工程实例原理相同的结构形式。荷载偏心产生的翻转力矩将对吊索上原有的拉力进行重新调整（部分拉力加大，部分拉力减小），从而导致沿曲梁长度方向上各吊索的拉力并不相同。图 3.4 所示为桥梁扭转分析。

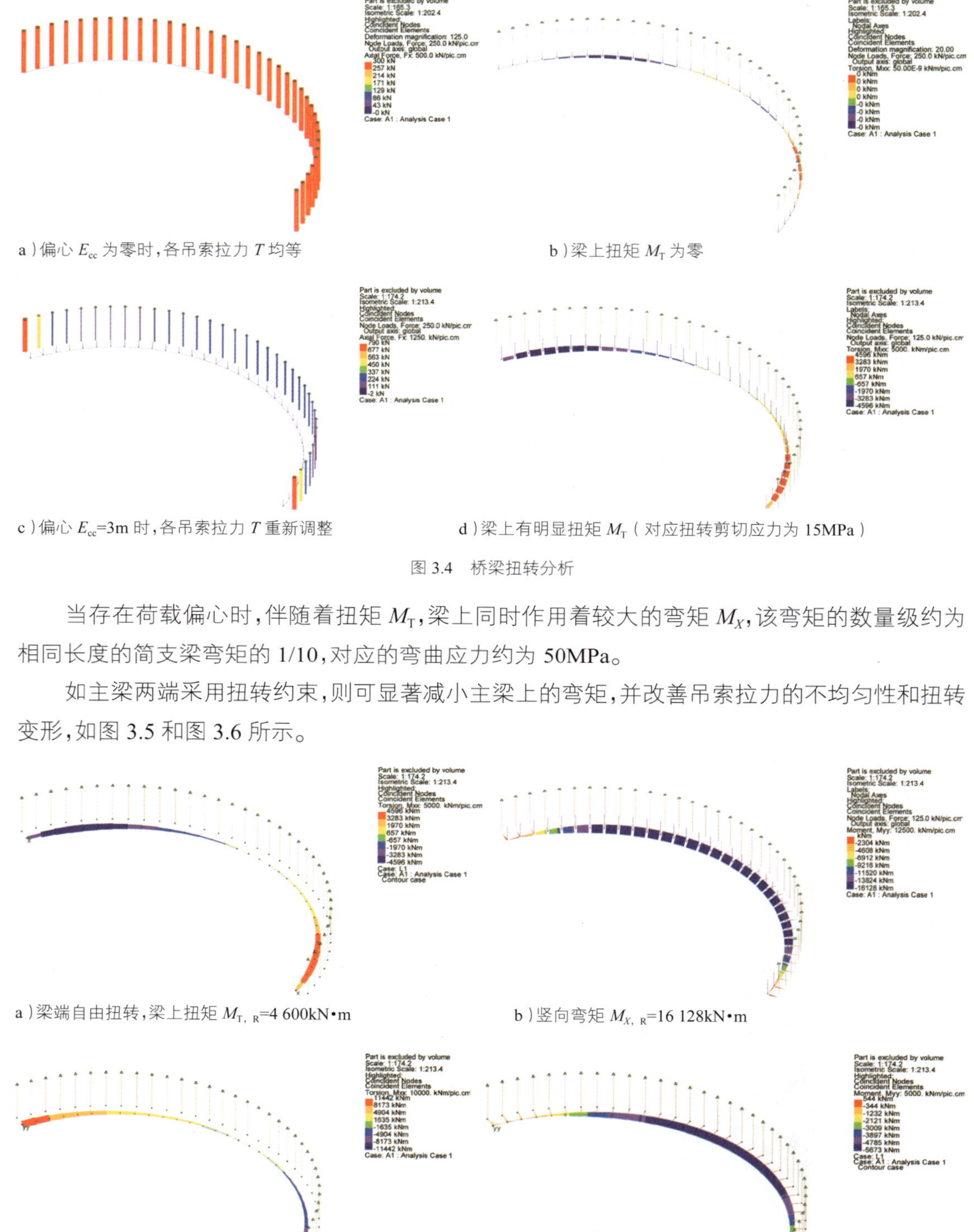

a）偏心 E_{cc} 为零时，各吊索拉力 T 均等

b）梁上扭矩 M_T 为零

c）偏心 E_{cc}=3m 时，各吊索拉力 T 重新调整

d）梁上有明显扭矩 M_T（对应扭转剪切应力为 15MPa）

图 3.4 桥梁扭转分析

当存在荷载偏心时，伴随着扭矩 M_T，梁上同时作用着较大的弯矩 M_X，该弯矩的数量级约为相同长度的简支梁弯矩的 1/10，对应的弯曲应力约为 50MPa。

如主梁两端采用扭转约束，则可显著减小主梁上的弯矩，并改善吊索拉力的不均匀性和扭转变形，如图 3.5 和图 3.6 所示。

a）梁端自由扭转，梁上扭矩 $M_{T,\ R}$=4 600kN•m

b）竖向弯矩 $M_{X,\ R}$=16 128kN•m

c）梁端约束扭转，梁上扭矩 M_T=190%$M_{T,\ R}$

d）竖向弯矩 M_X=35%$M_{X,\ R}$

图 3.5 添加扭转约束后桥梁扭转分析

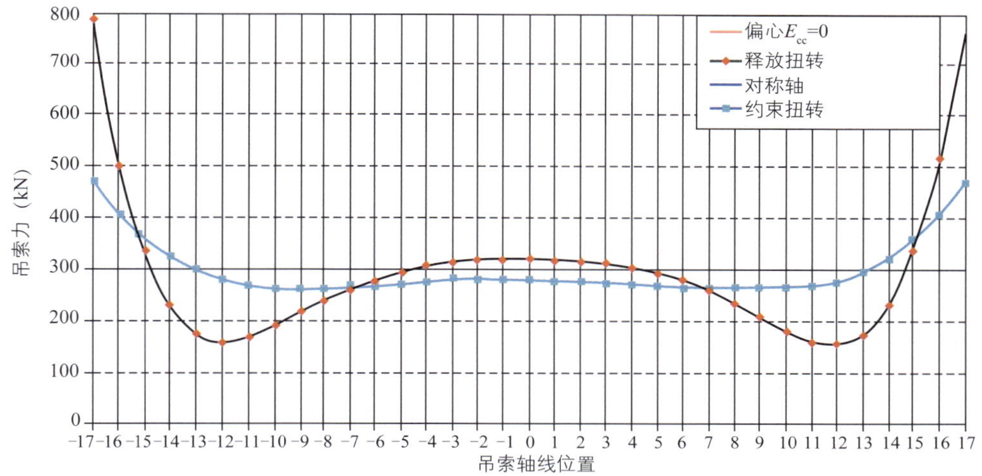

图 3.6　吊索力和扭转约束的关系

约束扭转后，最不利吊索（12 轴处）在恒载下的拉力显著提高（从 160kN 到 260kN），可避免活荷载引起的吊索卸载的风险。

3.2　结构方案比选

3.2.1　方案一

Y 形臂吊挂于主梁内侧，并在主梁下方设置环形拉索以平衡竖向荷载，如图 3.7 所示。该偏心力矩被分解为上层格构梁和下层环索之间的法向水平力偶 H_1 和 H_2，且 $H_1=H_2=G \cdot e/h$。

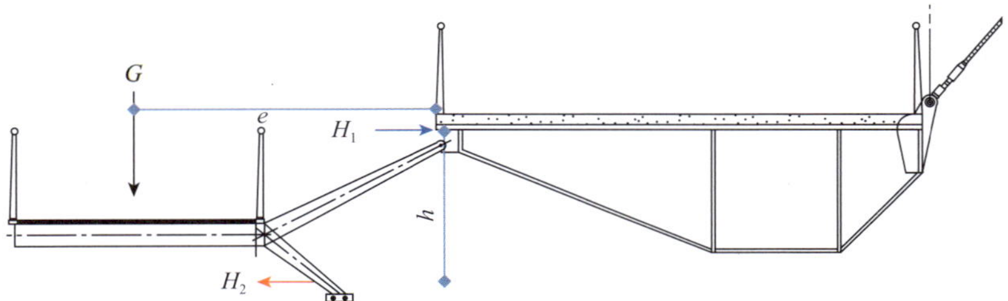

图 3.7　主梁单侧吊挂抗扭受力原理

该水平力作用在圆形的法线方向，因此可以转化为主梁的轴力，如图 3.8 所示。下方的 H_2 可转化为环形拉索的拉力 $T=H_2 \cdot R_2$，上方的 H_1 可转化为主梁的压力 $N=H_1 \cdot R_1$。

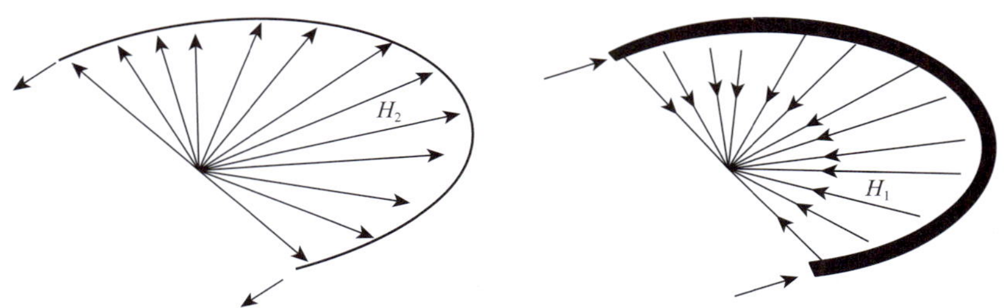

图 3.8　主梁拉压拱受力原理

3.2.2 方案二

为了改善 Y 形臂的动力相应性能，增加抵抗向上荷载（人行振动，风荷载）的刚度，在主梁和 Y 形臂之间增设联系杆件。

该联系杆件可借助刚臂效应，激活 Y 形臂下方的环索拉力的法向分量，主动抵消主梁的部分扭矩，如图 3.9 所示。

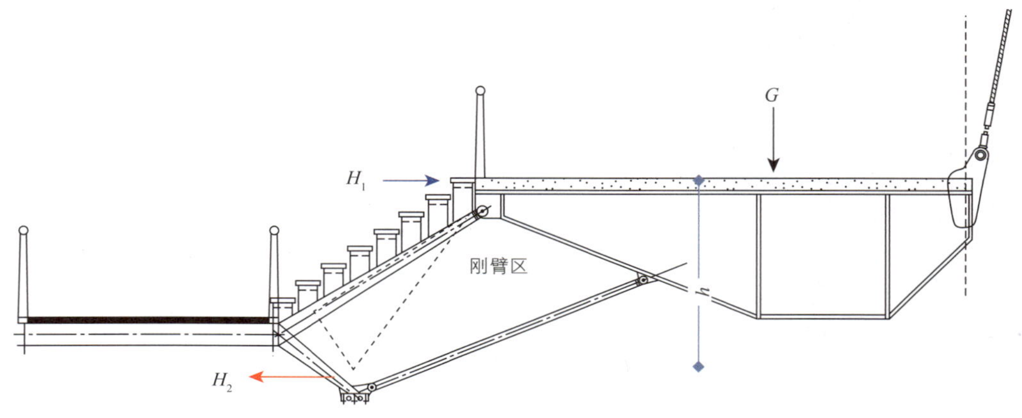

图 3.9 主 Y 形臂互联

3.2.3 方案三

为了更好地改善主桥箱梁，抵抗偏心力矩，并方便桥梁施工，将环索调整为主梁结构体系的一部分，通过联系拉索与主梁底的耳板进行拉接。

该种处理使得主副桥结构层次清晰，主桥可先阶段施工，并施加环索张拉以调平桥面。副桥结构为 Y 形悬臂结构，以双肢铰接的方式吊挂在主梁内侧。

其中下方的拉索通过环索的张拉始终处于受拉状态，从而可以和环索一起抵抗 Y 形悬臂梁下肢的水平推力，并确定有效的抵抗刚度。图 3.10 所示为主 Y 形臂分离体系。

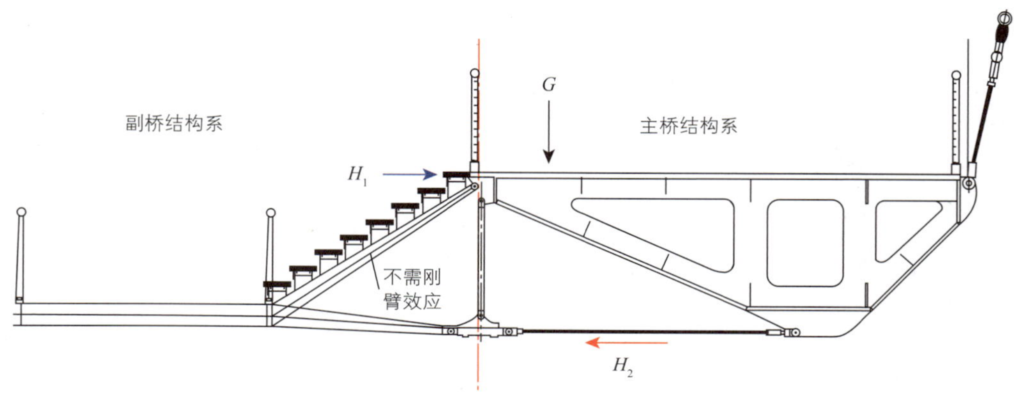

图 3.10 主 Y 形臂分离体系

3.2.4 最终方案

通过计算发现，Y 形臂端头在没有连杆的情况下，受力也能满足规范要求。因此，最终桥梁设计方案，如图 3.11 所示。

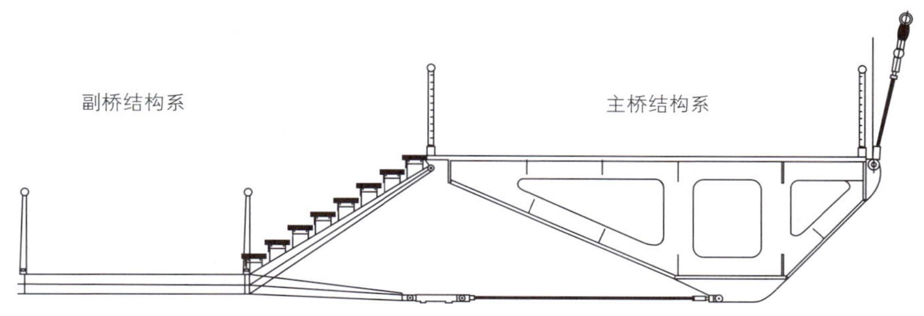

图 3.11　最终桥梁设计方案

3.3　结构找形分析

3.3.1　参数化建模

在结构找形分析中，项目采用了参数化建模技术。采用 excelVBA 编程来计算节点坐标并连接单元，用 Python+Rhino+Grasshopper 输入 Rhino 模型，最终实现参数化建模（图 3.12 和图 3.13 所示）。初始索形定为水平索。

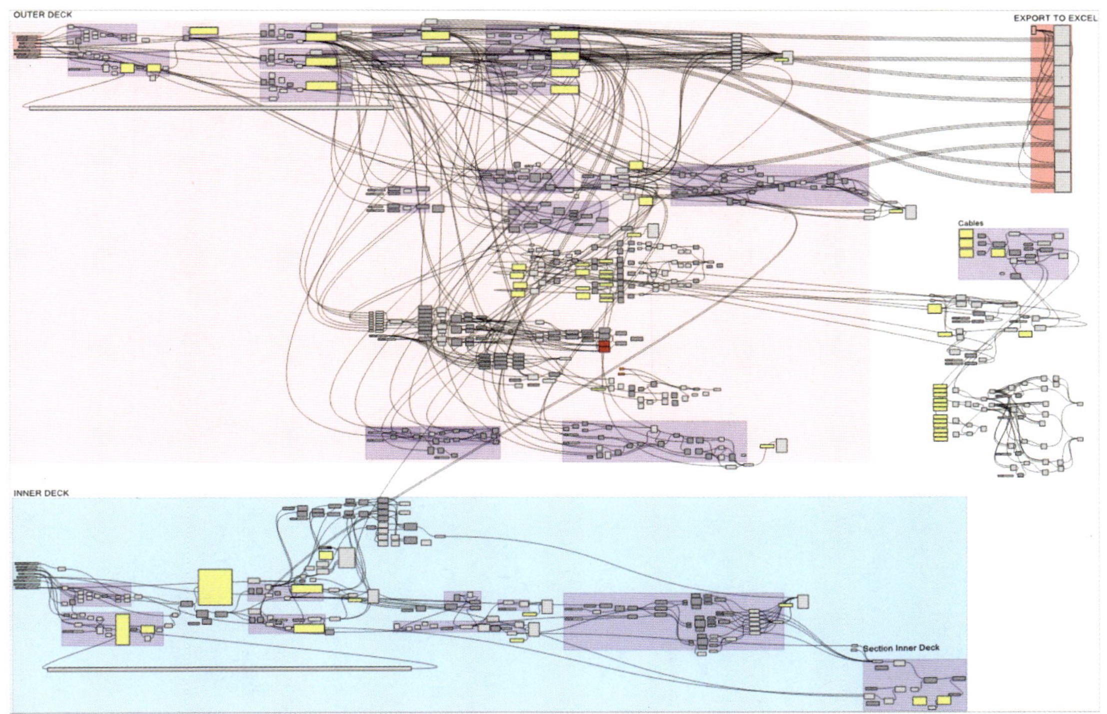

图 3.12　通过 Python+Grasshopper 输出 Rhino 模型

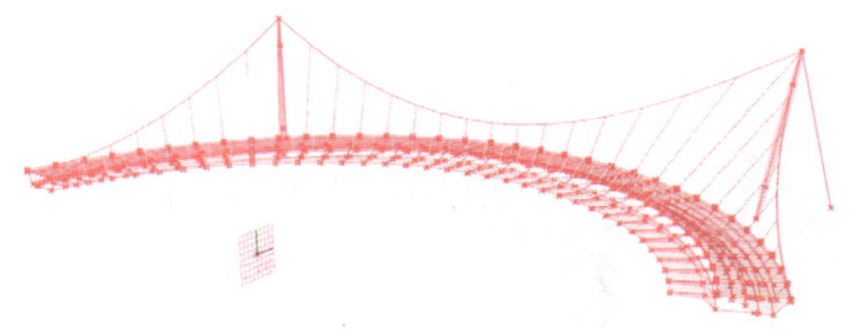

图 3.13　Rhino 模型输出

3.3.2　缆索找形分析

缆索找形主要分为以下四步。

第一步:索力的确定。

将辅助拉索的竖向自由度约束住,再施加竖向荷载,从而计算出主缆索力,如图 3.14 所示。

第二步:主缆找形。

调整主缆和背索的索力,使主塔顶端位移最小,从而得到主缆的线形,如图 3.15 所示。

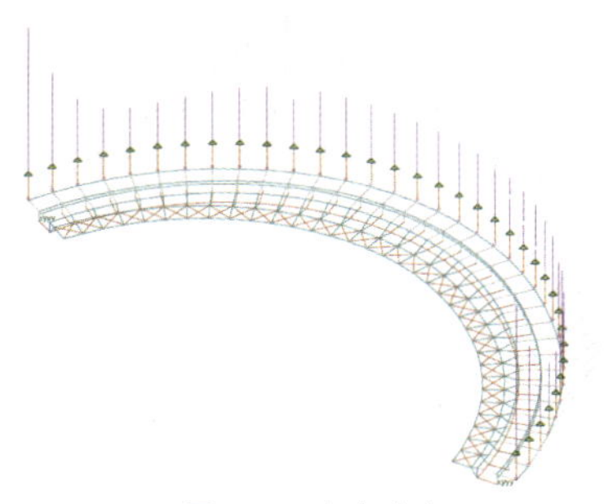

图 3.14　索力确定

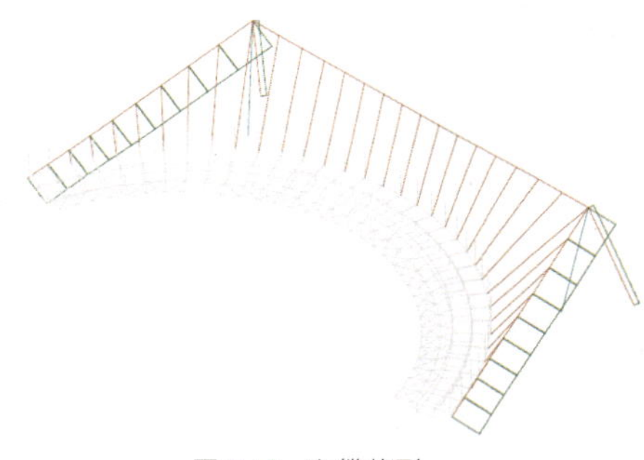

图 3.15　主缆找形

第三步:调整吊索索力。

调整吊索索力使主梁和吊索的几何位移最小,如图 3.16 所示。

第四步:模型组装。

将上述步骤中确定的各部件的形状和位置组装起来,如图 3.17 所示。

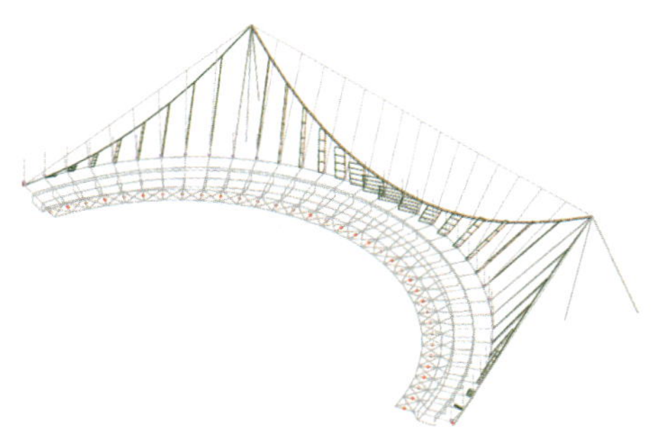

图 3.16　调整吊索索力

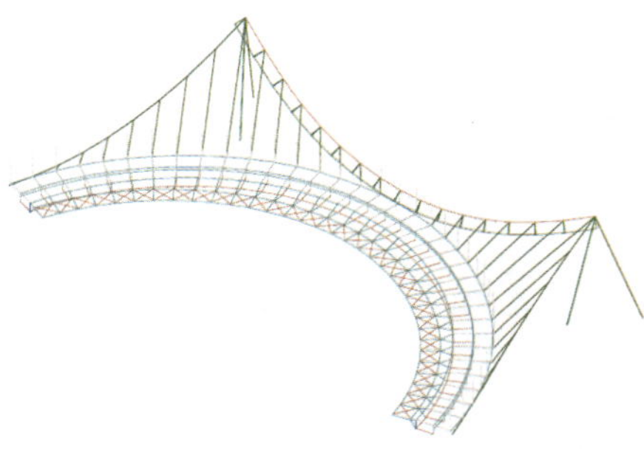

图 3.17　模型组装

3.3.3 主梁找形分析

我们对主梁宽度分别为 7m、6m 和 5m 三种情况，以及主梁高度分别为 2.0m、1.7m、1.4m、1.2m 和 1.0m 五种情况，共组合 15 种情况进行人致振动分析，从而得到主梁的最佳造型。详见表 3.1。

主梁找形分析　　表 3.1

主梁宽 / 主梁高	7m	6m	5m
2.0m	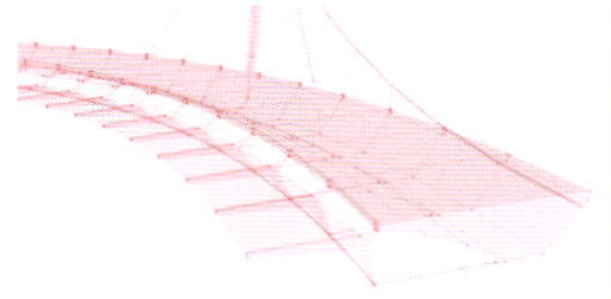	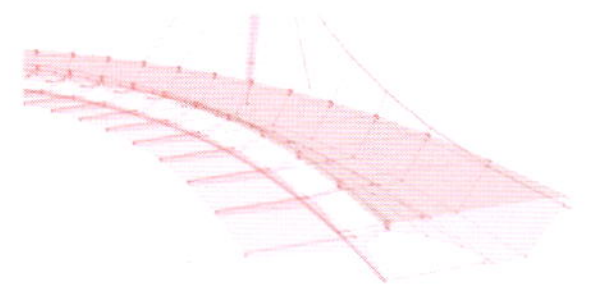	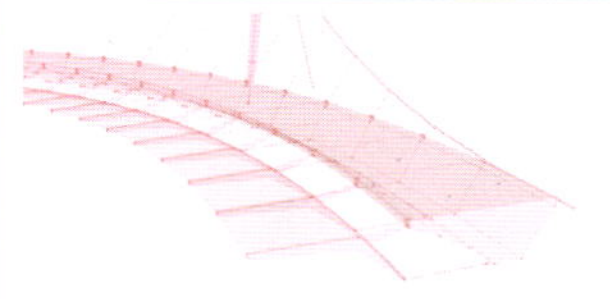
1.7m	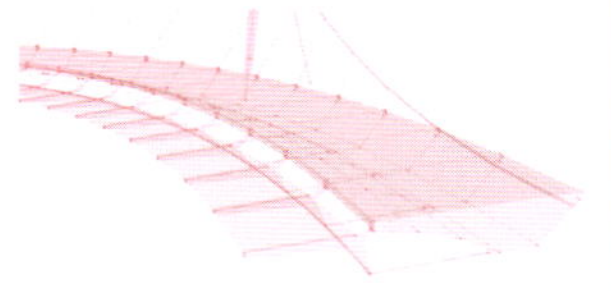	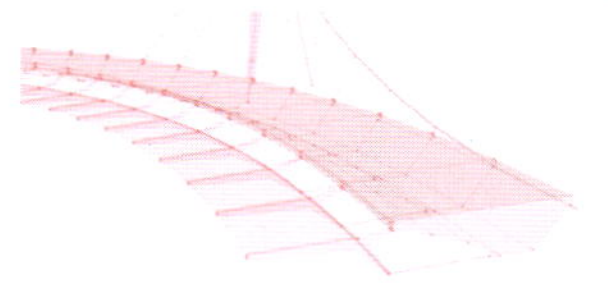	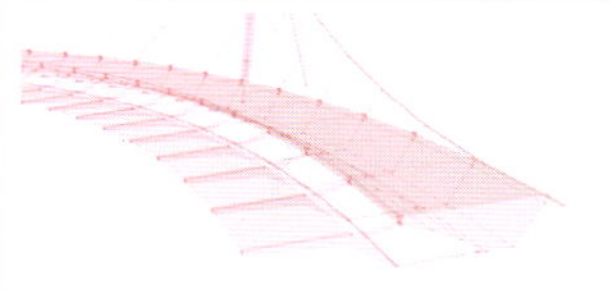
1.4m	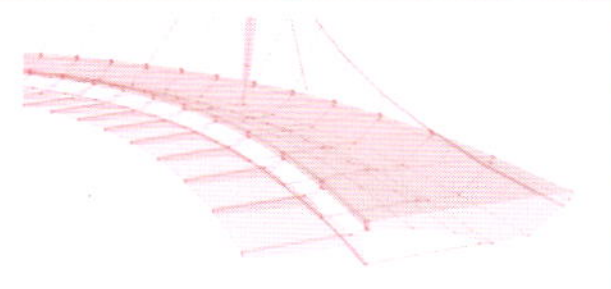	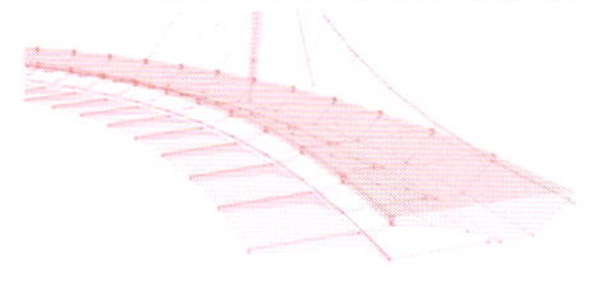	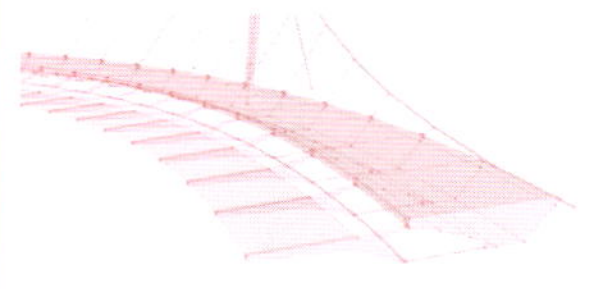
1.2m	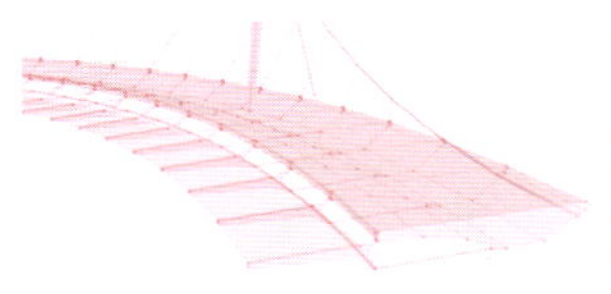	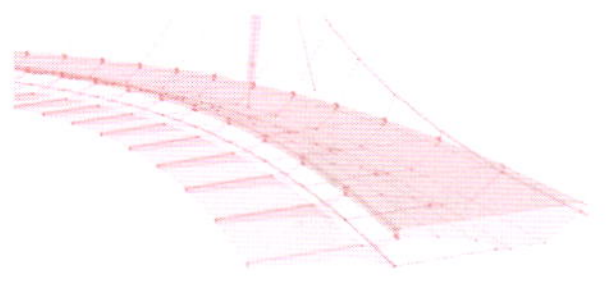	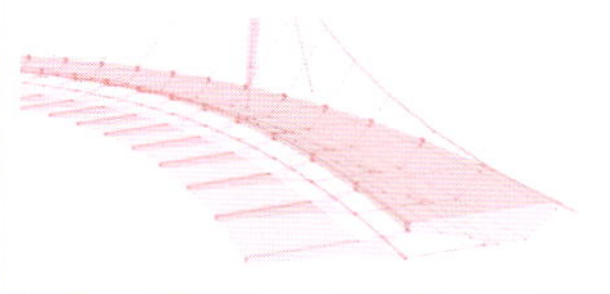
1.0m	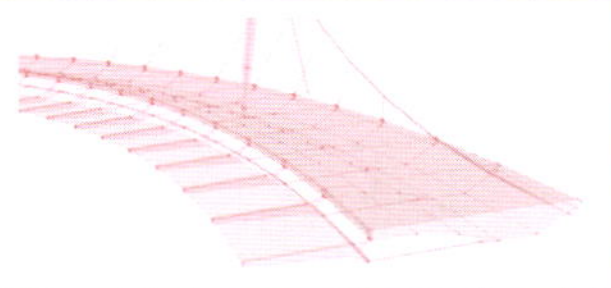	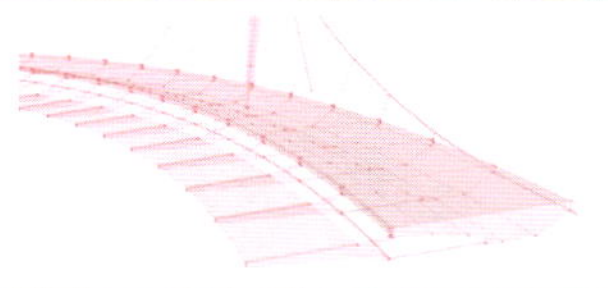	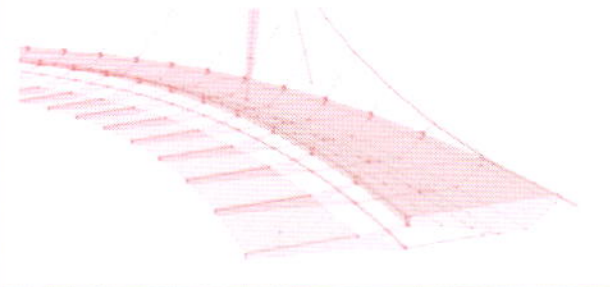

人致振动分析结果如图 3.18 ~图 3.20。

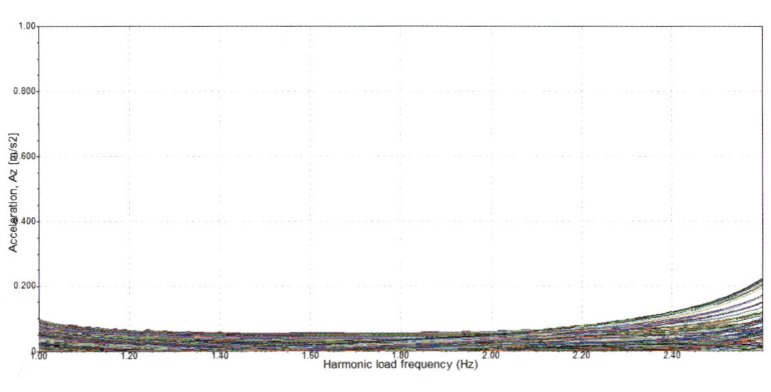

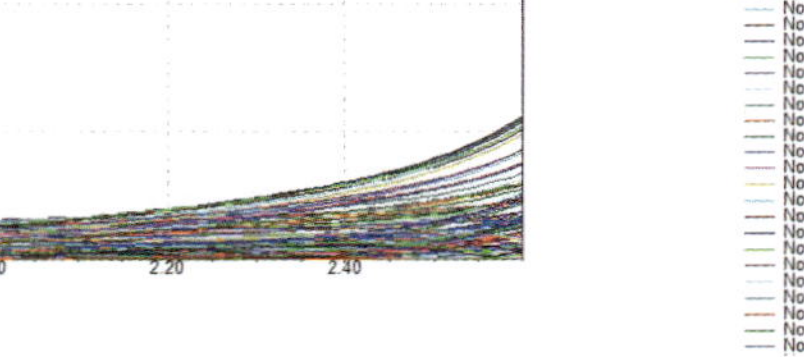

a）主梁高 2.0m

图 3.18

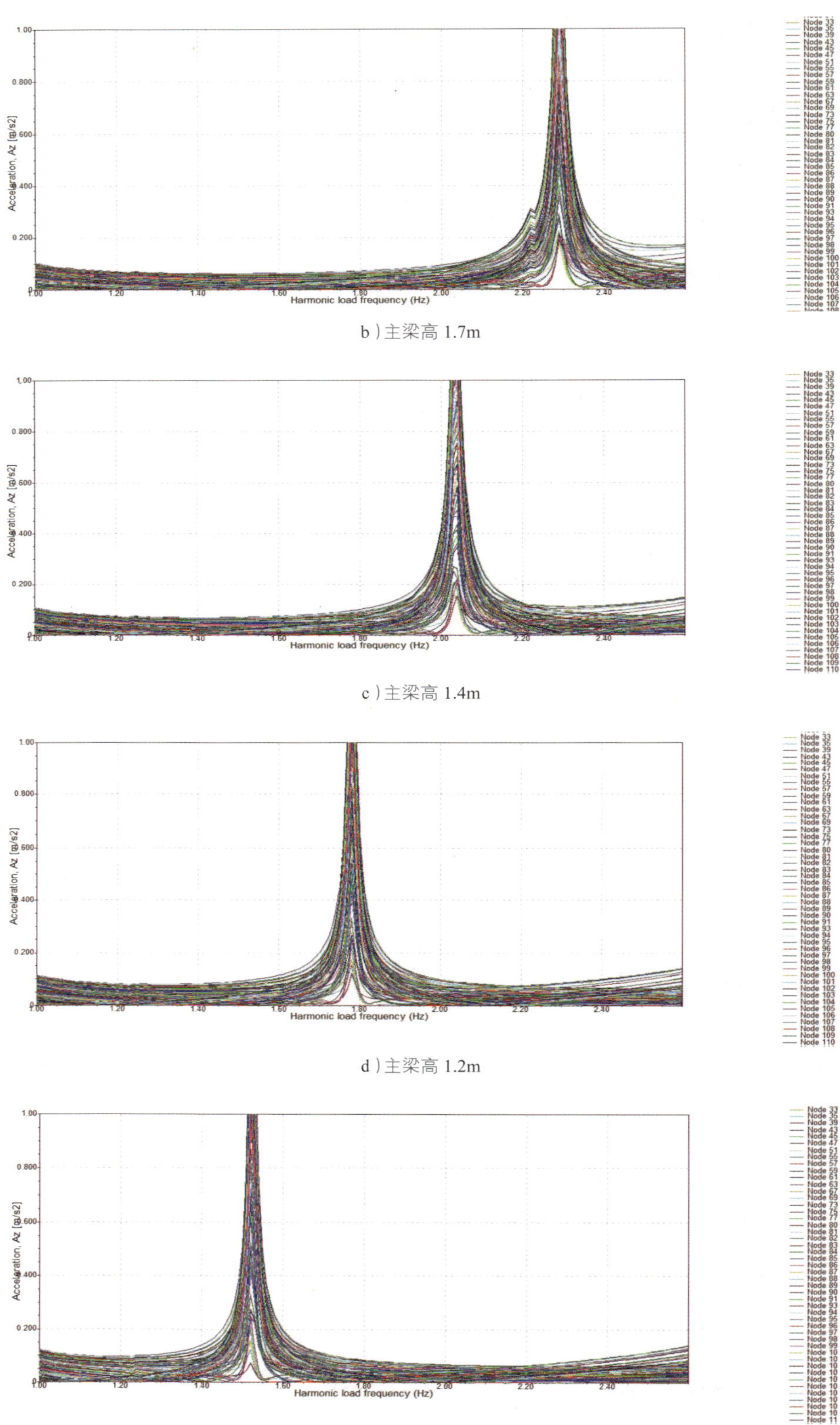

b）主梁高 1.7m

c）主梁高 1.4m

d）主梁高 1.2m

e）主梁高 1.0m

图 3.18　主梁宽 7m 人致振动第一阶振型分析结果

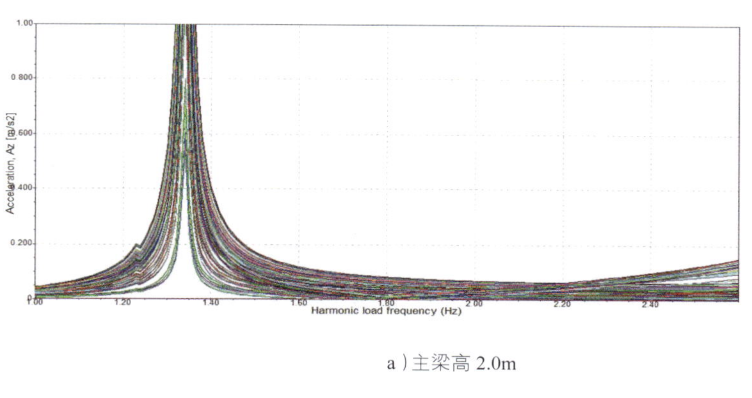

a）主梁高 2.0m

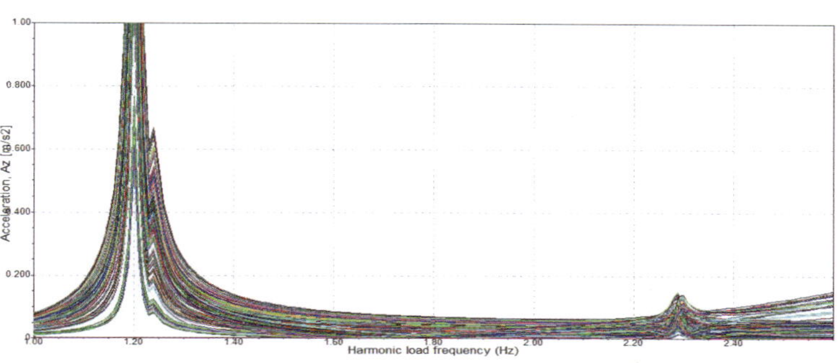

b）主梁高 1.7m

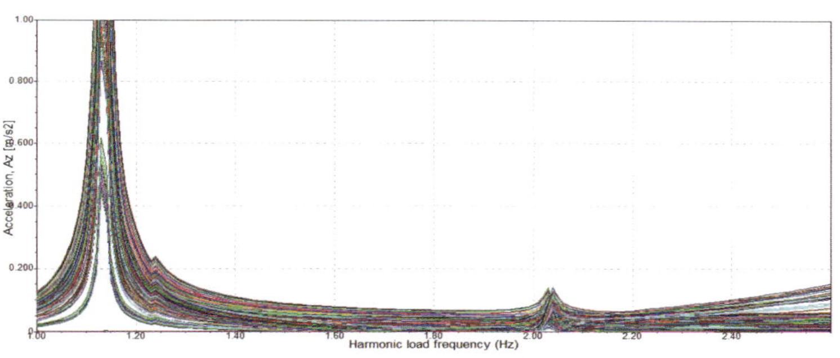

c）主梁高 1.4m

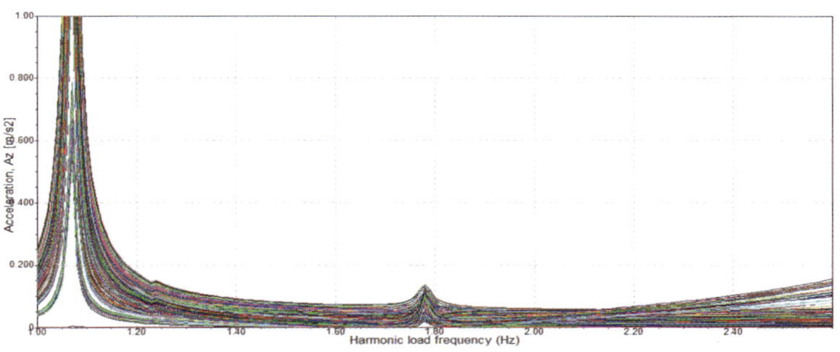

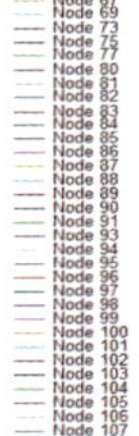

d）主梁高 1.2m

图 3.19

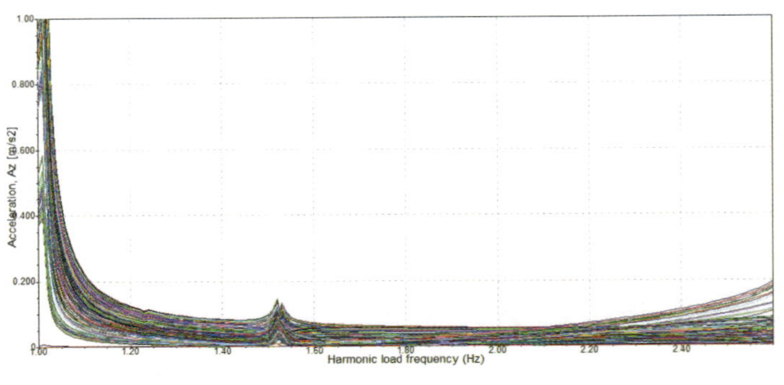

e）主梁高 1.0m

图 3.19　主梁宽 7m 人致振动第二阶振型分析结果

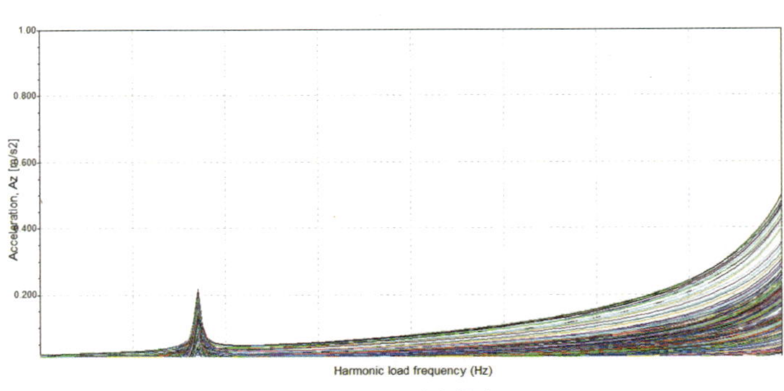

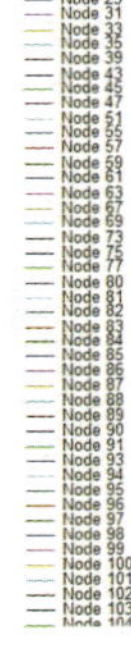

a）主梁高 2.0m

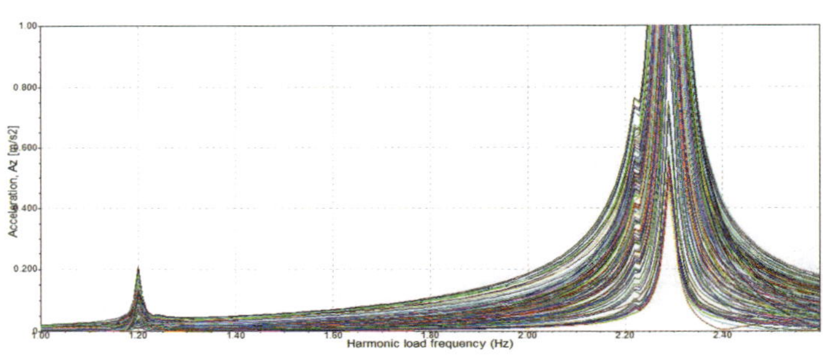

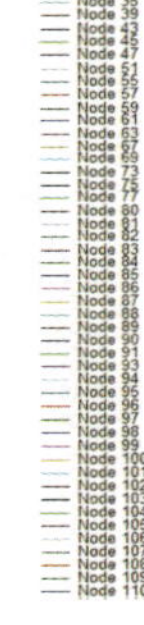

b）主梁高 1.7m

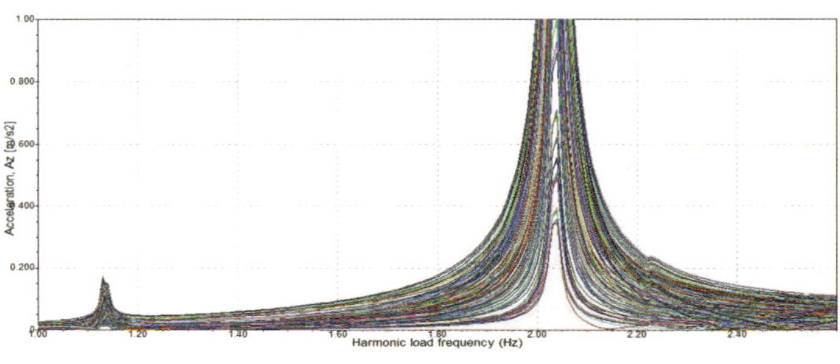

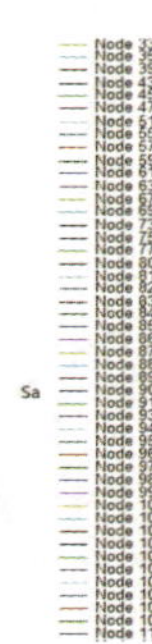

c）主梁高 1.4m

图　3.20

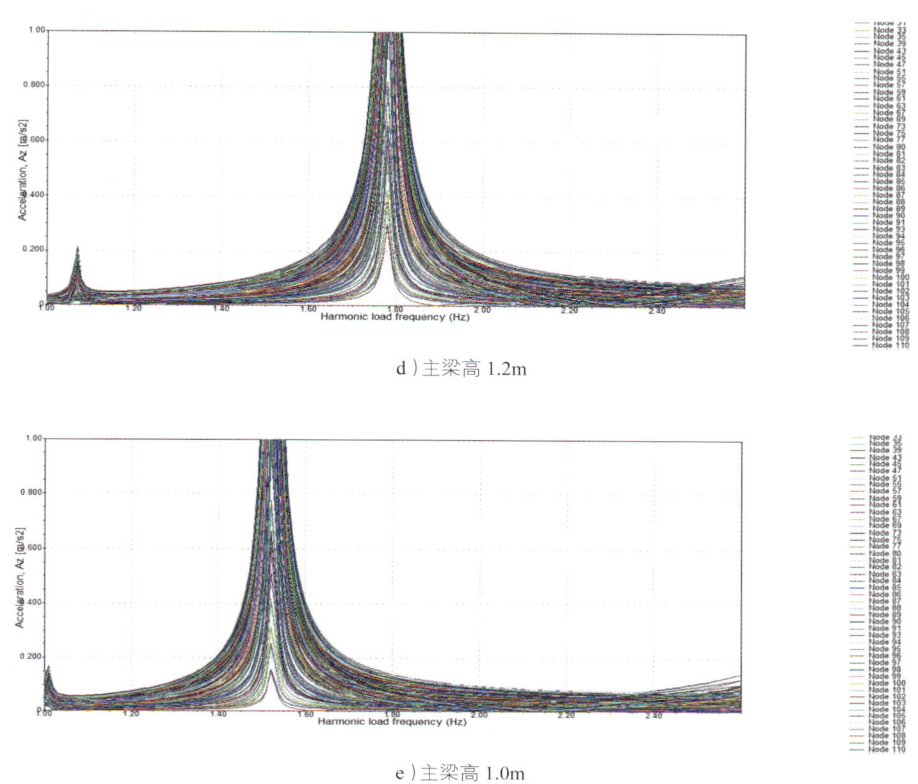

d）主梁高 1.2m

e）主梁高 1.0m

图 3.20　主梁宽 7m 人致振动第三阶振型分析结果

对主梁宽 6m 和 5m 的情况进行类似的分析，结果显示，主梁宽 6m、主梁高 1.7m 的情况下桥梁的人致振动性能最好。因此，该项目最终选择了主梁宽 6m、主梁高 1.7m 作为最终方案。

3.4　人行动力分析

3.4.1　人行振动背景情况

大跨轻型人行桥一般采用柔性结构，结构基频一般较低，这种情况在景观人行桥上更为突出。国外统计数据表明，当桥梁跨度超过 50m 时，绝大部分的人行桥的竖向基频在 2Hz 以下。图 3.21 所示为跨度与基频关系曲线。

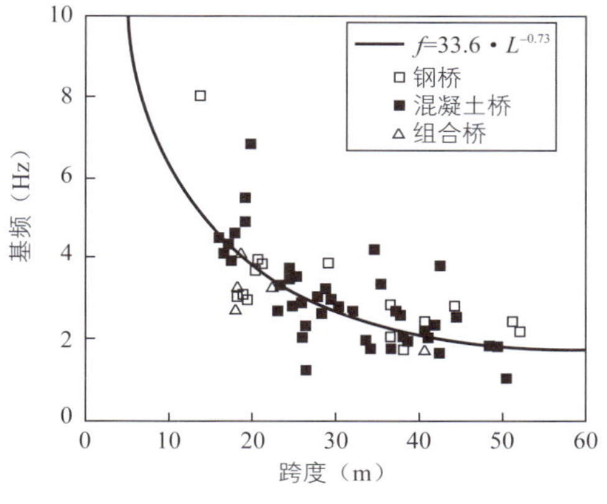

图 3.21　跨度与基频关系曲线

行人的正常行走的步频一般为 1.3 ~ 2.6Hz，因此当桥梁的频率小于 3Hz 时，有可能带来人桥共振的风险。

近年来国内外人行桥的设计实践中，一般采用规避人行振动敏感频率区域，同时采用少量的辅助减振设备来解决该问题，例如位于法国巴黎的 BERCY 张力板结构人行桥(主跨 106m，竖向基频 0.42Hz）和位于德国 MINDEN 的悬索结构人行桥（主跨 103m，竖向基频 0.40Hz）。同时部分国家也推出了专门针对人行桥振动专题的设计规范和规程，如法国的 SETRA 规范、欧盟的 HIVOSS 设计手册等。

该桥的结构基频小于 3Hz，在设计中借鉴国外的工程设计规范，采用人行振动舒适度性能化设计的方法，通过控制人行激励产生的桥梁振动的指标来评估人行振动。同时在桥梁结构设计中在主箱梁内腔预设结构阻尼 TMD 钟摆阻尼，调整结构阻尼比以控制结构振动在人行舒适的范围之内。

在该项目的研究中，专门委托同济大学桥梁系的孙利民教授（长江学者）进行人行振动的专题分析，以及进行结构减振解决方案（阻尼器）的设计。

3.4.2 人致振动的分析方法

该桥的人行动力分析，参照法国人行桥设计指南 SETRA（2007 版）和欧洲人行桥设计指南 HIVOSS（2008 版）进行。其分析过程分解如下。

1）确定人行桥交通等级和人群密度

进行舒适度分析时，仅需按照可满足行走需要的设计人群密度进行分析。桥梁荷载分级见表 3.2。

桥梁荷载分级　表 3.2

荷载等级	行人密度	情况描述	人行特征
TC1	15 人小团队	人流非常稀疏	
TC2	d=0.2 人 /m²	人流稀疏 	可舒适地自由行走，可自由选择位置
TC3	d=0.5 人 /m²	人流密集，正常使用 	仍不受限制地行走
TC4	d=1.0 人 /m²	人流非常密集，高峰期 	行走受限，不能选择位置
TC5	d=1.5 人 /m²	人流超常规密集，盛大开幕 	行走不适，开始拥堵

不同荷载等级对应的人群密度的平面视图如图 3.22 所示。

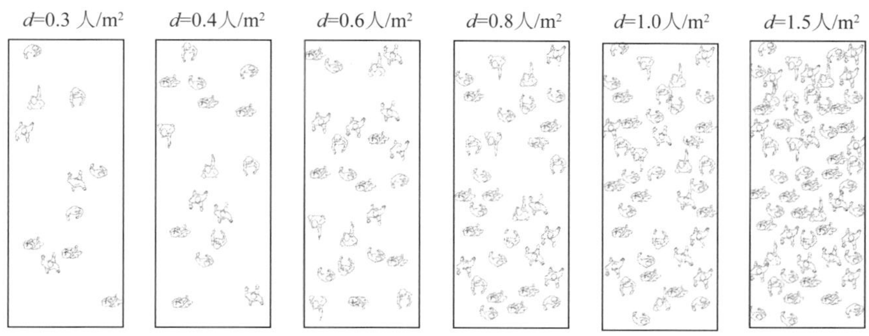

图 3.22　人群密度平面图

d- 人群荷载集度(N/m^2)

2) 确定人行激励荷载

沿桥长的 n 个"随机自由行走"的行人对桥的激励作用可以由 n' 个"完全同步行走"的行人进行等效转换,其原理图如图 3.23 所示。

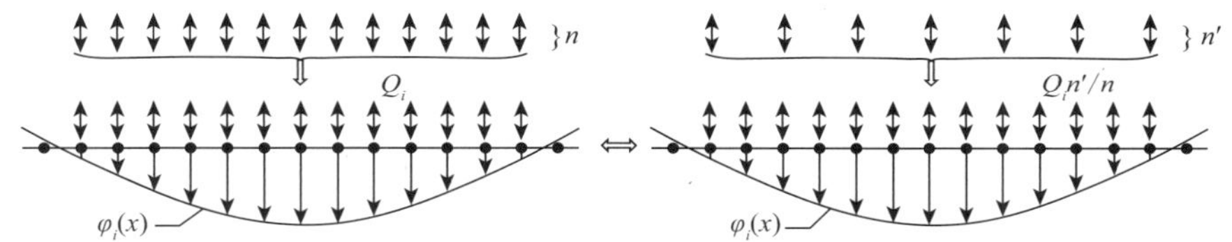

图 3.23　荷载转换关系

$\varphi_i(x)$- 第 i 个相位;Q_i- 第 i 点荷载振幅

上述人流荷载可以通过沿桥长均布的谐波荷载进行数学表述,见下式。

$$P(t)=P\cos(2\pi\cdot f_s\cdot t)\times n'\times\Psi$$

式中:P——单人按步频 f_s 行走时产生荷载分量;

f_s——人行频率,等于人行桥在考虑振动模态下对应自然频率;

n'——等效行人数(完全同步);

Ψ——折减系数,考虑步行频率和桥梁振动频率接近的概率。

根据 SETRA 2007 版和 HIVOSS 2008 版,各参数取值如下:

(1) 荷载分量 P 取值

竖向分量:P=280N

水平向分量:P=140N

水平侧向分量:P=35N

(2) 折减系数 Ψ 取值(图 3.24 和图 3.25)。

(3) 等效行人数 n' 取值

TC1 到 TC3 (行人流密度 d=1.0 人 /m^2):

$$n'=10.8\frac{\sqrt{\varepsilon n}}{S}$$

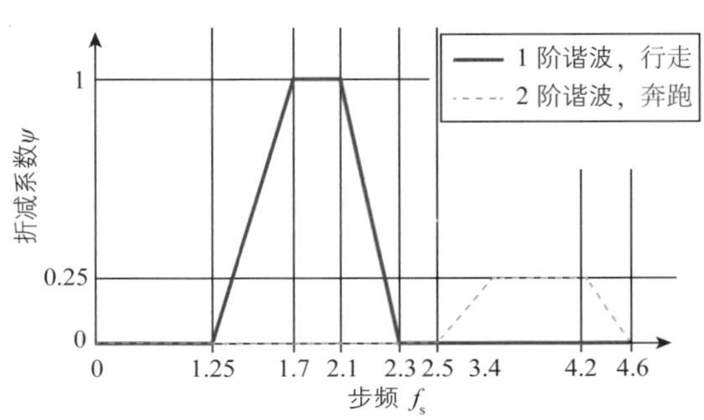

图 3.24　竖向和水平向分量折减系数

式中：ε——结构阻尼比；

n——桥面上总人数；

S——桥面有效面积。

TC4 到 TC5（行人流密度 d=1.0 人 /m^2）：

$$n' = 1.85\sqrt{\frac{n}{S}}$$

式中：n——桥面上总人数；

S——桥面有效面积。

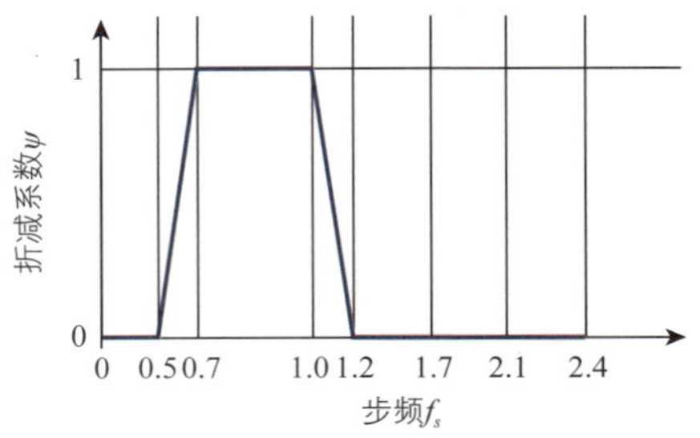

图 3.25　水平侧向分量折减系数

3）确定舒适度指标

行人对振动的敏感程度受多方面因素的影响，国际上通常采用振动加速度作为舒适度的控制指标，如图 3.26 所示。

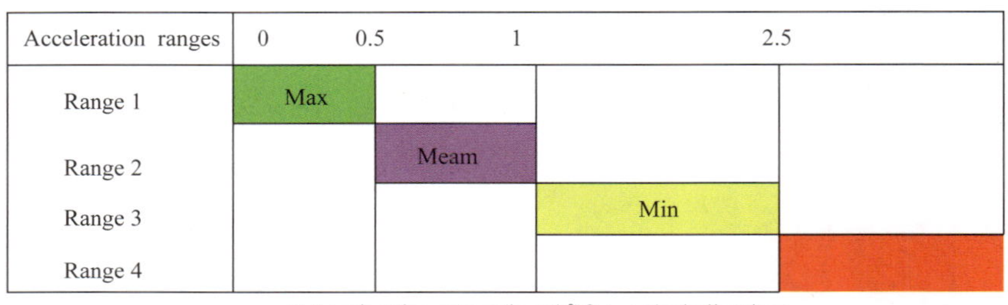

a) Acceleration ranges(in m/s²)for vertical vibrations

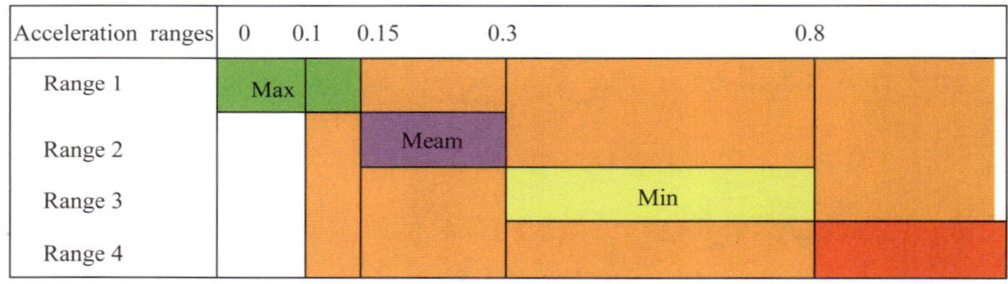

b) Acceleration ranges(in m/s²)for horizontal vibrations

The acceleration is limited in any case to 0.10 m/s² to avoid"lock-in"effect

图 3.26　舒适度控制指标

该工程设计参照法国规范 SETRA 2007 版（分级指标同 HIVOSS 2008 版）确定加速度分级指标：

竖向振动（TC4）：$A \leqslant$ C4 动度 S2^2（最大舒适级）。

水平振动：$A \leqslant$平振动级 S2^2（最大舒适级，同时避免类似伦敦千禧桥的侧晃振动）。

根据该项目的实际情况，对荷载等级 TC5（行人流密度 d=1.5 人 /m^2）情况下的加速度进行适当放宽，控制在 $A \leqslant 1.0\text{m/s}^2$（名义舒适级）。

4）计算分析流程

计算软件的分析流程如下：

（1）进行结构模态分析，确定结构自振的频率和振动模态。

（2）考虑对应人群密度（TC1 ~ TC5，每人质量按 70kg 计）的行人质量的桥梁质量的附加作用，对频率敏感的模态重新计算结构频率。

（3）根据结构频率和人群密度，确定对应的人群激励荷载的大小和矢量方向，模态形状和人行激励荷载的对应关系，如图 3.27 所示。

（4）进行简谐激励分析，确定相应加速度。

（5）根据加速度结果评价舒适度等级。

（6）若舒适度等级不满足要求，考虑阻尼减震措施。

结构阻尼比 ξ 取值见表 3.3（引自 HIVOSS 2008 版）。

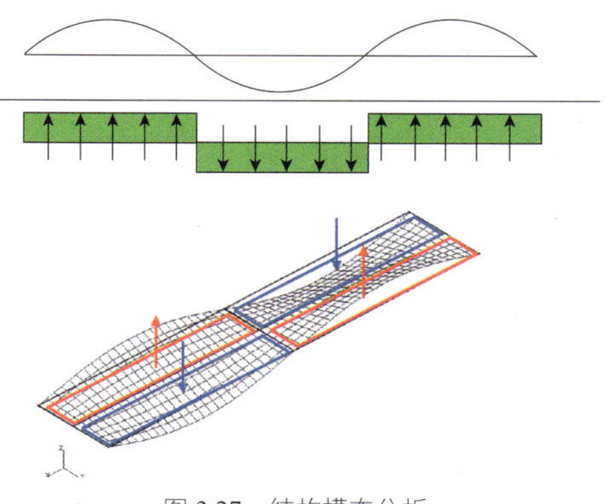

图 3.27　结构模态分析

结构阻尼比　　表 3.3

结构类型	小幅振动（舒适度判定）		大幅振动（如地震）
	阻尼比 ξ 最小值（%）	阻尼比 ξ 平均值（%）	阻尼比 ξ 值（%）
预应力混凝土	0.5	1.0	2
钢筋混凝土	0.8	1.3	5
钢混组合结构	0.3	0.6	
钢结构（焊接）	0.2	0.4	2
钢结构（螺栓连接）			4
木结构	1.0	1.5	
张力板结构	0.7	1.0	

3.4.3　人致振动的分析结果

1）结构自振频率

该桥采用轻型铺装，当不考虑配重时，结构自振的模态计算结果统计见表 3.4。

无配重时桥梁自振模态　　表 3.4

模态	结构频率（自重）	主梁振动	方向	进行激励分析
1	1.095	是，主梁振动	竖向	不需要
2	1.544	是，主梁振动	竖向	需要
3	1.700			
4	2.172			
5	2.297			
6	2.309			
7	2.590	是，主梁振动	侧向	不需要
8	2.728	是，主梁振动	竖向	需要
9	3.002			
10	3.841			
11	4.132			

续上表

模态	结构频率(自重)	主梁振动	方向	进行激励分析
12	4.152			
13	4.350	是,主梁振动	竖向	需要
14	4.634			
15	4.702			

桥梁上人后的结构频率见表3.5。

上人时桥梁自振模态　　表3.5

模态	结构频率(自重)	主梁振动	方向	进行激励分析
1	1.027	是,主梁振动	竖向	不需要
2	1.454	是,主梁振动	竖向	需要
3	1.754			
4	2.242			
5	2.352			
6	2.373			
7	2.443	是,主梁振动	侧向	不需要
8	2.576	是,主梁振动	竖向	需要
9	3.100			
10	3.888			
11	3.968			
12	4.164	是,主梁振动	竖向	需要
13	4.270			
14	4.289			
15	4.578			

其中结构二阶模态的频率在人行振动敏感区间,需要进行人行振动激励分析,如图3.28所示。

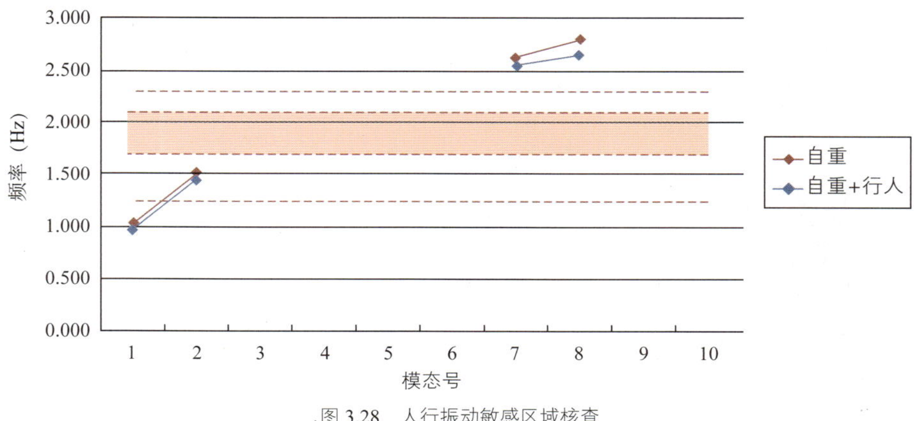

图3.28　人行振动敏感区域核查

结构模态图形如图 3.29 ~图 3.43 所示。

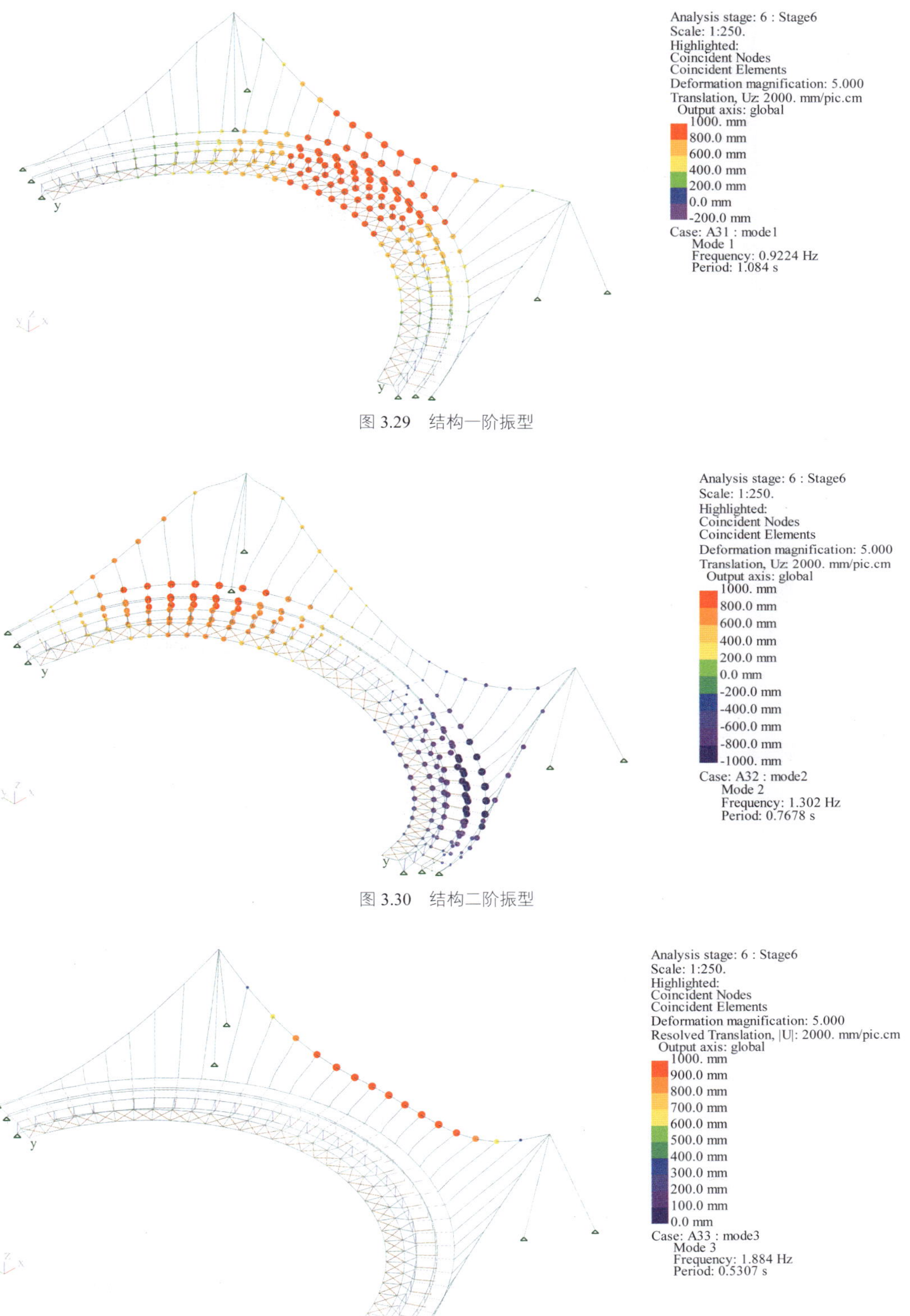

图 3.29　结构一阶振型

图 3.30　结构二阶振型

图 3.31　结构三阶振型

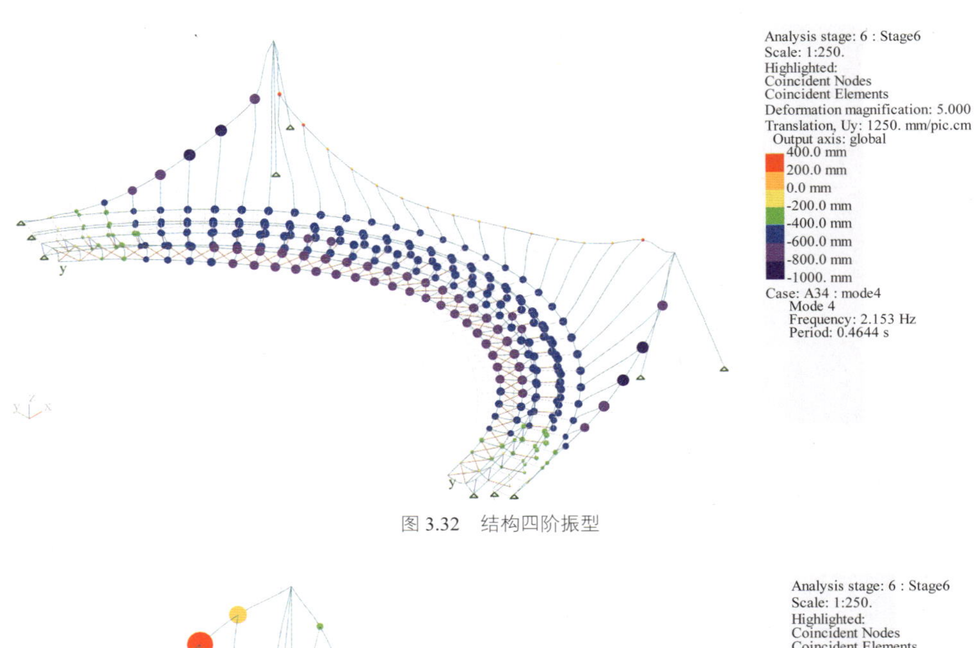

图 3.32　结构四阶振型

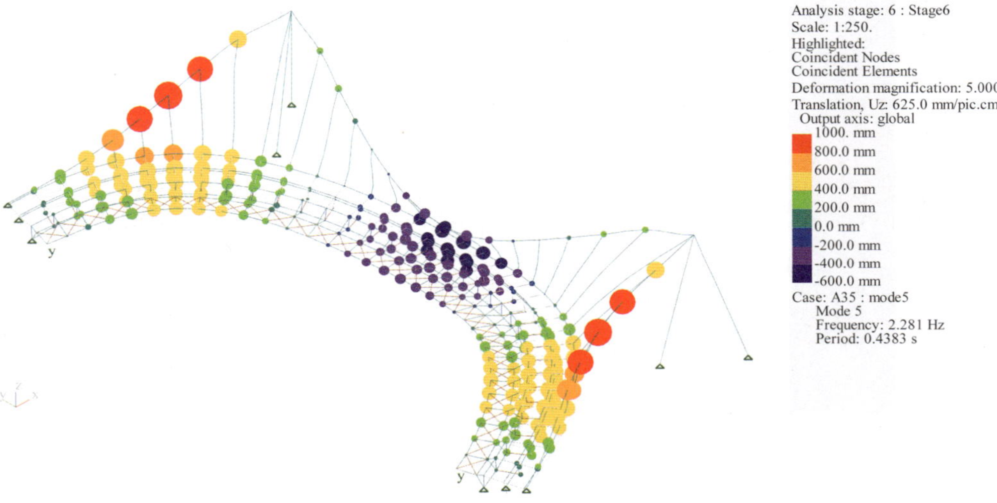

图 3.33　结构五阶振型

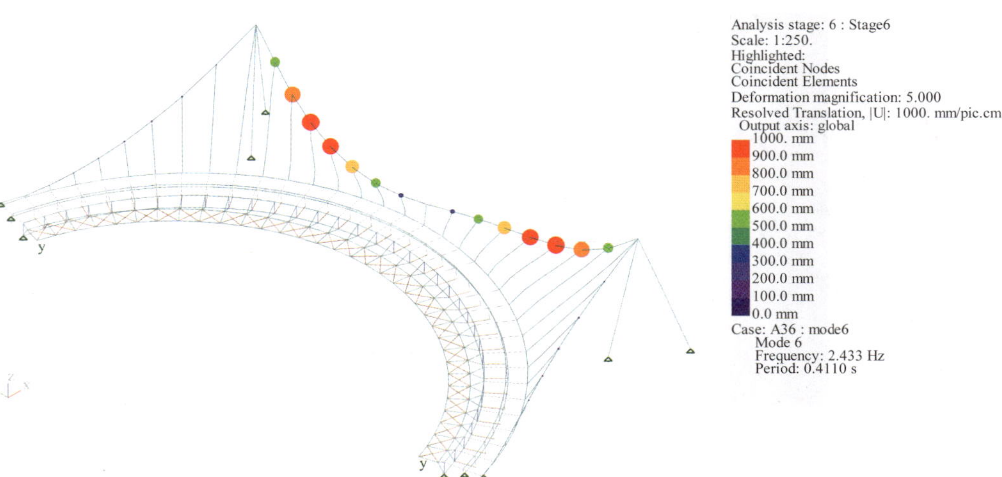

图 3.34　结构六阶振型

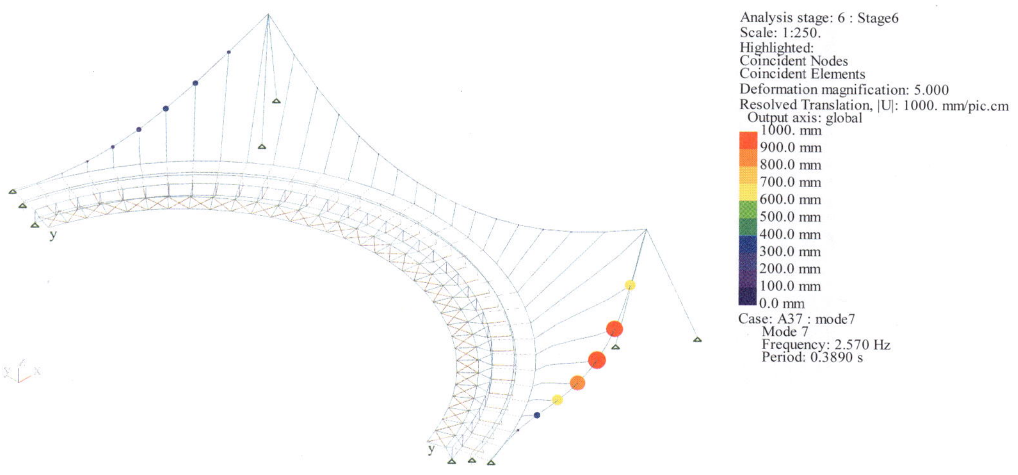

图 3.35 结构七阶振型

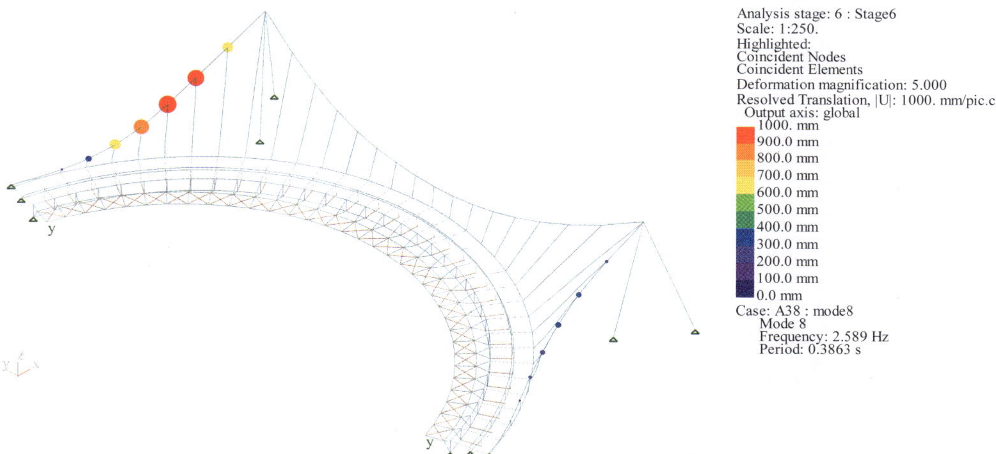

图 3.36 结构八阶振型

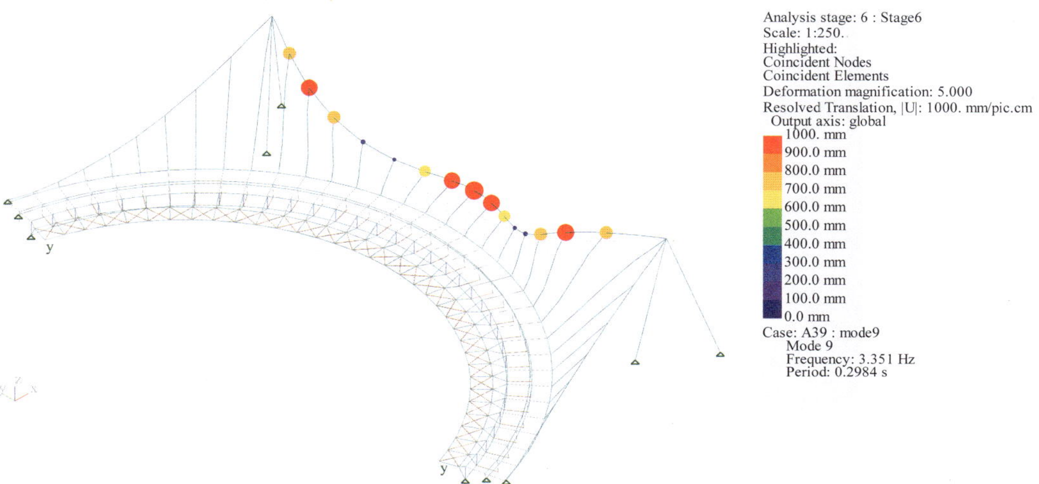

图 3.37 结构九阶振型

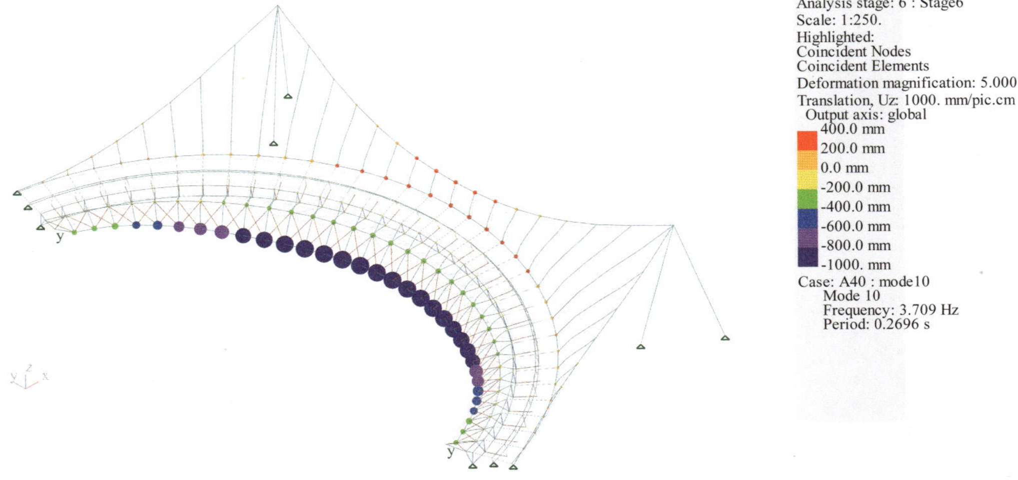

图 3.38　结构十阶振型

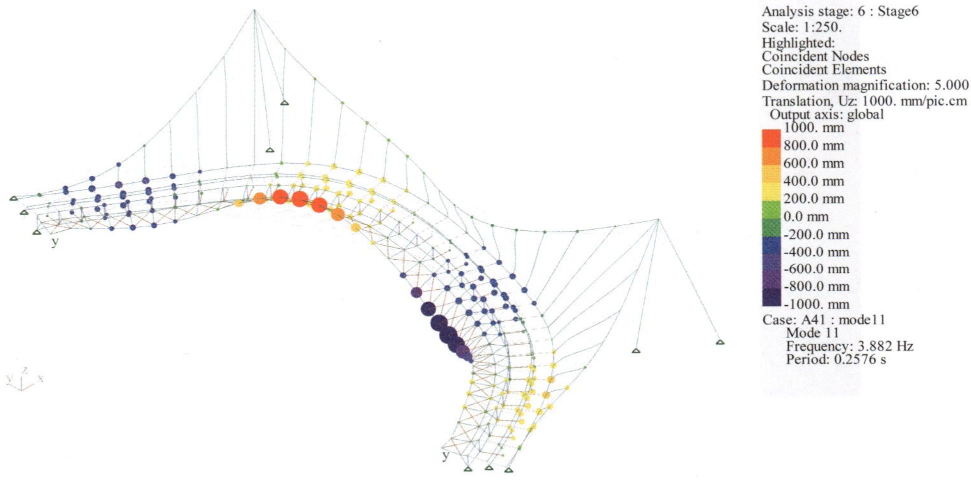

图 3.39　结构十一阶振型

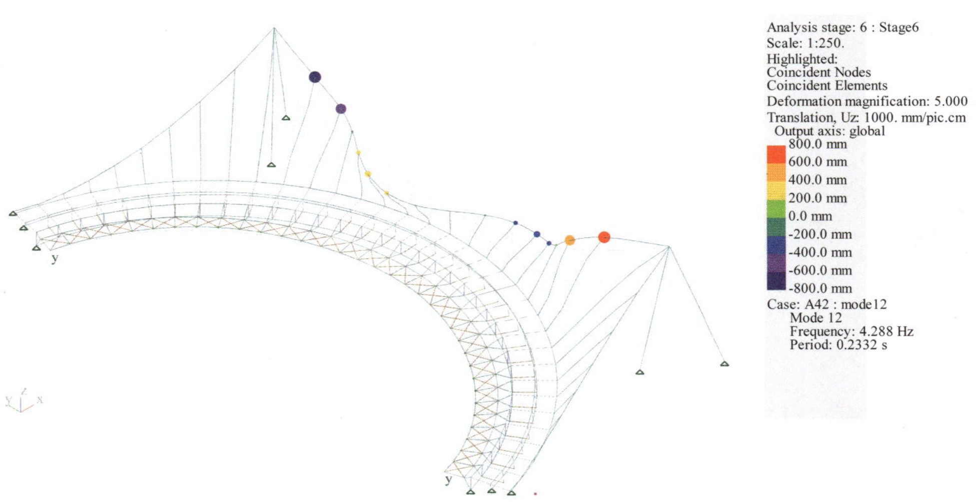

图 3.40　结构十二阶振型

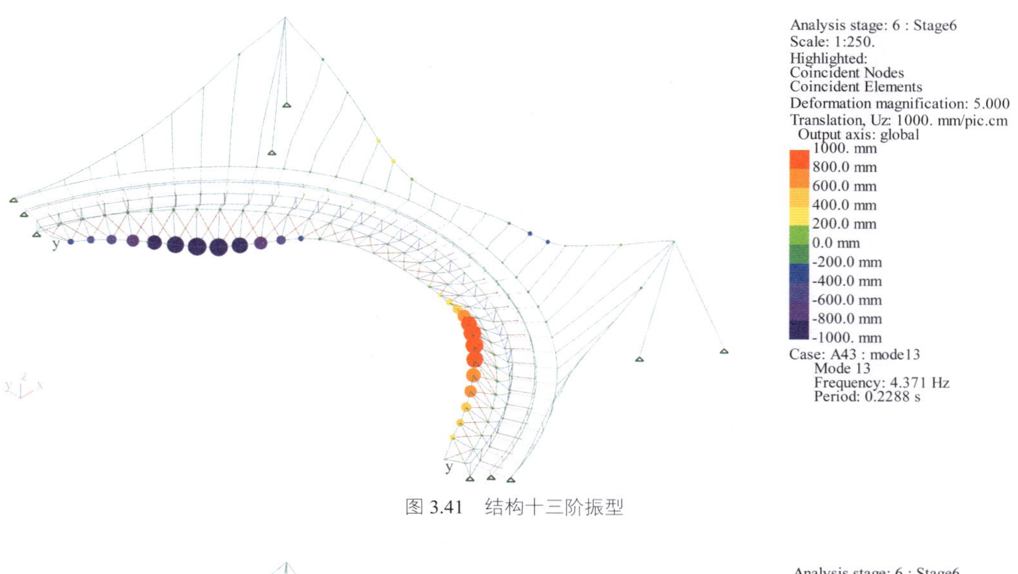

图 3.41　结构十三阶振型

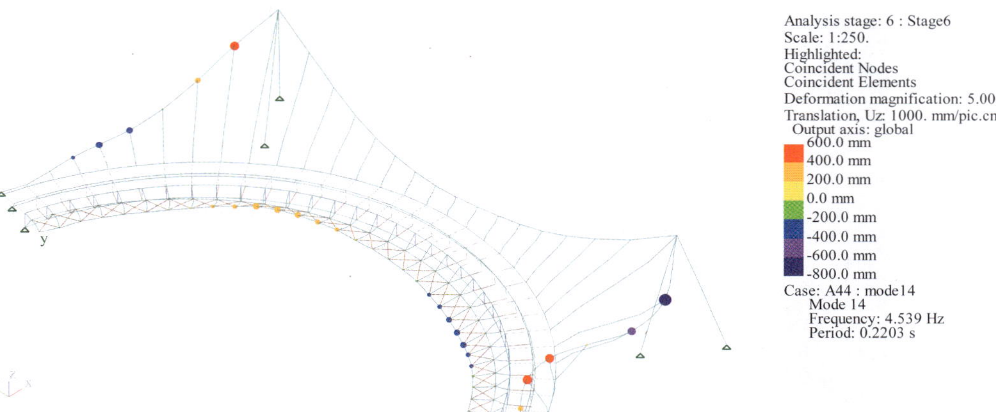

图 3.42　结构十四阶振型

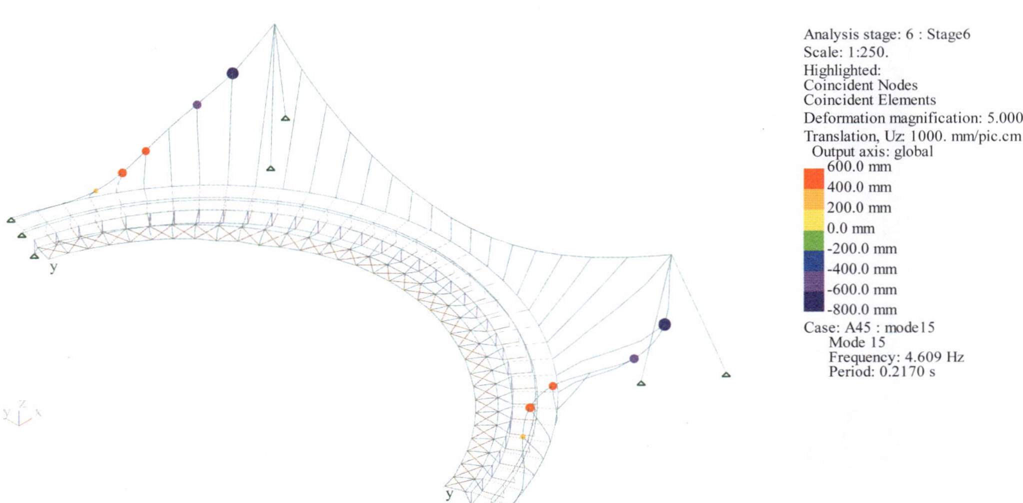

图 3.43　结构十五阶振型

2）人行振动舒适度评估

该桥采用轻型铺装，当不考虑配重时，桥梁上人后的结构二阶振动的频率 f=1.454Hz。桥梁振动分析结果如下。

TC2（0.2 人 /m²）：最大响应加速度 a_z=0.31m/s²（考虑结构阻尼比取 0.4%），如图 3.44 所示。

TC3（0.5 人 /m²）：最大响应加速度 a_z=0.49m/s²（考虑结构阻尼比取 0.4%），如图 3.45 所示。

TC4（1.0 人 /m²）：最大响应加速度 a_z=1.85m/s²（考虑结构阻尼比取 0.4%），如图 3.46 所示。

TC5（1.5 人 /m²）：最大响应加速度 a_z=2.12m/s²（考虑结构阻尼比取 0.4%），如图 3.47 所示。

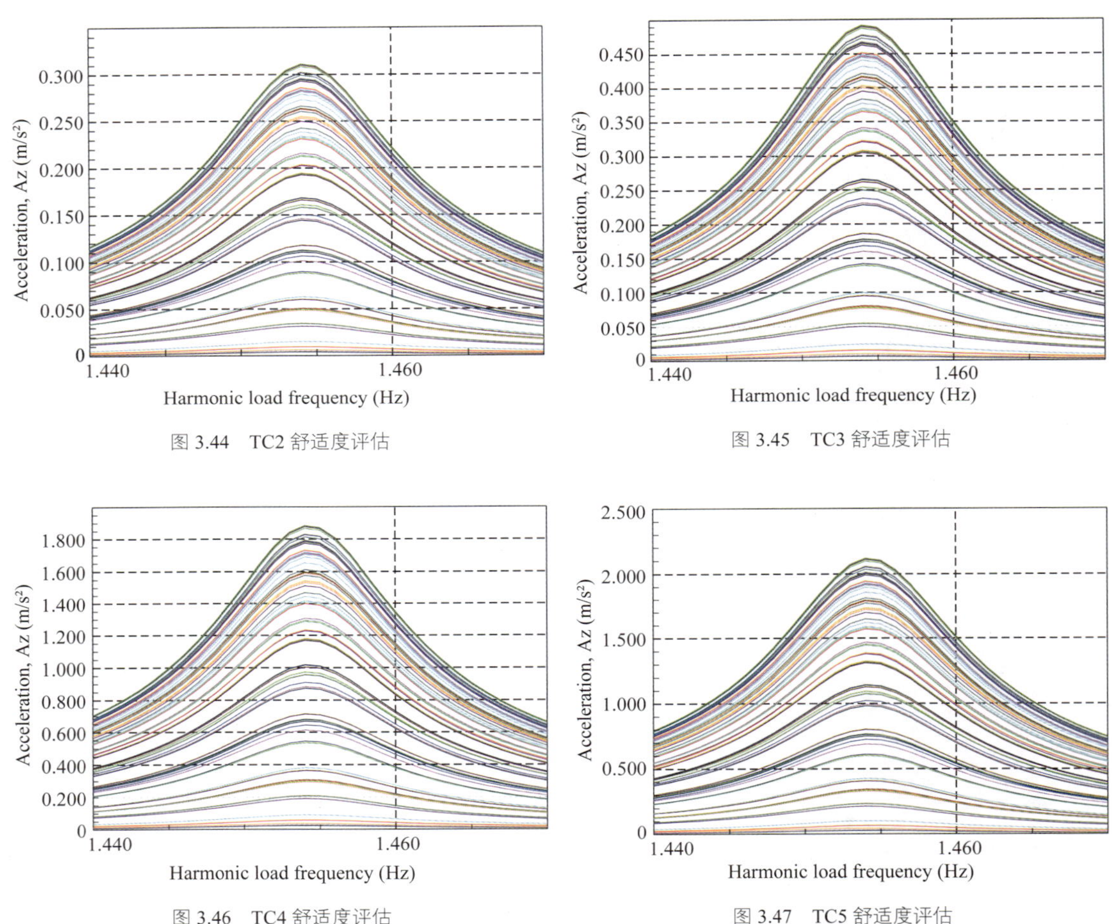

图 3.44 TC2 舒适度评估

图 3.45 TC3 舒适度评估

图 3.46 TC4 舒适度评估

图 3.47 TC5 舒适度评估

根据上述分析结果，当不采用配重、桥梁结构频率为 f=1.414Hz 时，人行振动舒适度评估如下：

TC2，最大舒适。

TC3，最大舒适。

TC4，不舒适。

TC5，不舒适。

该桥的设计目标是在 TC5 交通等级下，满足最大舒适等级要求，最大加速度小于 0.5m/s²。

不设置配重时桥梁人行共振的加速度为 2.12m/s²，不满足要求。

3）解决方案

采用增加配重的方式进行结构调频，将自振频率避开人行敏感频率区间。

经过调试，当配重为 12kN/m 时（同静力计算配重荷载），即在主桥箱梁的空腔底部 1.5m 宽度范围内，铺设 320mm 厚混凝土。计算结果如表 3.6 所示。

改良后舒适性评估　　表 3.6

交通等级	无配重 最大响应加速度（m/s²）	设置配重 12kN/m 最大响应加速度（m/s²）
TC2	0.31	0.06
TC3	0.49	0.09
TC4	1.85	0.32
TC5	2.12	0.42

在 TC5 下各点的响应加速度结果如图 3.48 所示。

因此人行（走动）振动舒适度指标可以满足设计要求。

按照 HIVOSS 规程，需要同时考虑极少数跑步人群的激励效应，激励频率范围为 2.5 ~ 4.6Hz，计算结果如下。

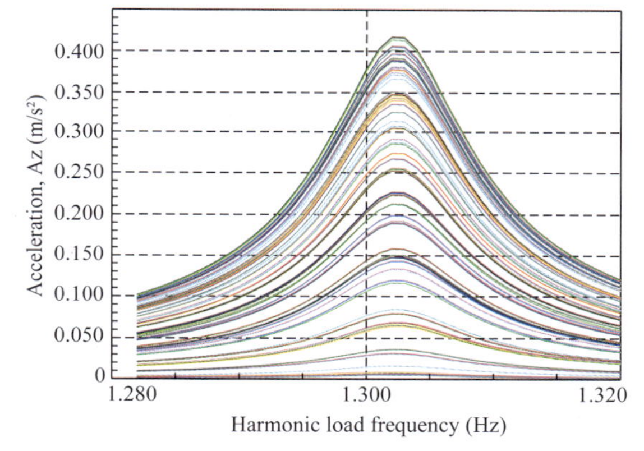

图 3.48　改良后 TC5 舒适度分析

模态 10，f= 3.709 Hz。

TC1（15 人）：最大响应加速度 a_z=0.27m/s²（考虑结构阻尼比取 0.4%），如图 3.49 所示。

模态 11，f= 3.882 Hz。

TC1（15 人）：最大响应加速度 a_z=0.14m/s²（考虑结构阻尼比取 0.4%），如图 3.50 所示。

因此人行（跑动）振动舒适度指标可以满足设计要求。

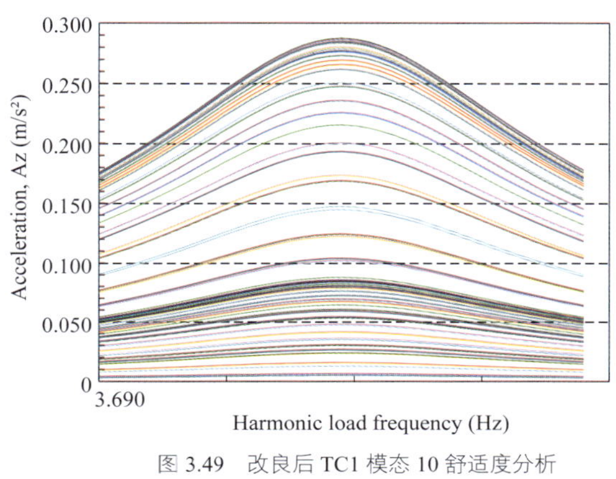

图 3.49　改良后 TC1 模态 10 舒适度分析

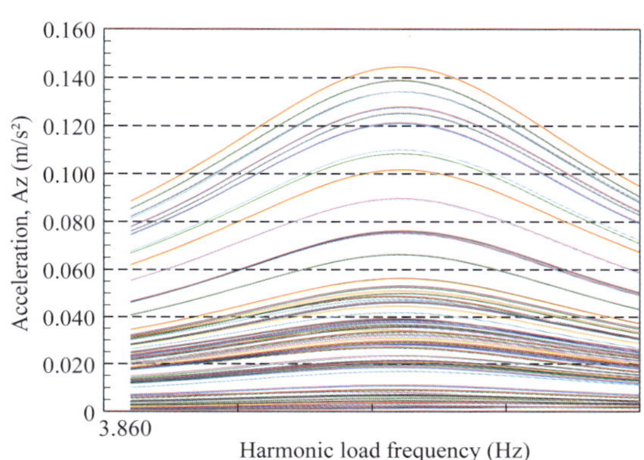

图 3.50　改良后 TC1 模态 11 舒适度分析

3.4.4 其他改善人行舒适度的措施

改善人行振动舒适度的措施有以下几种：增加立柱，调高结构频率到 3Hz 以上；设置阻尼，采用阻尼减振的方法。具体如下。

1）增加立柱的影响

为了调高结构频率，对在河道两侧增加立柱进行了试算，如图 3.51 所示。

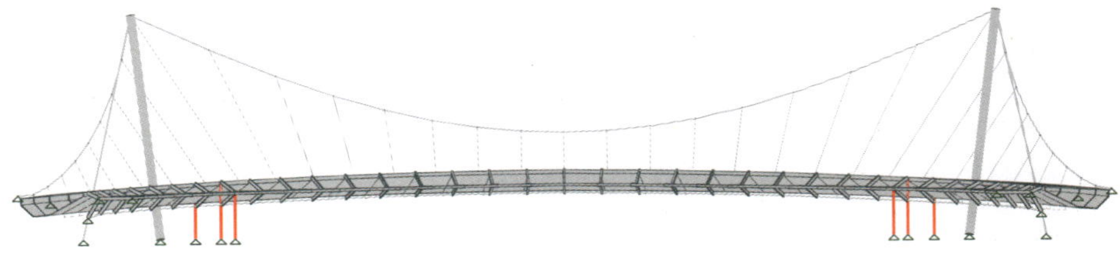

图 3.51 增加立柱提高舒适度

结构调整之后的基频从 1.01Hz 提高到 1.30Hz，但是仍远低于 3Hz，如图 3.52 所示。

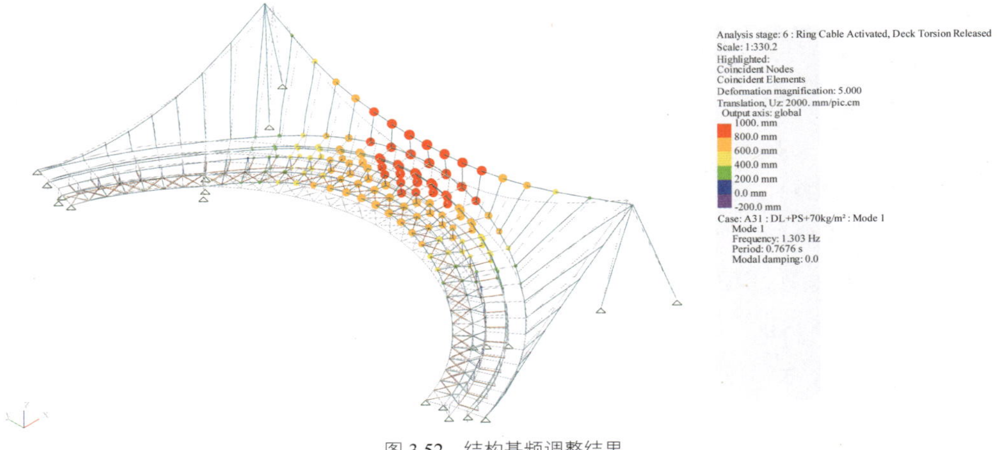

图 3.52 结构基频调整结果

由以上分析可知，通过提高结构刚度，调整结构频率到 3Hz 以上的方法对该项目并不可行。

2）桥梁减振方案设计

综上所述，最终采用 TMD 阻尼的方式来改善人行舒适性。

3.5 主要结构构造

3.5.1 缆索系统

缆索系统包括主缆和吊索，直接给主桥结构提供竖向支撑，是悬索桥体系最重要的承重构件。

该工程中缆索体系的缆索规格如下：

桥梁主缆：直径 d=115mm，最小迫断力 MBL=13 400kN。

桥梁吊索 1（索塔处）：直径 d=50mm，最小迫断力 MBL=2 380kN。

桥梁吊索 2：直径 d=36mm，最小迫断力 MBL=1 170kN。

主缆和吊索均采用 GALFAN（95% 锌 +5% 铝）防腐涂层的进口封闭索，屈服强度为 1 560MPa。此种钢索在国外的大跨度人行结构桥中应用广泛，其防腐性能优异，是普通镀锌防腐能力的 5 倍以上。

缆索系统为自平衡体系，理论上无须预留吊索调节长度，但由于首次建设此类桥梁，在吊索上仍然预留安装了调节器。主塔处的吊索由于与主塔、背索形成了一个刚性体系，需预留 ±10cm 的调节量，以调节安装和制造带来的误差。图 3.53 所示为吊索调节量。

GALFAN 镀层的延展性和可变性极强，可以将索夹直接夹持在裸索上，在夹持时不会损坏镀层，从而具有良好的抗滑移性能和抗扭转性能，使索夹节点设计美观、简洁。索头采用合金灌注锚固方式，索头尺寸比 PE 索更小。同时，索头也不会出现变色、老化、龟裂等影响美观的问题。具体如图 3.54 ~ 图 3.56 所示。

图 3.53　吊索调节量

图 3.54　主缆、吊索与背索

图 3.55　主缆桥台锚固端

图 3.56　主缆转向装置

3.5.2 环索

环索亦采用 GALFAN（95% 锌 +5% 铝）防腐涂层的进口封闭索。具体如图 3.57 ~图 3.59 所示。

图 3.57　环索锚固

图 3.58　法向索锚固

3.5.3　主桥

图 3.59　环索、法向索和 Y 形臂连接节点

主桥采用抗扭刚度大的闭合钢箱形截面，钢梁材质为 Q235d。顶板宽度为 6.0 m，梁高 1.7m，板厚 30mm，采用不对称截面设计，以尽可能缩小截面质心和吊索的偏心。

钢箱梁外侧吊索的间距为 3.73m，钢箱梁按此分段，并设置横向全截面加劲肋板，以完善传递吊索的初剪力并避免应力集中。

为了承担主梁面上的荷载和控制侧面板的局部稳定，通长布置纵向肋板。在截面转折处的肋板为主肋板，肋板规格为 300mm，板厚为 20mm，其他各处按照 40（f_y/235）$^{1/2}$ 的间距布置次肋板，肋板规格为高 150mm 、厚 12mm。

在钢箱的内侧边缘下方设置一根环索。环索的形心到桥顶面的高度固定为 1.7 m，环索通过法向的拉索与钢箱梁底部内侧通过耳板进行连接，从而可通过调整环索张拉控制成桥形态，主副桥构造如图 3.60 所示，钢箱梁加工如图 3.61 所示。

环索和法相向索也采用 GALFAN（95% 锌 +5% 铝）防腐涂层的进口封闭索拉索，屈服强度为 1560MPa。缆索规格如下：

主环索两根：直径 d=90mm，最小迫断力 MBL=2×8 090kN。

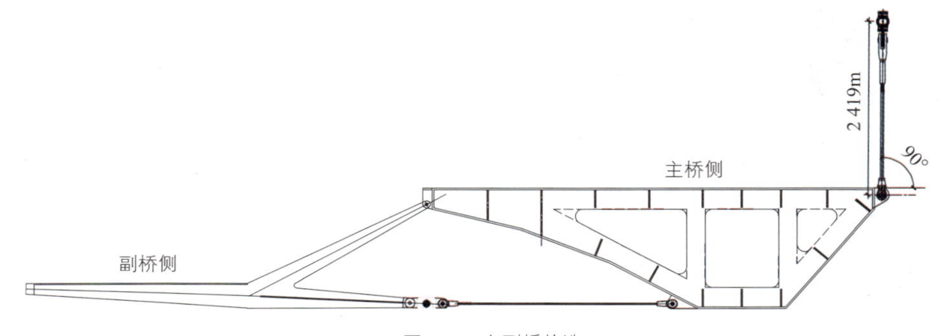

图 3.60　主副桥构造

法向索：直径 d=36mm，最小迫断力 MBL=1 170kN。

为了减小软土基础上的桥台沉降和滑移的影响，确保结构传力清晰控制，该桥设计未采用主梁与桥台固结的处理方式。

图 3.61　钢箱梁加工

3.5.4　副桥

内侧副桥为传力结构，悬挑于主梁结构体系的内侧。桥面系由 Y 形臂、两侧边梁和交叉拉杆组成。

与传统结构中环索张拉在主桥上，副桥刚度较大，主桥与副桥刚性连接不同，该桥中，环索的向圆心的法向拉力从副桥传递到主桥，而副桥刚度较小，主桥与副桥之间采用柔性连接。这种结构颠覆了传统的受力体系，同时也给桥梁的制造、安装提出了更高的要求。

主要受力构件为法线布置的 Y 形臂，间距约为 3.2m，材质为 Q345b，规格为宽 100mm、高 120 ~ 300mm 变截面工字形焊接截面。工字形截面的刚度较大，可以防止 Y 形臂平面外受力较大，导致变形过大。

Y 形臂上端铰接于主桥箱梁上方内侧，上端铰接节点除满足垂直向转动需求外，还提供顺桥向小偏角转动自由度，实现了副桥与主桥的柔性连接，其下端铰接于环索节点处。

在初步设计的讨论中，曾经提出将 Y 形臂前端的 V 形通过吊杆连接起来，形成稳定的三角形结构，防止平面外受力过大，并增加桥梁的整体性。后来通过计算发现，即使不加吊杆，Y 形臂的受力依然可以满足规范要求。Y 形臂总体图如图 3.62 所示。Y 形臂局部图如图 3.63 所示。

为提高辅桥整体性，沿 Y 形臂布设中，间隔采用交叉拉杆进行平面内稳定，拉杆材质为 Q345b，规格为直径 16mm 的圆杆。

3.5.5　索塔和背索系统

索塔采用厚壁钢管，内部不进行注浆。索塔下端与混凝土基础上铰接，顶部设置连接耳板，分别为边、中跨悬索主缆及背索提供支撑。

图 3.62　Y 形臂总体图

图 3.63　Y 形臂局部图

索塔高度为 20m（桥梁），材质为 Q345c，规格为直径 d=900mm、厚度 t=40mm 的圆管。索塔采用了 12° 的斜角，以提高塔顶抵抗水平力的刚度，同时与斜桩方向一致，保证荷载合力方向与桩基一致。索塔和背索系统构造如图 3.64 所示。

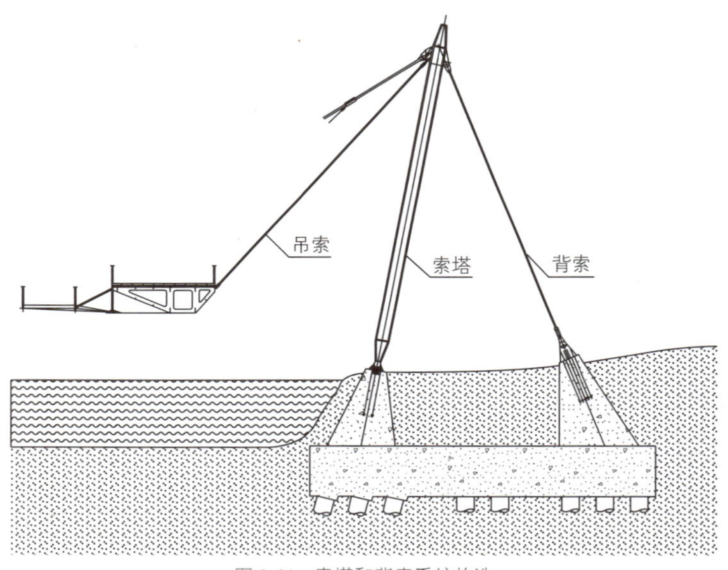

图 3.64　索塔和背索系统构造

背索也采用 GALFAN 防腐涂层的碳钢封闭索拉索，上部销接于索塔的连接耳板上，底部通过连接板与混凝土基础上铰接。为了提供结构刚度，背索采用两根平行布置的 d=115mm 的拉索，如图 3.65 所示。

索塔基础采用钢管斜桩以抵抗水平推力和控制基础变形的长期效应。钢管桩的材质为 Q235b，规格为直径 d=900mm、厚度 t=20mm 的圆管。桩长约为 50m，按照传力到 7-2 层土壤确定。

索塔底部与基础之间采用铰接的连接形式。通过计算，球铰的应力较大，拟采用铸钢进行制作。为保证铸钢球铰的制作质量，需对铸钢球铰进行全体量超声波探伤；而且铸钢球铰与主塔的焊接属于两种不同材料的焊接，这些均对桥梁的制作和安装提出了很高的要求。球铰如图 3.66 所示。

图 3.65　背索锚固

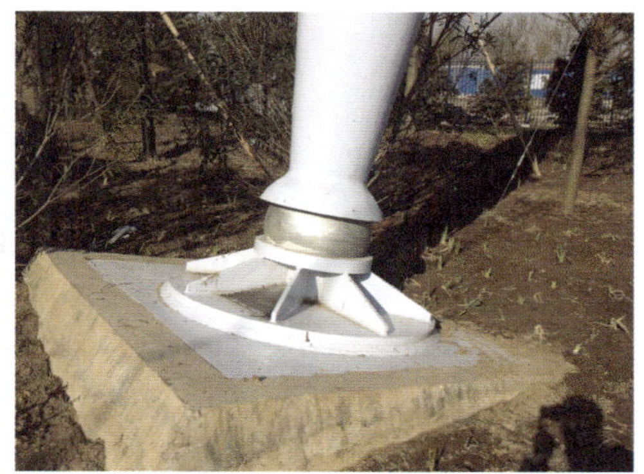

图 3.66　球铰

主塔顶部与耳朵板的联接体，若不采取其他措施，只有有限的几条角焊缝，整体强度不满足要求。因此，在耳板的上下端各焊接一个与主塔直径相同的圆形钢板，圆形钢板既与主塔焊接又与耳板焊接，增强了耳板和主塔连接的整体性。耳板与主塔连接构造如图 3.67 所示。

承台采用索塔 / 背索一体式承台，约 20m 长，采用 C40 的混凝土，承台高 3m，宽 8m，并在背索受力处进行适当的放宽，以给背索提供足够的重力锚效应，从而规避对抗拔桩的要求。

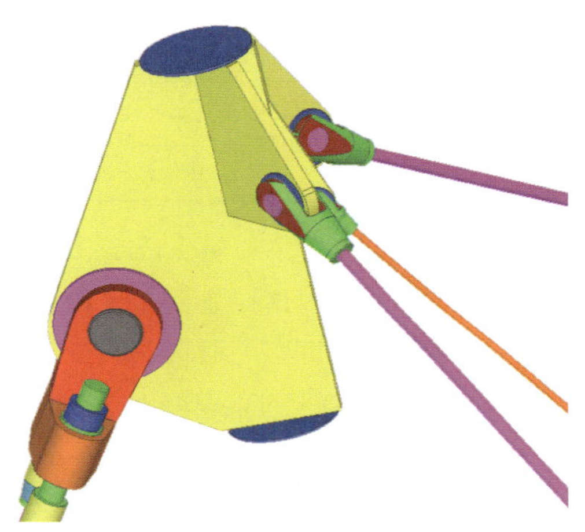

图 3.67　耳板与主塔连接构造

3.5.6　桥台

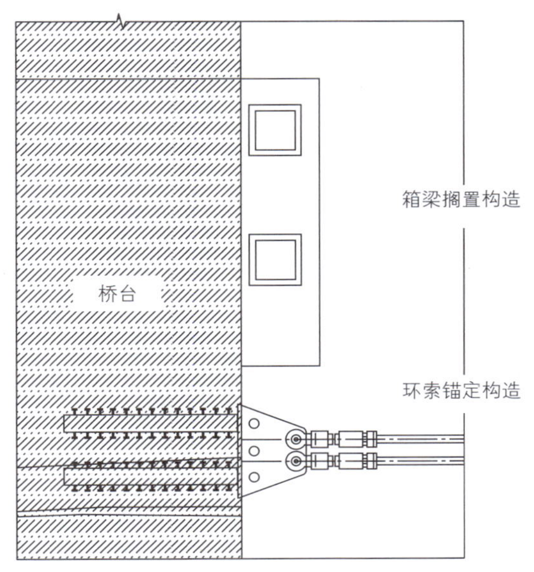

图 3.68　桥台构造

桥台是该桥整个结构体系中重要的构造之一，桥台需要锚定边跨悬索、主箱梁下环索和支承主梁箱梁。

该桥桥台采用整体式桥台，采用和索塔基础相同的钢管斜桩抵抗桥台上作用的水平推力，防止桥台的水平滑移，同时确保在桩的布置时，桥台和各水平推力有对应的桩群进行简洁的荷载传递。

桥台约高 3.5 m，宽 10m，长 15m，采用 C40 混凝土。边跨悬索在桥台的最外侧，主桥下环索拉接与桥台偏内侧面。桥台在主梁端部下方挑出 1m 形成托梁搁置主桥箱梁。

桥台与主箱梁和主桥环索的连接构造如图 3.68 所示。

3.5.7 其他

1）铺装

铺装方案比选见表 3.7。

铺装方案比选　表 3.7

铺装名称	优劣分析
safetrack sc 彩色抗滑薄层系统	耐磨防滑性能好；与钢板黏结性能好、韧性好；质量轻，适用于承载能力较小的人行桥
沥青混凝土	容易开裂；需要进行压实，压实机械太重，该桥为人行桥，无法承受其荷载；需要焊接锚栓来增加铺装与桥面的黏结强度，锚栓容易剥离，耐久性差；质量较重，额外增加桥梁的荷载
现浇混凝土	需要焊接锚栓来增加铺装与桥面的黏结强度，锚栓容易剥离，耐久性差；质量较重，额外增加桥梁的荷载
自流平铺装	由于该桥有 5% 的横坡，铺装材料的流动性强，无法施工

综上所述，我们选择了 safetrack sc 彩色抗滑薄层系统。

在施工前，我们还对这种铺装进行了试验测试。由于工地项目部交通量很大，重车很多，因此我们将试样放在了工地项目部门前进行了长达 10 个月的测试。测试对比如图 3.69、图 3.70 所示。测试结果发现铺装性能良好。

图 3.69　试验前桥面铺装

图 3.70　试验后桥面铺装

2）索夹

因该桥梁的悬索为空间曲线，悬索索夹的安装定位既要考虑其沿悬索的长度方向的定位，还应根据吊索与垂直方向的角度确定其索夹安装角度。据此，我们制作了如图 3.71、图 3.72 所示的工装。

在索缆加工基地内，采用此工装以类似极坐标定位的形式，将主缆上每个索夹的位置确定后，标注旋转角度，现场即按此标注进行索夹安装。索夹及索夹加工现场如图 3.73 和图 3.74 所示。

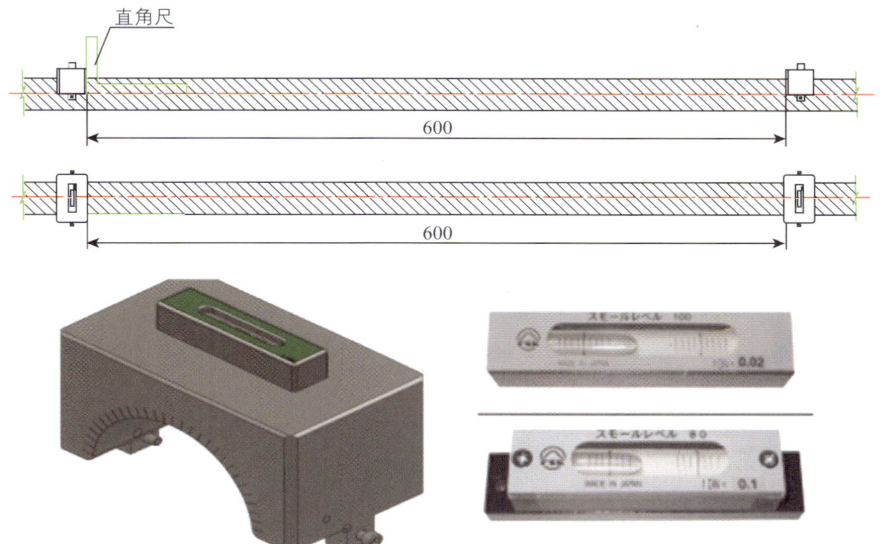

图 3.71　索夹空间定位工装（尺寸单位：mm）

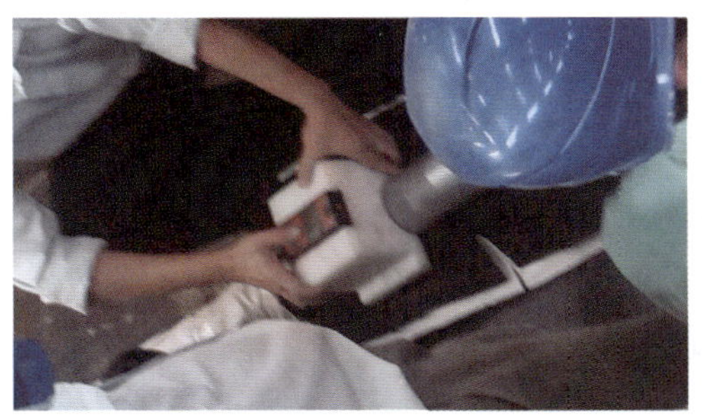

图 3.72　定位工装测试现场

图 3.73　索夹

为验证索夹的抗滑移能力，将索样品和试验索夹安装在600t 试验机上，对螺栓采用液压扭力扳手施加预紧力，做好索夹处的滑移标记。安装完成后，启动拉力试验设备，缓慢施加拉力。试验分 3 级进行加载，每次加载数值为理论抗滑移力的 33%，直至加载至抗滑移力，看索夹是否产生滑移，并记录数据，最终加载至索夹与索体产生相对位移时，试验终止，并记录最大滑移力数据。试验结果证明，索夹抗滑移能力超过设计要求。

图 3.74　索夹加工现场

3.6　主桥结构计算分析

3.6.1　结构离散

采用 Midas Civil 2010 程序对全桥进行结构分析。计算模型如图 3.75 和图 3.76 所示。

外侧主桥模型采用单主梁建模，内侧副桥采用平面桁架建模：主桥主梁、副桥桁架均采用梁单元；桥塔采用桁架单元；主缆采用索单元；吊杆和主塔背索采用只受拉桁架单元；系杆采用虚拟梁单元；吊杆与主梁、主桥与副桥间用一定刚度的弹性连接进行连接。

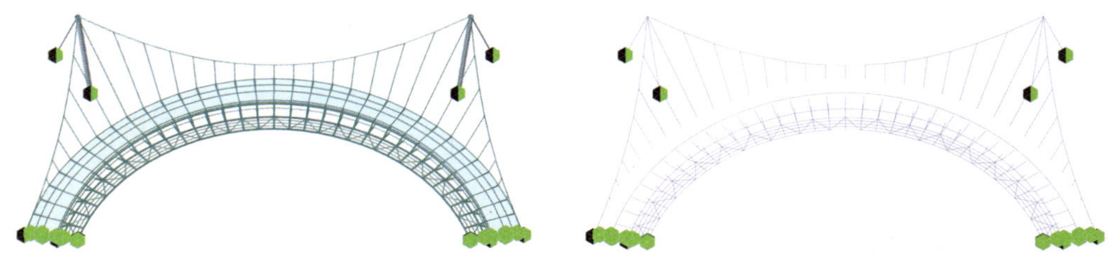

图 3.75　全桥三维模型　　图 3.76　杆系单元模型

3.6.2　主要材料力学性能参数

混凝土力学性能指标按照《公路钢筋混凝土及预应力混凝土桥涵设计规范》(JTG D62—2004)相关条文执行，体内预应力钢绞线：f_{pk}=1 860MPa，E_y=1.95×10^5MPa，相应管道摩阻系数为0.17，管道摩擦系数为 0.001 5，一端锚具变形及钢束回缩量为 0.006。

3.6.3　计算荷载

1）永久作用

一期恒载：主要有结构自重、预应力效应等。

结构自重：主桥钢箱梁的加劲板按照规范要求根据实际情况进行布置和设计，横纵向加劲板的总质量折算约为箱梁重的 12%，因此考虑放大系数为 1.20。其他结构则考虑放大系数为 1.10，以涵盖表面涂装、连接件、照明设备、管线等其他附加质量。

预应力效应：悬索的预张力由各吊索力矢量和垂跨比确定，下环索预张力由平衡恒载偏心引起的扭转力矩确定。预张力最小值保证在任何荷载组合下，各拉索不会出现松弛和卸载。

二期恒载：桥面铺装 + 两侧防护栏杆。

桥面铺装：外侧主桥桥面铺装 0.3kN/m²，内侧副桥桥面铺装 1.0kN/m²。

两侧栏杆：0.3kN/m。

支座不均匀沉降：20mm。

2）可变作用

① 人群荷载。

《城市人行天桥和人行地道设计规范》(CJJ 69—1995)中给出活荷载的表达式为：

当加荷长度 L < 20m 时

$$W=5\times(20-B)\div 20$$

当加荷长度 $L \geqslant$ 20m 时

$$W=[5-2\times(L-20)\div 80]\times(20-B)\div 20$$

《城市桥梁设计规范》(CJJ 11—2011)中给出活荷载的表达式为：

当加荷长度 L < 20m 时

$$W=4.5\times(20-B)\div 20$$

当加荷长度 $L\geqslant 20\text{m}$ 时

$$W=[4.5-2\times(L-20)\div 80]\times(20-B)\div 20,\text{且 } W\geqslant 2.4\text{kN/m}^2$$

以上式中：W—— 人群荷载集度（kN/m^2）；

B—— 桥梁宽度（m）；

L—— 加载长度（m）。

取两者的最大值进行设计，取值见表 3.8。

人群荷载取值 表 3.8

加载长度 L（m）	外侧主梁活荷载（kN/m^2）	侧副主梁活荷载（kN/m^2）
0	4.3	4.7
10	4.3	4.7
20	4.3	4.7
30	4.1	4.5
40	3.9	4.2
50	3.7	4
60	3.5	3.8
70	3.2	3.5
80	3	3.3
90	2.8	3
100	2.6	2.8
110	2.4	2.6
120	2.4	2.4

②自行车荷载：该桥设计考虑一定数量的自行车通行能力，自行车的荷载小于行人荷载的密度，因此不单独作为一个荷载工况进行验算。

③检修车荷载：该桥梁设计考虑检修车和电瓶车的通行，车辆在外侧主梁的通行作为一个单独的荷载工况进行验算。

④温度作用：系统整体升温 +30℃；系统整体降温 −30℃；桥面梯度温差 +20℃。

3）偶然作用

①地震作用：具体结果参见本书中结构抗震计算部分。

②行人动力作用：行人对人行桥的动力激励荷载按照相应的设计规范确定，具体结果参见本书中人行振动分析部分。

③冲击荷载：桥台、索塔和背锚均设置在湖岸之上，因此设计中不考虑桥下水平船只的冲击荷载。桥面上通过的机动车仅为登高车和小型电瓶车，限重 5.0t，限速 5km/h，因此不建议设置防护栏。

4）效应组合

根据《公路桥涵设计通用规范》（JTG D60—2004）第 4.1.6 条，对钢梁验算采用如下三种组合。

组合一：一、二期恒载 + 环向预应力 + 支座变位 + 人群荷载 + 检修车荷载。

组合二：一、二期恒载 + 环向预应力 + 支座变位 + 人群荷载 + 检修车荷载 + 整体升降温 + 梯度升降温 + 索塔温差 + 有人风（暂按 25m/s 考虑）作用。

组合三：一、二期恒载 + 环向预应力 + 支座变位 + 百年风荷载。

3.6.4 主要计算结果

（1）主桥桥塔应力计算结果见表 3.9。由表 3.9 可知，主桥桥塔应力满足规范设计要求。

各种组合下主桥桥塔应力验算结果　　表 3.9

组合	最大正应力（MPa）	最小正应力（MPa）	容许正应力（MPa）	是否满足
1	-128.1	-129.8	191.7	满足
2	-134.1	-135.7	239.7	满足
3	-76.2	-77.8	239.7	满足

（2）主桥箱梁应力计算结果见表 3.10。由表 3.10 可知，主桥箱梁应力可以满足规范设计要求。

各种组合下主桥箱梁应力验算结果　　表 3.10

组合	最大正应力（MPa）	最小正应力（MPa）	最大扭转剪应力（MPa）	最小扭转剪应力（MPa）	容许正应力（MPa）	容许扭转剪应力（MPa）	是否满足
1	123.2	-85.9	41.4	-41.4	191.7	109.6	满足
2	137.1	-127.0	44.4	-44.4	239.7	137.0	满足
3	32.4	-43.7	9.9	-9.9	239.7	137.0	满足

（3）副桥 Y 形臂应力计算结果见表 3.11。由表 3.11 可知，副桥 Y 形臂应力可以满足规范设计要求。

各种组合下副桥 Y 形臂应力验算结果　　表 3.11

组合	上　　肢		下　　肢		水 平 肢		容许正应力（MPa）	是否满足
	最大正应力（MPa）	最小正应力（MPa）	最大正应力（MPa）	最小正应力（MPa）	最大正应力（MPa）	最小正应力（MPa）		
1	149.2	-130.4	185.9	-194.2	92.8	-84.5	191.7	满足
2	150.6	-132.8	198.4	-206.9	105.8	-91.0	239.7	满足
3	113.7	-107.2	125.6	-128.9	47.9	-38.7	239.7	满足

（4）拉索索力计算结果见表 3.12。

各种组合下拉索索力计算结果　　表 3.12

构件	组合一	组合二	组合三	允许值（$F/2.5$）	是否满足
	轴向力（kN）	轴向力（kN）	轴向力（kN）	（kN）	
吊杆	288	303	172	482	满足
主缆	3 642	3 884	2 382	5 320	满足
法向索	378	387	374	482	满足
背索	10 081	10 579	6 041	10 640	满足

（5）桥塔稳定验算结果：由《钢结构设计规范》（GB 50017—2003）第 5.1.2 条可知，实腹式轴心受压构件的整体稳定性应按下式计算：

$$\frac{N}{\phi A}\leqslant f$$

对于该桥，$N/\phi A$=14 685×1 000/114 296×0.707=181.7MPa <265MPa，桥塔满足稳定要求。

3.7 节点局部计算分析

3.7.1 Y 形臂节点局部计算分析

1）计算模型

采用有限元软件 ANSYS 建立 Y 形臂构件的计算模型。计算模型边界条件为：Y 形臂上肢端约束水平、竖直和平面外位移，Y 形臂下肢端约束水平和平面外位移，Y 形臂水平肢端仅约束平面外位移。模型具体加载情况和约束条件如图 3.77 所示。

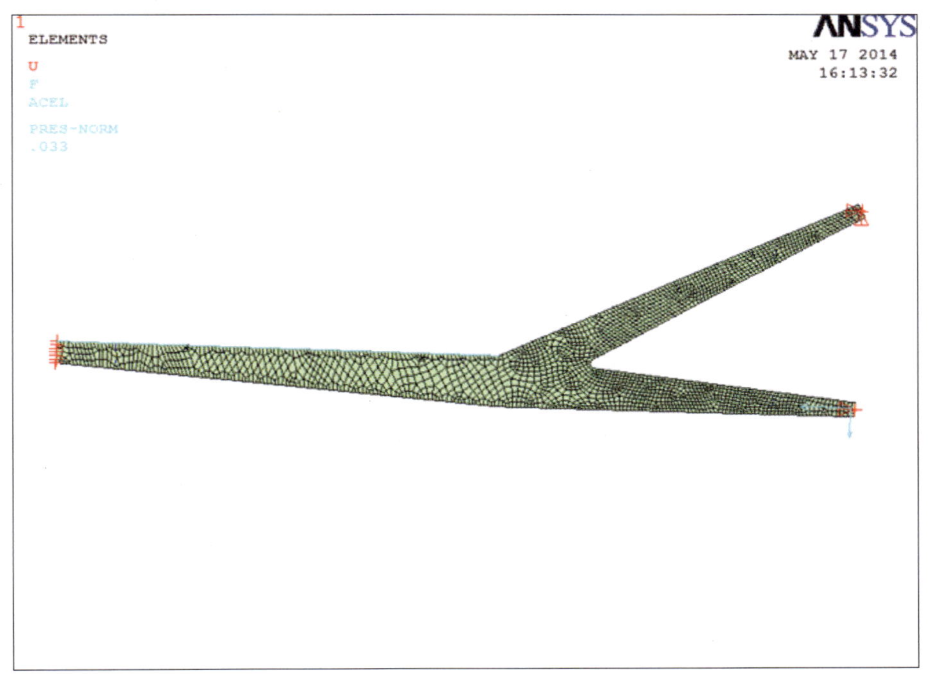

图 3.77 Y 形臂计算模型

2）荷载工况

计算时，考虑两种荷载工况：工况 1（恒载）和工况 2（恒载 + 活载 + 温度荷载 + 风荷载）。

3）计算结果

（1）工况 1 作用下 Y 形臂计算结果如图 3.78 所示。不考虑支座处加载及约束导致的应力集中影响，Y 形臂的最大应力值出现在倒角处，最大应力值为 130.3MPa，小于规范值 191.7MPa。

（2）工况 2 作用下 Y 形臂计算结果如图 3.79 所示。不考虑支座处加载及约束导致的应力集中影响，Y 形臂的最大应力值出现在倒角处，最大应力值为 215.2MPa，小于规范值 239.7MPa。

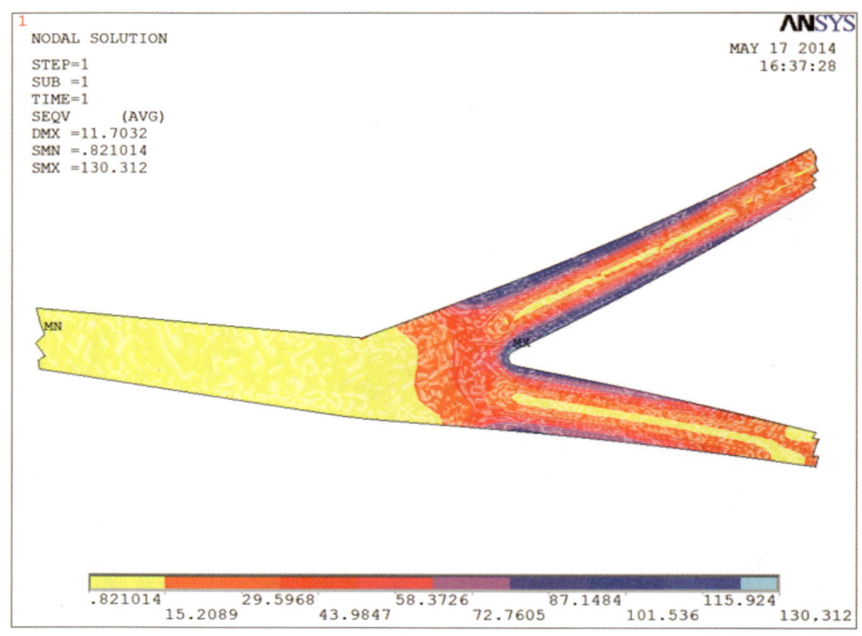

图 3.78　工况 1 下 Y 形臂构件 Mises 应力(单位:MPa)

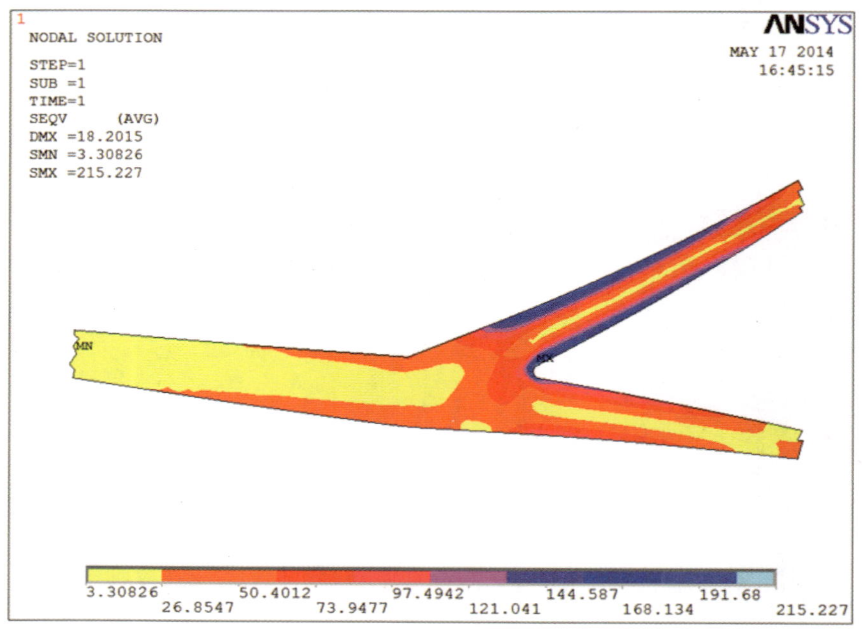

图 3.79　工况 2 下 Y 形臂构件 Mises 应力(单位:MPa)

3.7.2 索塔顶部节点局部计算分析

1)计算模型

利用 ANSYS 有限元程序建立索塔顶部节点的计算模型。计算模型边界条件为:索塔底部给定固定约束。模型具体加载情况和约束条件如图 3.80 所示。

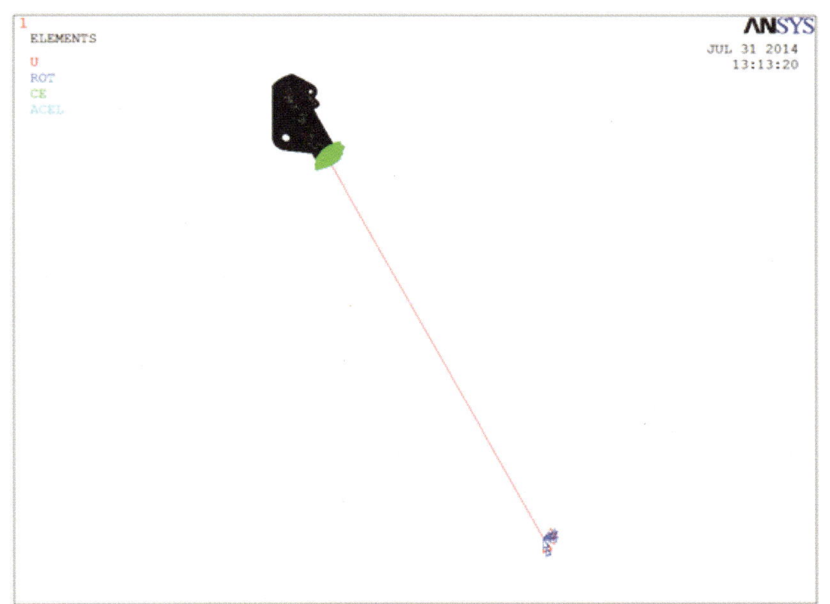

图 3.80　索塔节点计算模型图

2）荷载工况

计算时，考虑两种荷载工况：工况 1（恒载）和工况 2（恒载 + 活载 + 温度荷载 + 风荷载）。

3）计算结果

（1）索塔节点在工况 1（恒载）下的计算结果如图 3.81 和图 3.82 所示。由图可知，各缆索索力对节点的主要应力影响区主要出现在节点的中部以下。各节点板上的最大应力值均出现在销轴连接处，其中吊索处的连接节点板 Mises 应力最大，达到了 405.4MPa。桥塔上的最大 Mises 应力值为 349.4MPa，出现在背索与桥塔连接板的下部。

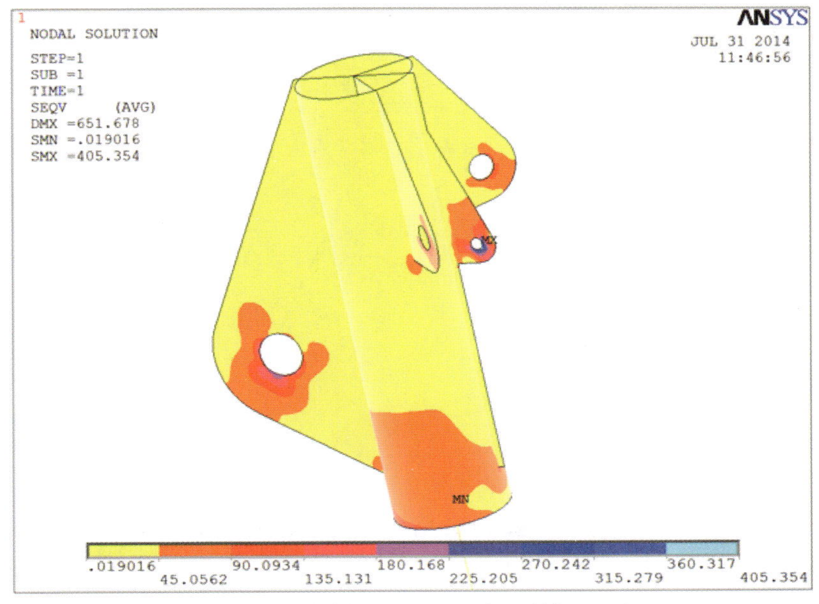

图 3.81　索塔节点构件 Mises 应力图（单位：MPa）

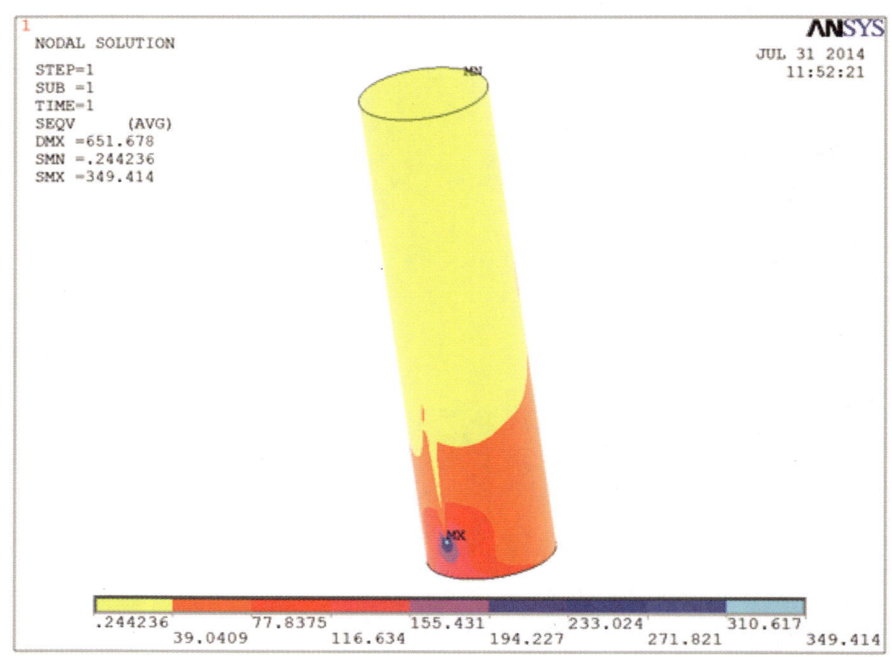

图 3.82 索塔节点中的索塔构件 Mises 应力图(单位:MPa)

(2)索塔节点在工况 2(恒载 + 活载 + 温度荷载 + 风载)下的计算结果如图 3.83 所示。由图 3.83 可知,各缆索索力对节点的主要应力影响区主要出现在节点的中部以下。各节点板上的最大应力值均出现在销轴连接处,其中吊索处的连接节点板 Mises 应力最大,达到了 1 049.0MPa。桥塔上的最大 Mises 应力值为 666.3MPa,出现在背索与桥塔连接板的下部。

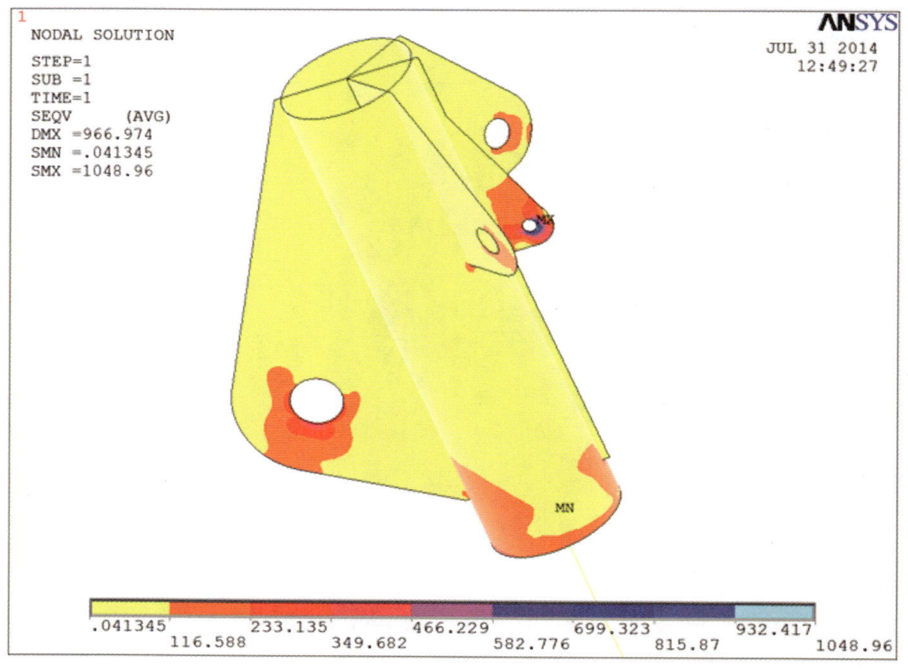

图 3.83 索塔节点构件 Mises 应力图(单位:MPa)

3.8 下部结构计算分析

3.8.1 中墩基础计算分析

1）计算模型

采用 MIDAS 软件建立模型，分析桩基的受力情况，模型如图 3.84 所示。

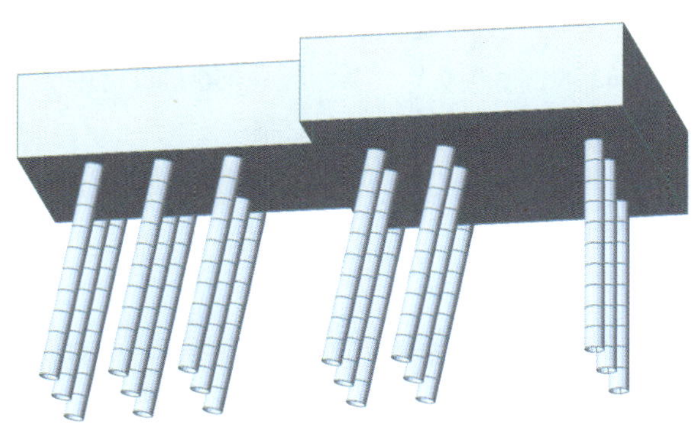

图 3.84 承台桩基础计算模型（一）

2）荷载工况

荷载作用于承台顶面，其中恒载中未计入承台自重。荷载组合表达式见表 3.13。

荷载组合表达式 表 3.13

荷载组合	组合表达式
1	1.0 恒 +1.0 初张力
2	（1.0 恒 +1.0 初张力）+1.0 活荷载一分布 1
3	（1.0 恒 +1.0 初张力）+1.0 活荷载一分布 2
4	（1.0 恒 +1.0 初张力）+1.0 活荷载一分布 3
5	（1.0 恒 +1.0 初张力）+1.0 活荷载一分布 4
6	（1.0 恒 +1.0 初张力）+1.0 活荷载一分布 5
7	（1.0 恒 +1.0 初张力）+1.0 活荷载一分布 6
8	（1.0 恒 +1.0 初张力）+1.0 活荷载一分布 7
9	（1.0 恒 +1.0 初张力）+1.0 活荷载一分布 8
10	（1.0 恒 +1.0 初张力）+1.0 风荷载一横风
11	（1.0 恒 +1.0 初张力）+1.0 风荷载一吸风
12	（1.0 恒 +1.0 初张力）+1.0 风荷载一压风
13	（1.0 恒 +1.0 初张力）+1.0 风荷载一顺风
14	（1.0 恒 +1.0 初张力）+1.0 地震荷载一X向
15	（1.0 恒 +1.0 初张力）+1.0 地震荷载一Y向
16	（1.0 恒 +1.0 初张力）+1.0 沉降
17	（1.0 恒 +1.0 初张力）+1.0 升温
18	（1.0 恒 +1.0 初张力）+1.0 沉温

3）计算结论

（1）承台正截面抗弯承载力满足要求，承台斜截面抗剪承载力满足要求。

（2）承台抗冲切承载力验算中，角桩抗冲切安全系数为 2.81，边桩抗冲切安全系数为 1.3，均满足要求。

（3）单桩轴向受压承载力验算中，轴向受压承载力容许值为 4 713kN，桩身竖向力为 4 290kN，满足要求。

（4）水平力验算，桩身倾斜 12°，则单桩最大水平承载力为 2 900×sin12° =603 kN，共有 15 根桩，总的水平承载力为 9 044kN，总的最大水平力为 6 656 kN，满足要求。单桩截面应力验算，桩身最大压应力为 62.8MPa，最大拉应力为 43.2MPa，最大剪应力为 13.4MPa，满足规范要求。

3.8.2 桥台基础计算分析

1）计算模型

采用 MIDAS 软件建立模型，分析桩基的受力情况，模型如图 3.85 所示。

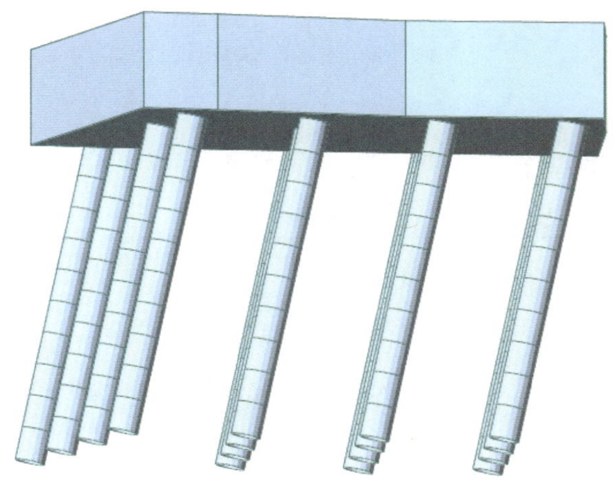

图 3.85 承台桩基础计算模型（二）

2）荷载信息

荷载作用于承台侧面，各作用点具体位置见构造图，其中恒载中未计入承台自重。荷载组合表达式见表 3.14。

荷载组合表达式　　表 3.14

荷载组合	组合表达式
1	1.0 恒 +1.0 初张力
2	（1.0 恒 +1.0 初张力）+1.0 活荷载—分布 1
3	（1.0 恒 +1.0 初张力）+1.0 活荷载—分布 2
4	（1.0 恒 +1.0 初张力）+1.0 活荷载—分布 3
5	（1.0 恒 +1.0 初张力）+1.0 活荷载—分布 4
6	（1.0 恒 +1.0 初张力）+1.0 活荷载—分布 5

续上表

荷载组合	组 合 表 达 式
7	（1.0 恒 +1.0 初张力）+1.0 活荷载一分布 6
8	（1.0 恒 +1.0 初张力）+1.0 活荷载一分布 7
9	（1.0 恒 +1.0 初张力）+1.0 活荷载一分布 8
10	（1.0 恒 +1.0 初张力）+1.0 风荷载一横风
11	（1.0 恒 +1.0 初张力）+1.0 风荷载一吸风
12	（1.0 恒 +1.0 初张力）+1.0 风荷载一压风
13	（1.0 恒 +1.0 初张力）+1.0 风荷载一顺风
14	（1.0 恒 +1.0 初张力）+1.0 地震荷载一*X* 向
15	（1.0 恒 +1.0 初张力）+1.0 地震荷载一*Y* 向
16	（1.0 恒 +1.0 初张力）+1.0 沉降
17	（1.0 恒 +1.0 初张力）+1.0 升温
18	（1.0 恒 +1.0 初张力）+1.0 沉温

3）计算结论

（1）单桩轴向受压承载力验算：桩身竖向力为 1 360kN，小于轴向受压承载力容许值 2 906kN，满足规范要求。

（2）单桩截面应力验算：桩身最大压应力为 24.6MPa，最大剪应力为 14.6MPa，满足规范要求。

（3）水平力验算：桩身倾斜 12°，则单桩最大水平承载力为 2 900×sin12° =603kN，共有 14 根桩，总的水平承载力为 8 442kN，总的最大水平力为 5 845kN，满足要求。

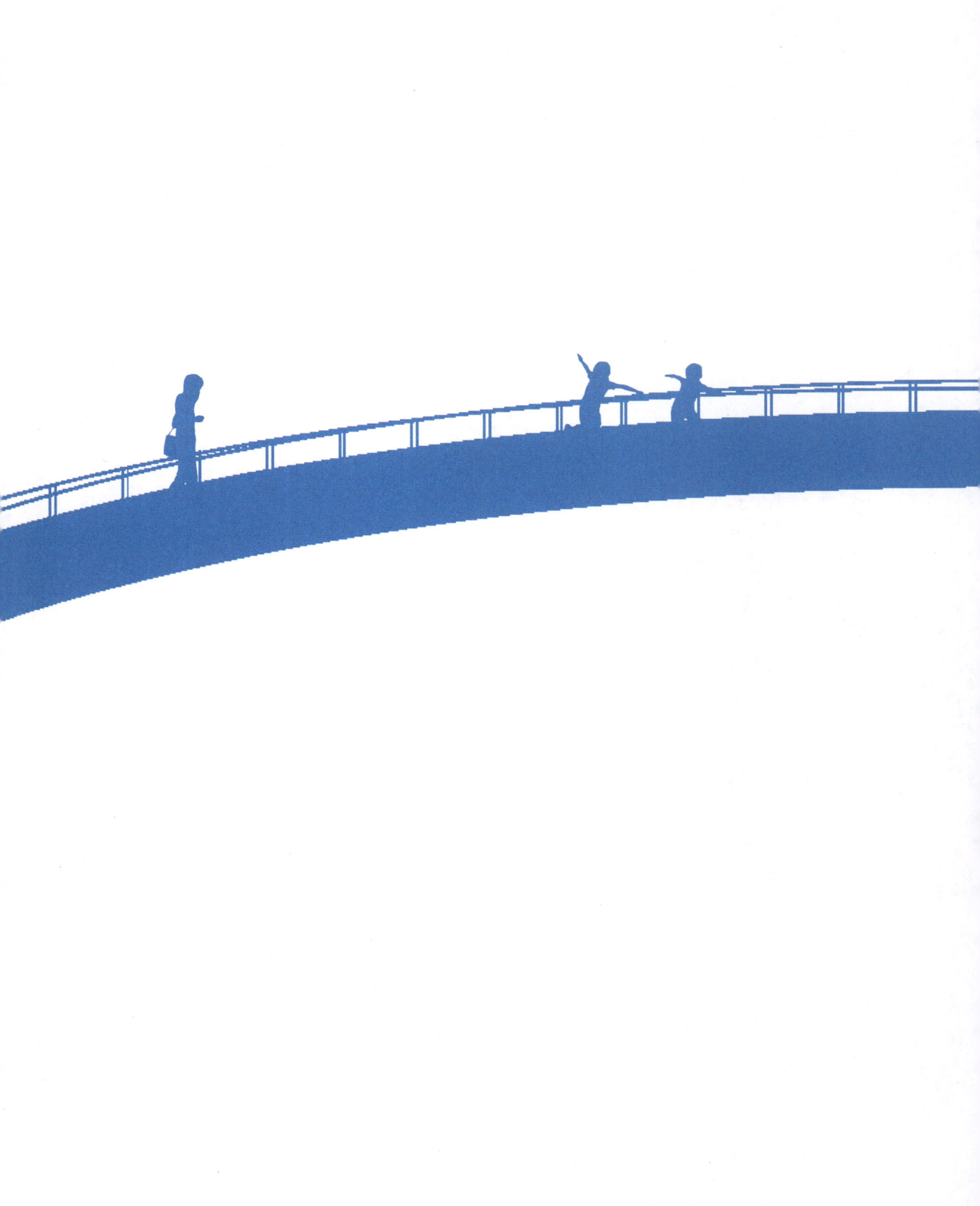

第 4 章

单边悬索桥抗风抗震性能分析

4.1 单边悬索桥抗风分析

4.1.1 计算目的

众所周知，研究风对结构的作用，仅仅知道建筑物表面的平均风压是不够的。要想得到实际结构在风作用下的各种响应，还需要知道建筑物表面（如桥面板、桥体钢结构等）的风压脉动值，以便了解风压的变化程度及其对桥体结构的影响。对于大跨度桥梁结构而言，往往具有质量轻、跨度大、柔性大、阻尼小、自振频率低等特点，它们对于脉动风荷载非常敏感。此外，由于该桥桥体高度较低，处于大气边界层中风速变化大、湍流强度高的区域，因此尤其需要对作用于桥梁的脉动风荷载进行深入研究。

随着计算流体力学（CFD）和计算机技术的发展，数值模拟技术在风工程领域得到了广泛的应用，常见的应用实例有：桥面板的气动特性和建筑结构的表面风压的计算等。我们首先通过采用比较成熟的自回归方法产生风速的时程曲线，然后将该风速时程数据加载到数值风洞的来流边界条件中，采用大涡模拟技术，计算得到空间曲梁双桥面单边悬索桥表面的风力时程，再将该风力时程数据加载到桥梁的有限元模型上，进行结构的动力时程分析，继而得到桥梁在风致振动下的动力响应，并对该响应进行分析与讨论。

4.1.2 边界层脉动风模拟

1）脉动风的性质

风速时程可以分解为平均风速时程与零均值脉动风速时程两部分。根据对风的大量实测记录样本的时程曲线分析可知，如果舍弃初始阶段附近严重的非稳态平稳性范围，则风非常接近平稳随机过程，因而脉动风常可作为具有各态历经性的零均值 Gauss 平稳随机过程来近似描述。其统计特性可用功率谱密度函数、方差以及相关函数等几方面来描述。

该桥计算采用的风速谱为 Davenport 风速谱，同时考虑了风荷载的空间相关性（强风观测表面，各点风速、风向并不是完全同步的，甚至可能是完全无关的。空间相关性主要包括侧向左右相关、竖向上下相关以及纵向前后相关）。

2）湍流来流的模拟

在传统实物风洞中对于大气边界层的模拟，最常见的方法是风洞中的被动装置模拟法，即在试验段前加足够长度的粗糙单元或者隔栅等以产生湍流。

在数值风洞采用的大气边界层湍流的模拟主要有以下两种方法：

方法一：与风洞的原理一致，即在计算区域上游加上一定长度的预先计算区域，设置一定的粗糙元，从层流开始，直到产生符合要求的湍流结构。

方法二：利用空间的能量谱和频域的相关性在一系列空间的点上产生脉动风速的时间序列。

与方法一相比，大气边界层中风速的能量谱和相关函数都比较容易得到，也有很多现成的谱函数被提出，这也是方法二最大的优点。方法二的缺点是在脉动风速的产生过程中，连续性方程往往难以满足，这就使得计算的连续性方程往往难以得到满足。

该桥计算采用的是方法二，同时通过对脉动风速的时间序列施加无散度运算，保证满足连续性方程。

3）风速模拟结果

综上所述，我们在模拟计算中，采用自回归AR模型进行脉动风速模拟，风速谱采用Davenport谱。即首先由风速谱和脉动风的空间相干函数得到脉动风在空间上的自谱和互谱，再采用AR法可产生脉动风速的时间序列，AR法的自回归阶数取4，时间步长取0.1s，最后将风速的脉动部分和平均部分进行叠加，得到数值风洞入口处各点风速的时程。图4.1给出了数值风洞入口部位A、B、C、D四点处的风速时程曲线。

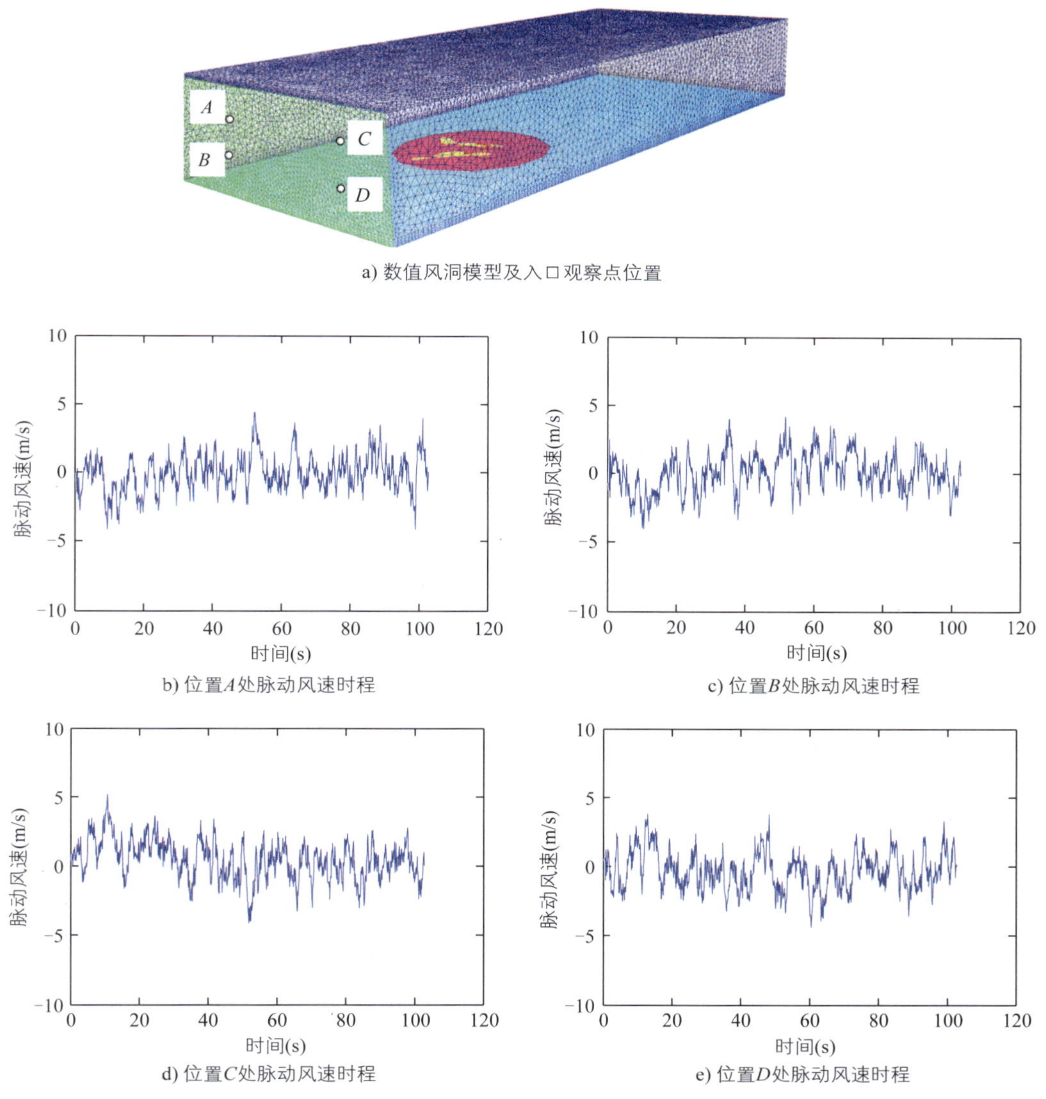

图4.1　数值风洞入口风速模拟

以上4个脉动风速的功率谱与目标谱Davenport谱的关系如图4.2所示。

大气边界层中，某一高度的风速采用平均风和脉动风的叠加来表示。该桥中平均风速通常采用沿高度呈指数分布的规律来表示，将风速的脉动部分和平均部分进行叠加，即可得到入口处各点风速的时程。其他边界条件为：流域的出口设置为自由出口边界，流域的顶部、两侧、地面以及建筑物的表面采用无滑移的壁面条件。

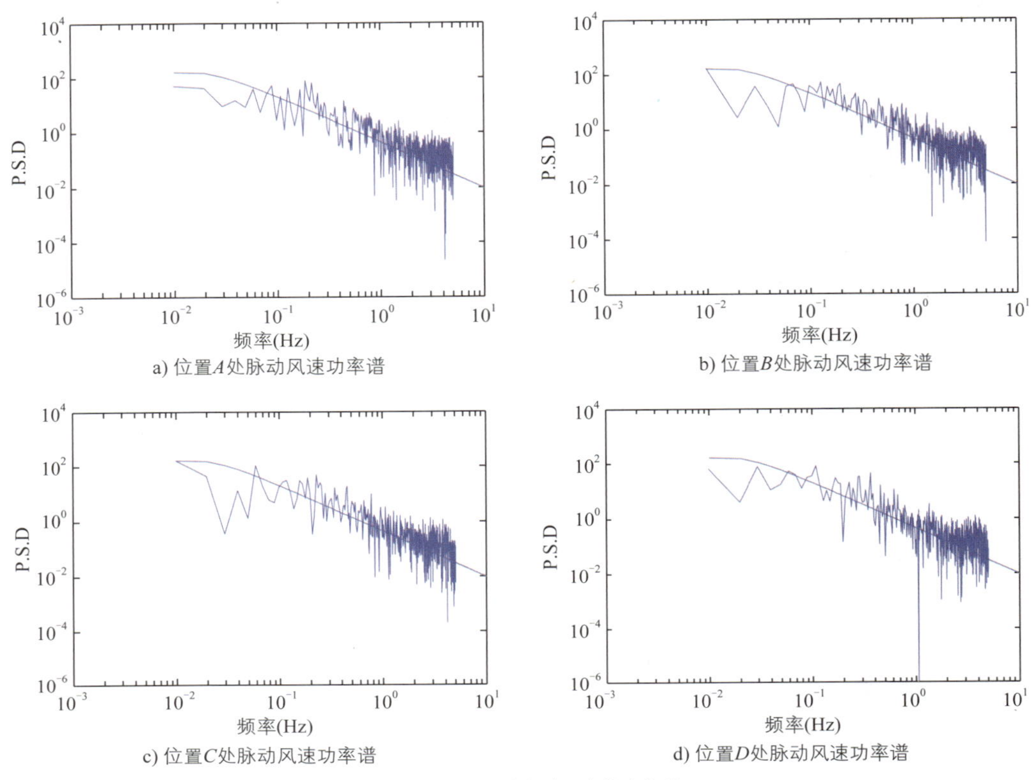

a) 位置A处脉动风速功率谱　b) 位置B处脉动风速功率谱

c) 位置C处脉动风速功率谱　d) 位置D处脉动风速功率谱

图 4.2　入口处脉动风速的功率谱

4.1.3　数值风洞模型

1）几何模型

该桥计算采用整体建模，包含桥梁本身及周边 500m 内区域，以精确计算周边地形对桥梁风荷载的影响。几何模型如图 4.3 所示。

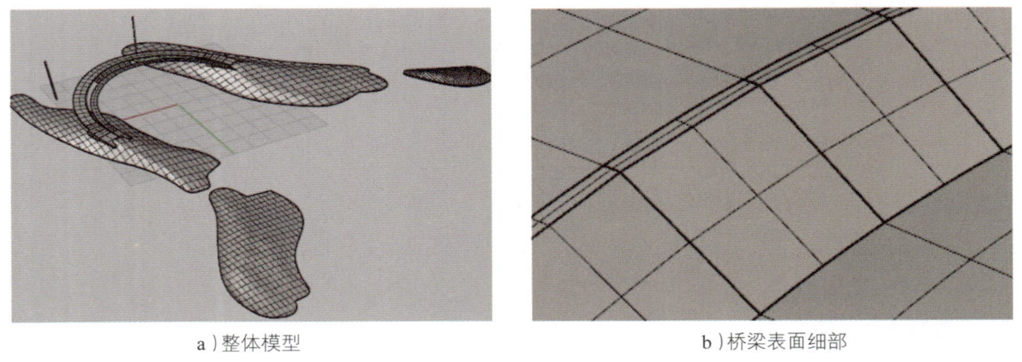

a）整体模型　b）桥梁表面细部

图 4.3　几何模型

2）风向定义

该工程每隔 30° 计算一个风向角，共计 12 个风向角，如图 4.4 所示。

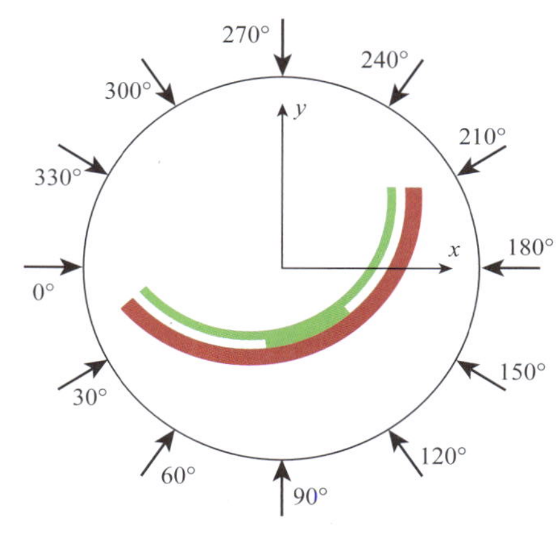

图 4.4　风向定义

3）计算区域的离散

数值风洞采用 1∶1 的全尺寸模型。该桥数值风洞模型长 1 600m，宽 700m，高 250m。数值风洞的 CFD 网格模型如图 4.5 所示，其中桥梁及地表边界层网格加密，网格总计 330 万。

4）湍流模型的选取

大涡模拟是属于直接数值计算和一般模式理论的折衷方法，其原理是将流动中的旋涡分成大涡和小涡，对大涡进行直接求解，对小涡采用亚格子尺度模型进行计算。相比于一般的模式理论，如 k-ε 模型方法，大涡模拟可更准确地预测非定常流场以及钝体绕流中的各种现象和各物理量。

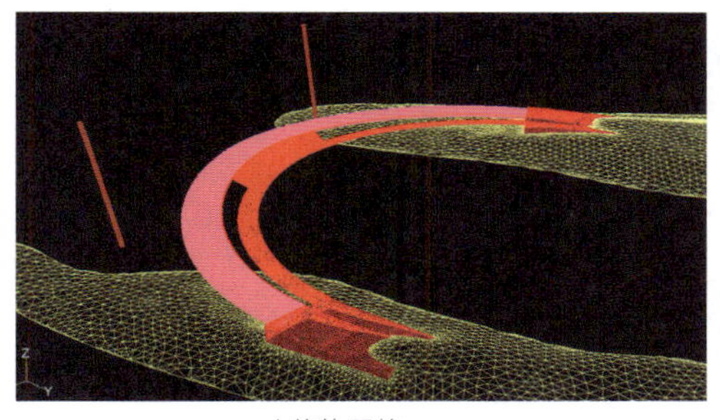

a）整体网格

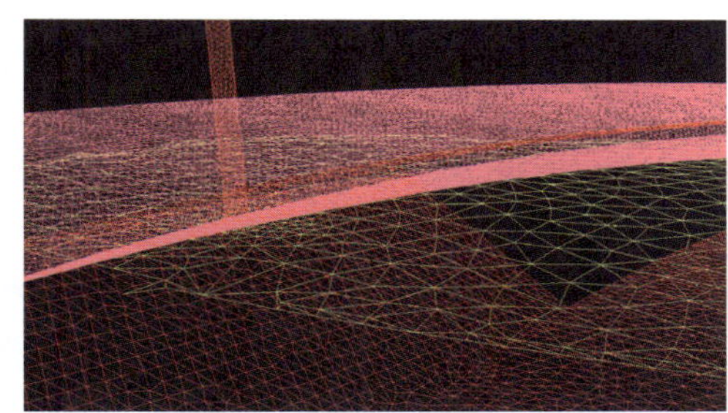

b）桥面细部网格

图 4.5　CFD 网格

该桥计算使用基于有限体积法的 CFD 通用软件 FLUENT 来模拟大气边界层的三维非定常湍流流动情况。对流项的离散采用了高精度的 QUICK 格式，速度和压力的耦合采用了 SIMPLEC 算法，时间的离散采用了二阶全隐式格式，求解器选用了全隐式的分离式求解器。时间步长定为 0.05s，数据的采样频率取 10Hz，整个计算的时间历程为 180s，模拟中所有物理量的收敛标准均取为 1×10^{-6}。

4.1.4　结果分析

1）内力计算结果

桥梁风振对主要索体产生的影响分析如下。图 4.6 所示为悬索、主索和环索的分布及单元编号。

从 0° 风向角到 330° 风向角，每隔 30° 作为一个工况，分析在该风向下风荷载（静风和动风）对索内力的影响。通过分析风荷载对悬索内力的影响、风荷载对主索内力的影响和风荷载对环索内力的影响，可以看出：

（1）不同的索对应的内力风振系数也不同。

（2）索内力风振系数受平均（静力）风荷载下索内力的影响较大，平均（静力）风荷载下索内力较小的索对应的内力风振系数一般较大。

（3）对于索的内力，风荷载所占比重非常小，未起控制作用，满足规范要求。

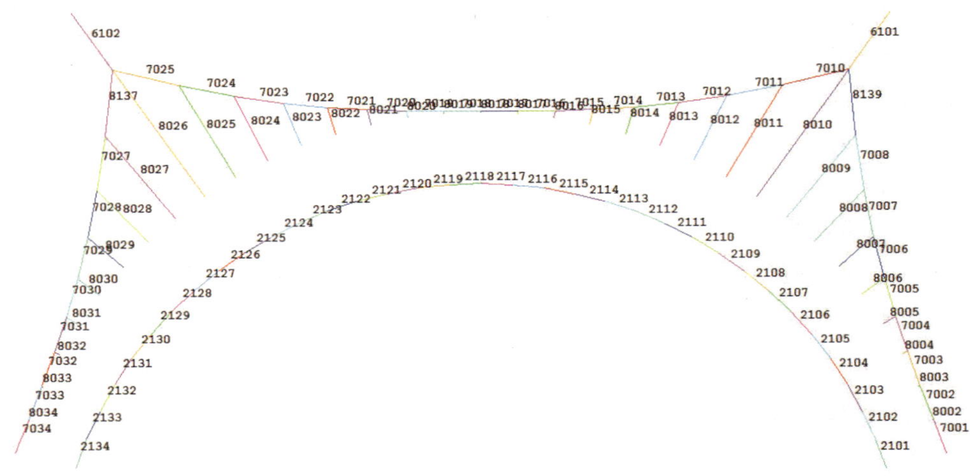

图 4.6　索的分布及单元编号

2）位移计算结果

桥梁风振对桥体位移产生的影响分析如下。

从 0° 风向角到 330° 风向角，每隔 30° 作为一个工况，分析在该风向下风荷载（静风和动风）对桥体位移的影响。通过分析风荷载对上述节点位移的影响，可以看出：

（1）不同的节点对应的位移风振系数也不同。

（2）相对于内力风振系数，节点位移风振系数分布较为均匀。

（3）个别点位移风振系数较大，主要原因是由于该位置在风荷载作用下存在位移反弯点，平均位移趋近于零所致。

（4）由于位移具有连续性，邻近节点的变形会相互影响，因而对于在自重下位移较小的节点，在风荷载作用下位移将显得较大，但桥面整体的位移仍然较小，满足规范要求。

3）加速度计算结果

本节主要分析桥梁风振对桥体振动加速度产生的影响，图 4.7 所示为桥面主要节点分布及编号。

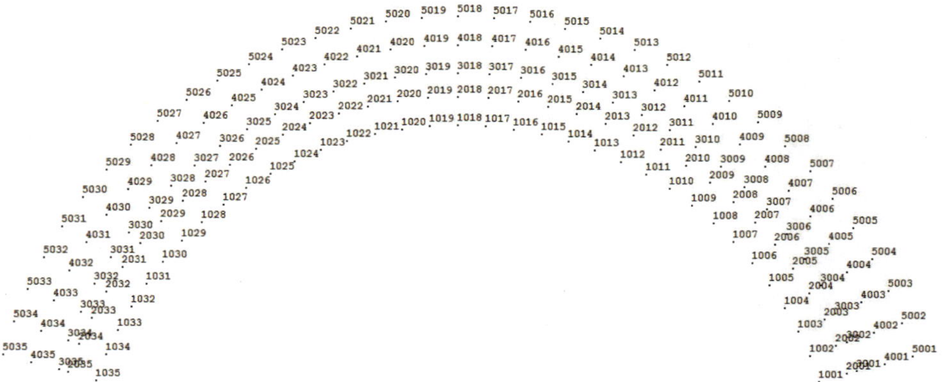

图 4.7　桥面主要节点分布及编号

从 0° 风向角到 330° 风向角，每隔 30° 作为一个工况，分析在该风向下风荷载（静风和动风）对桥体风致振动竖向加速度的影响。通过分析上述节点加速度峰值可以看出：

（1）不同节点的加速度最大值各不相同，且差别较大。

（2）0° 风向角下，3 012～3 024 号的加速度峰值较大，超过了 $0.4m/s^2$，会对桥梁的人行舒适度造成一定影响。因此，我们对本桥的人行舒适度进行了进一步分析。

4.1.5 结论

空间曲梁双桥面单边悬索桥具有外形复杂、质量轻、刚度小、频率密集等特点。该桥风振计算分析基于 CFD 非稳态计算和结构的非线性动力时程分析，得到了空间曲梁双桥面单边悬索桥在风荷载作用下的动力响应，即内力响应、位移响应和加速度响应，通过分析得到以下结论：

（1）由于该桥通透性较好，且弧形桥体设计使得风荷载在桥梁上的分布不均，各部分风荷载存在相互抵消的效应，使得桥体所受的整体风荷载较小，表现为风荷载产生的附加索力占索预应力的比例非常小，即风荷载对本桥的内力影响不敏感。

（2）桥梁等大跨空间结构的风振响应和等效静力风荷载计算是一个复杂的问题，国内外规范均没有给出一般性计算方法。目前比较一致的观点是，空间结构不宜采用与高层建筑和高耸结构相同的风振系数计算方法。我们所采用的非线性动力时程分析可以直接给出 12 个风向角下每一个结构构件的内力幅值，可为构件的设计与验算提供参考。

（3）我们从风荷载对桥梁位移影响的计算分析中可以看出，相对于对内力的影响，风荷载对本桥的位移影响较大，0° 风向角下部分节点在风荷载下的位移幅值占“恒 +0.5 活”工况的比例超过 80%，最高达到 89%（其他风向亦存在这种现象），但这一数值的绝对值并不大，因此结构安全。

（4）相对于对内力的影响，风荷载对本桥的加速度影响较大，0° 风向角下，3 012～3 024 号的加速度峰值较大，超过了 $0.4m/s^2$，其中 3 020 号节点的加速度达到 $0.55m/s^2$（在其他风向角下也存在部分区域的节点加速度较大的现象），会对桥梁的人行舒适度造成一定影响。因此，我们对本桥的人行舒适度进行了进一步分析。

（5）本桥计算考虑了桥梁外形、边界层脉动风的复杂性，采用的非稳态计算获得风荷载时程，通过动力时程分析研究桥梁的风振特性，但未进行桥梁与风的流固耦合分析，也未进行拉索的风雨振分析。基于上述分析内容，未发现桥体可能发生发散性颤振的迹象。

4.2 单边悬索桥抗震分析

4.2.1 多遇地震下动力时程分析

1）地震波的选取

对结构进行多遇地震下动力时程分析，采用上海波 shw1、shw2 和 shw3。其中每条波对结构 x 向、y 向和 z 向分别单方向输入计算，地震加速度时程最大值为 $35cm/s^2$。shw1、shw2 和 shw3 波形如图 4.8 所示。

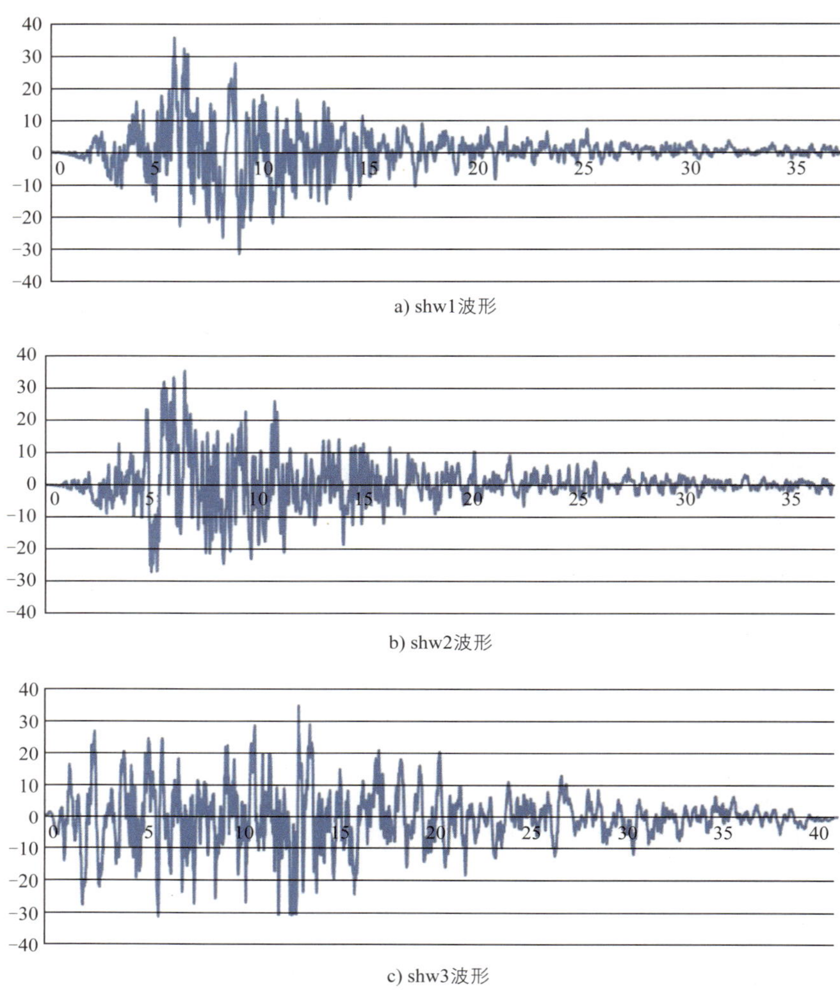

a) shw1波形

b) shw2波形

c) shw3波形

图 4.8　地震波波形图

2）基底剪力

对计算结果进行分析，每组地震波作用下结构的基底剪力最大值见表 4.1。

每组地震波的最大基地剪力与相应的剪重比　　表 4.1

方向	地震波组	剪力（kN）	剪重比（%）
x	shw1	283.66	3.79
	shw2	281.16	3.75
	shw3	313.21	4.18
	最大值	313.21	4.18
y	shw1	353.98	4.72
	shw2	409.91	5.47
	shw3	390.6	5.21
	最大值	409.91	5.47

方向	地震波组	剪力(kN)	剪重比(%)
z	shw1	296.53	3.96
	shw2	343.12	4.58
	shw3	292.54	3.90
	最大值	343.12	4.58

由表 4.1 可知，地震波 shw2 对结构的响应最大，在 x、y、z 三个方向的剪重比分别达到 4.18%、5.47% 和 4.58%。

(1)地震波 shw1 下基底反力时程曲线如图 4.9 所示。

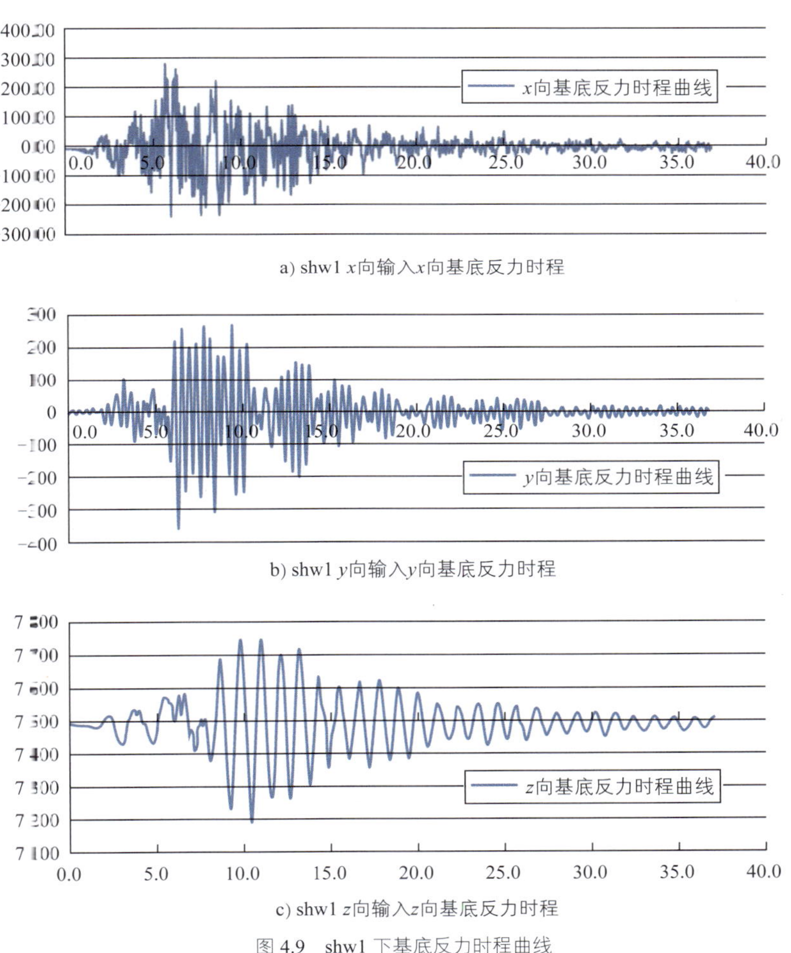

a) shw1 x向输入x向基底反力时程

b) shw1 y向输入y向基底反力时程

c) shw1 z向输入z向基底反力时程

图 4.9 shw1 下基底反力时程曲线

(2)地震波 shw2 下基底反力时程曲线如图 4.10 所示。

(3)地震波 shw3 下基底反力时程曲线如图 4.11 所示。

3)典型索内力

提取索力相对比较大以及典型位置的几根主缆和吊索的索力时程、背索和主塔的内力时程，分析结构在多遇地震下的受力情况。提取索力主缆和吊索位置所在如图 4.12 所示。

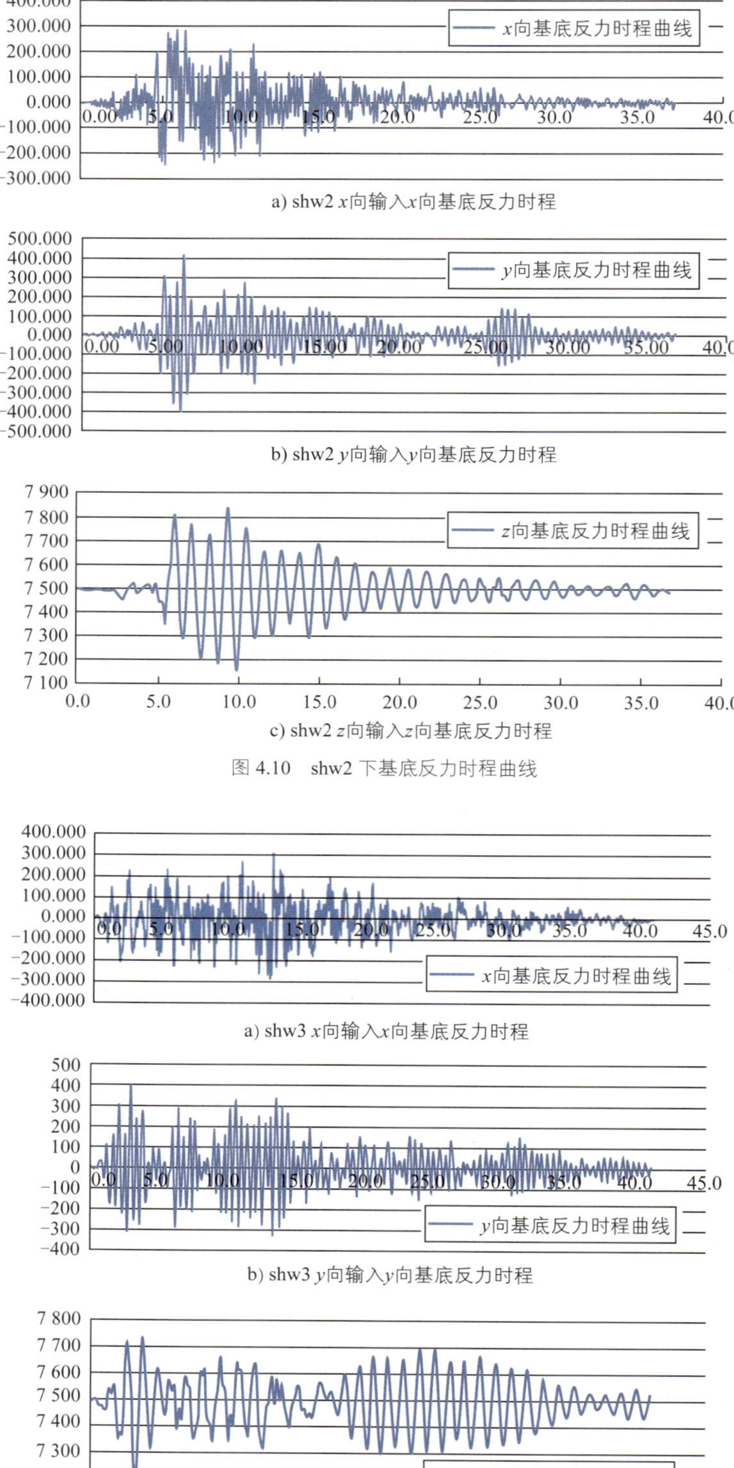

a) shw2 x向输入x向基底反力时程

b) shw2 y向输入y向基底反力时程

c) shw2 z向输入z向基底反力时程

图 4.10　shw2 下基底反力时程曲线

a) shw3 x向输入x向基底反力时程

b) shw3 y向输入y向基底反力时程

c) shw3 z向输入z向基底反力时程

图 4.11　shw3 下基底反力时程曲线

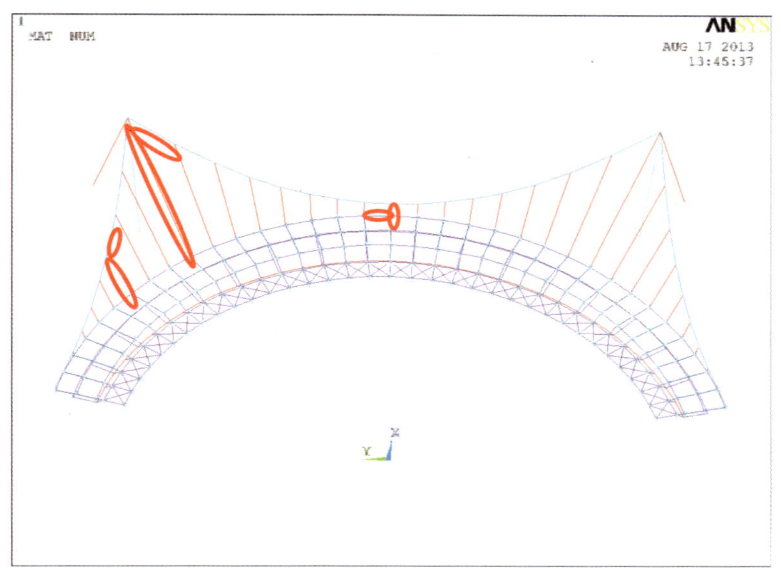

图 4.12　提取索力主缆和吊索位置所在(红圈所示位置)

(1)主缆索内力情况

在多遇地震情况下,主缆索内力时程曲线如下所示。

①地震波输入方向为 x 向主缆索内力时程曲线如图 4.13 所示。

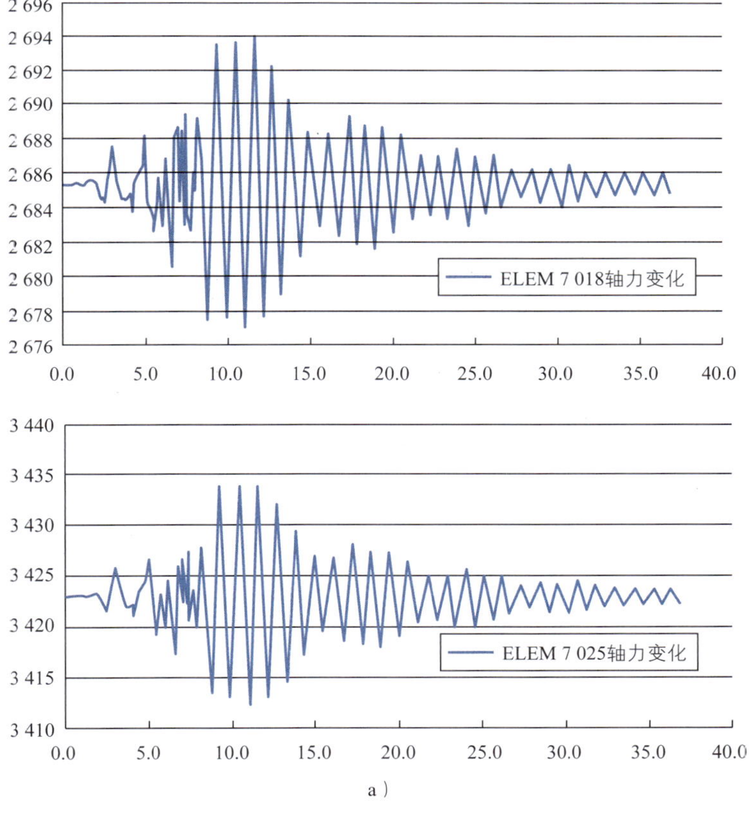

a)

图 4.13

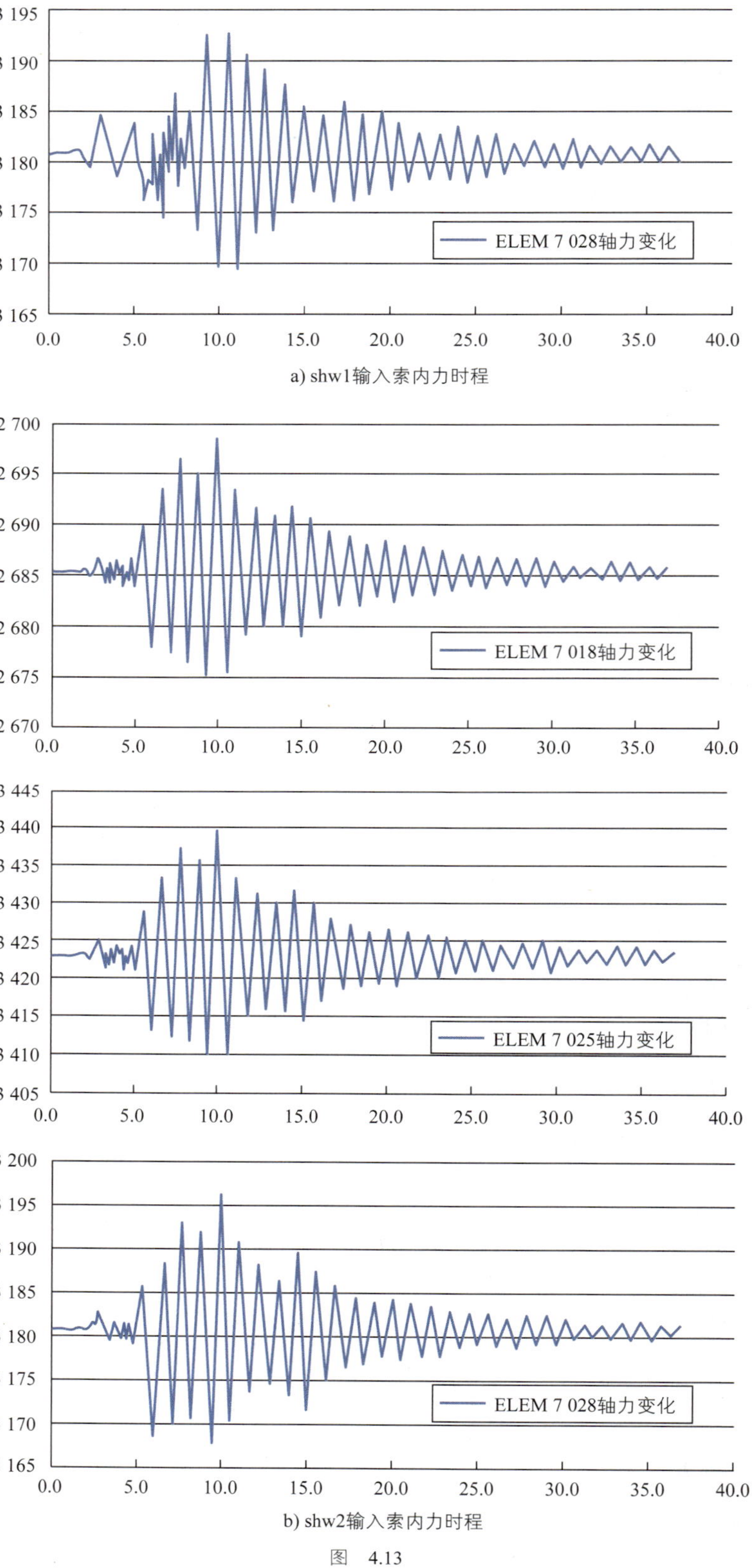

a) shw1输入索内力时程

b) shw2输入索内力时程

图 4.13

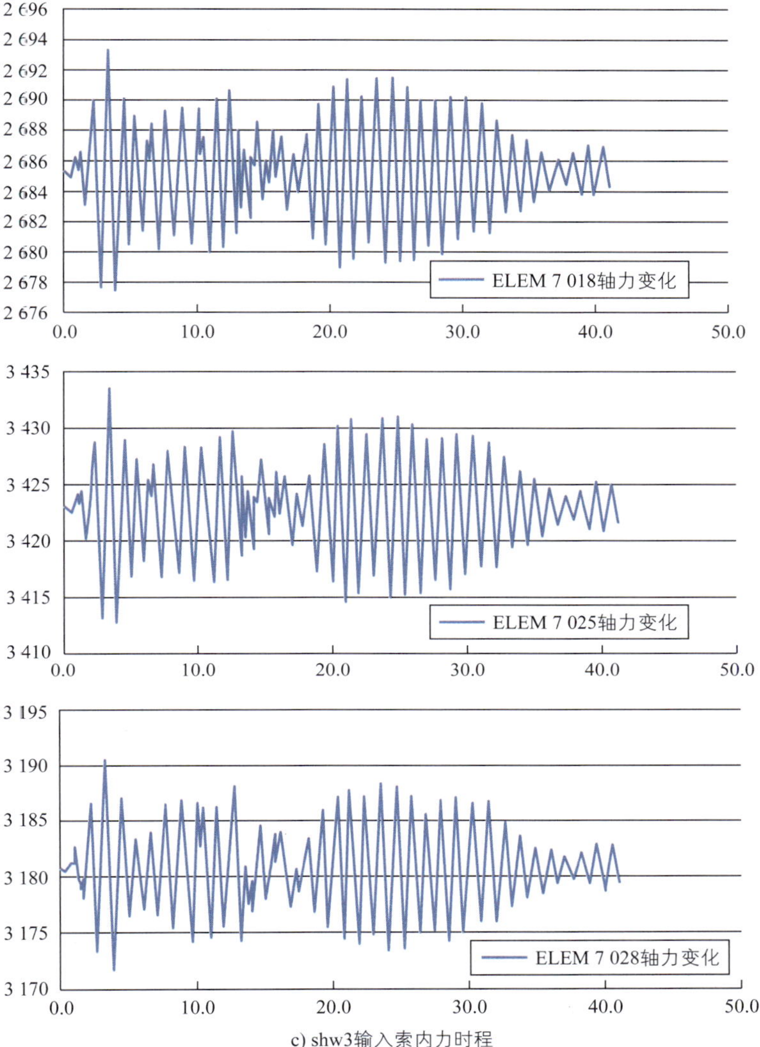

c) shw3输入索内力时程

图 4.13　地震波输入方向为 x 向主缆索内力时程曲线

②地震波输入方向为 y 向主缆索内力时程曲线如图 4.14 所示。

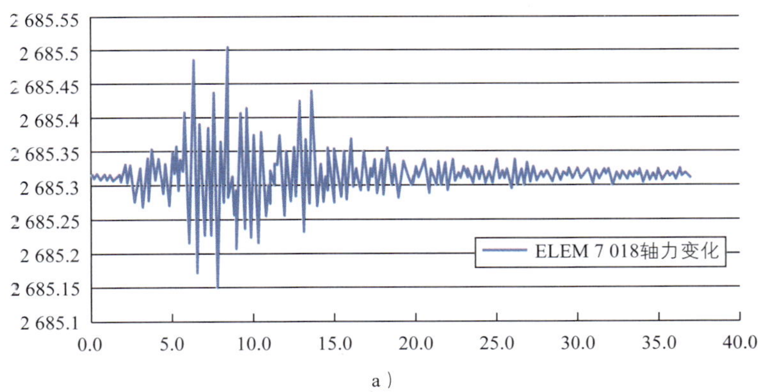

a）

图　4.14

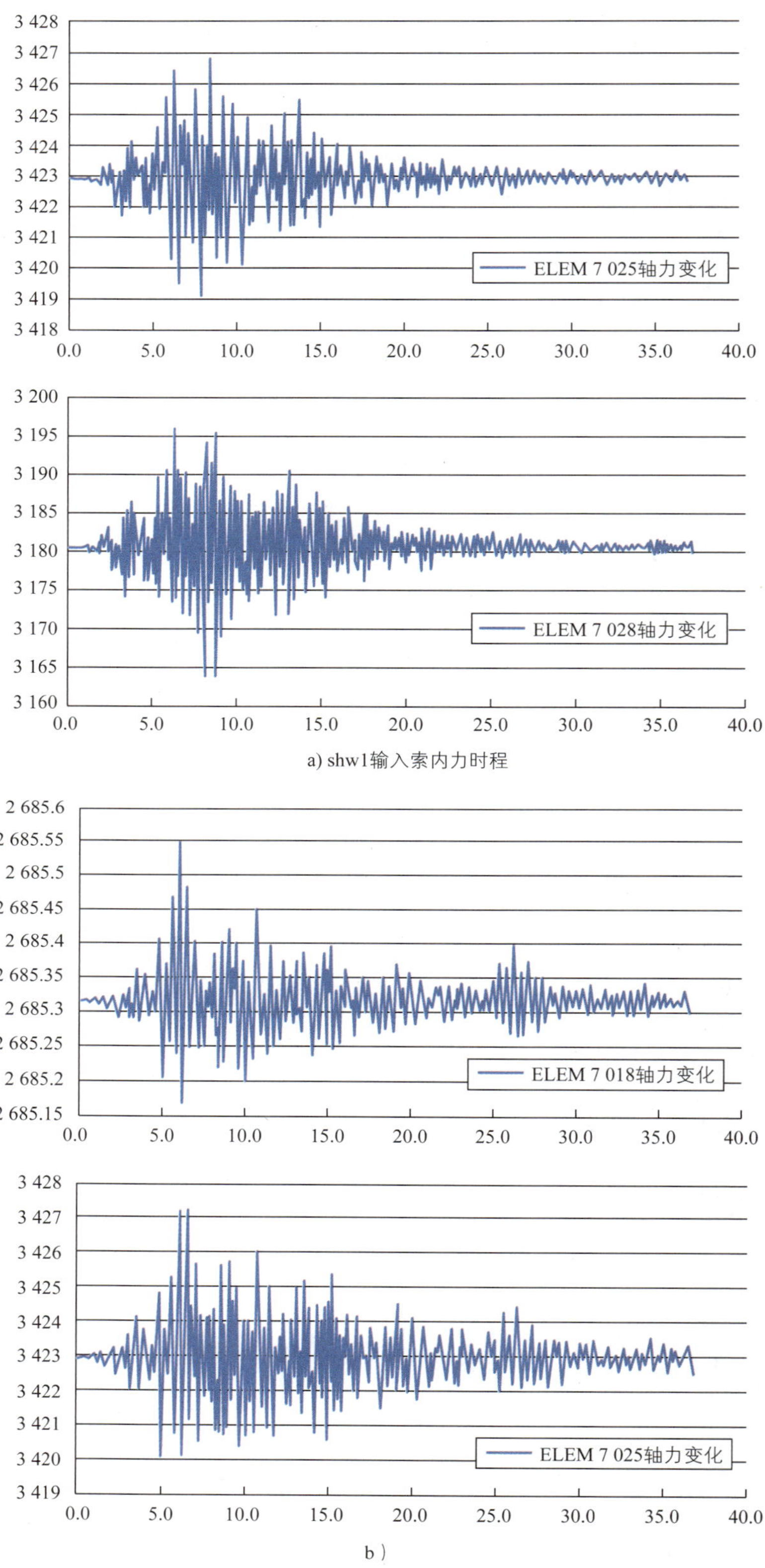

a) shw1输入索内力时程

b）

图 4.14

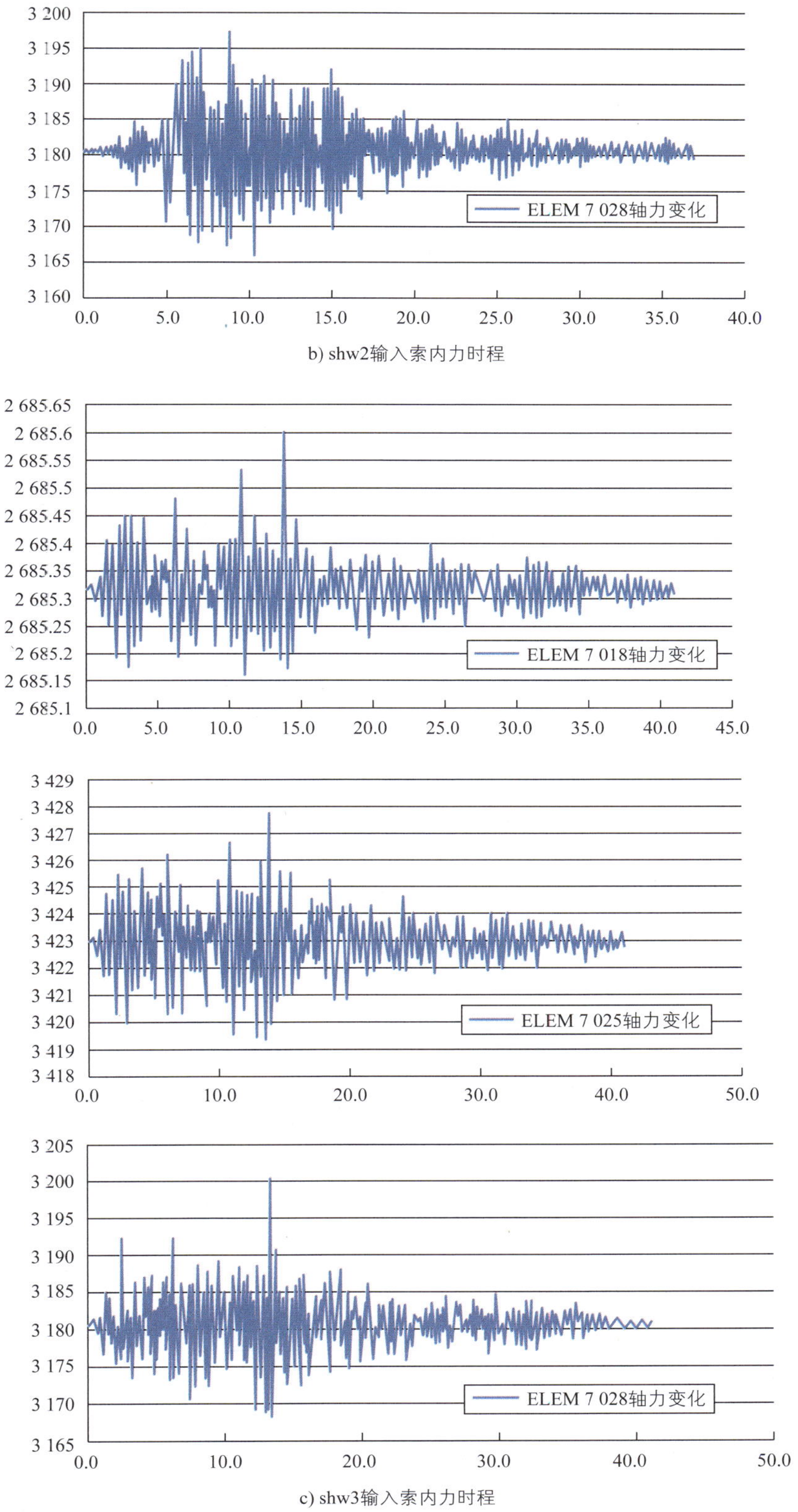

b) shw2输入索内力时程

c) shw3输入索内力时程

图 4.14 地震波输入方向为 y 向主缆索内力时程曲线

③地震波输入方向为 z 向主缆索内力时程曲线如图 4.15 所示。

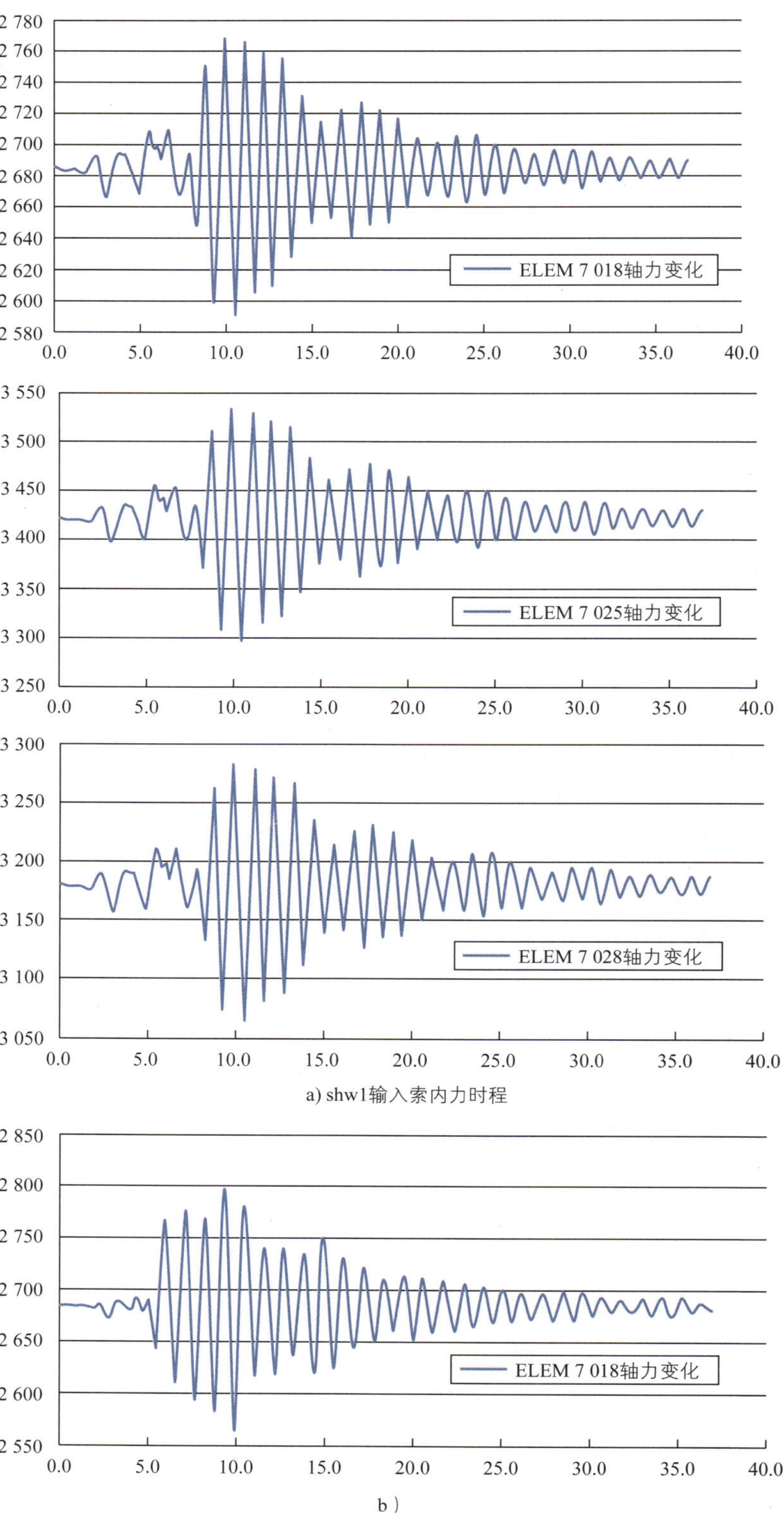

a) shw1输入索内力时程

b）

图 4.15

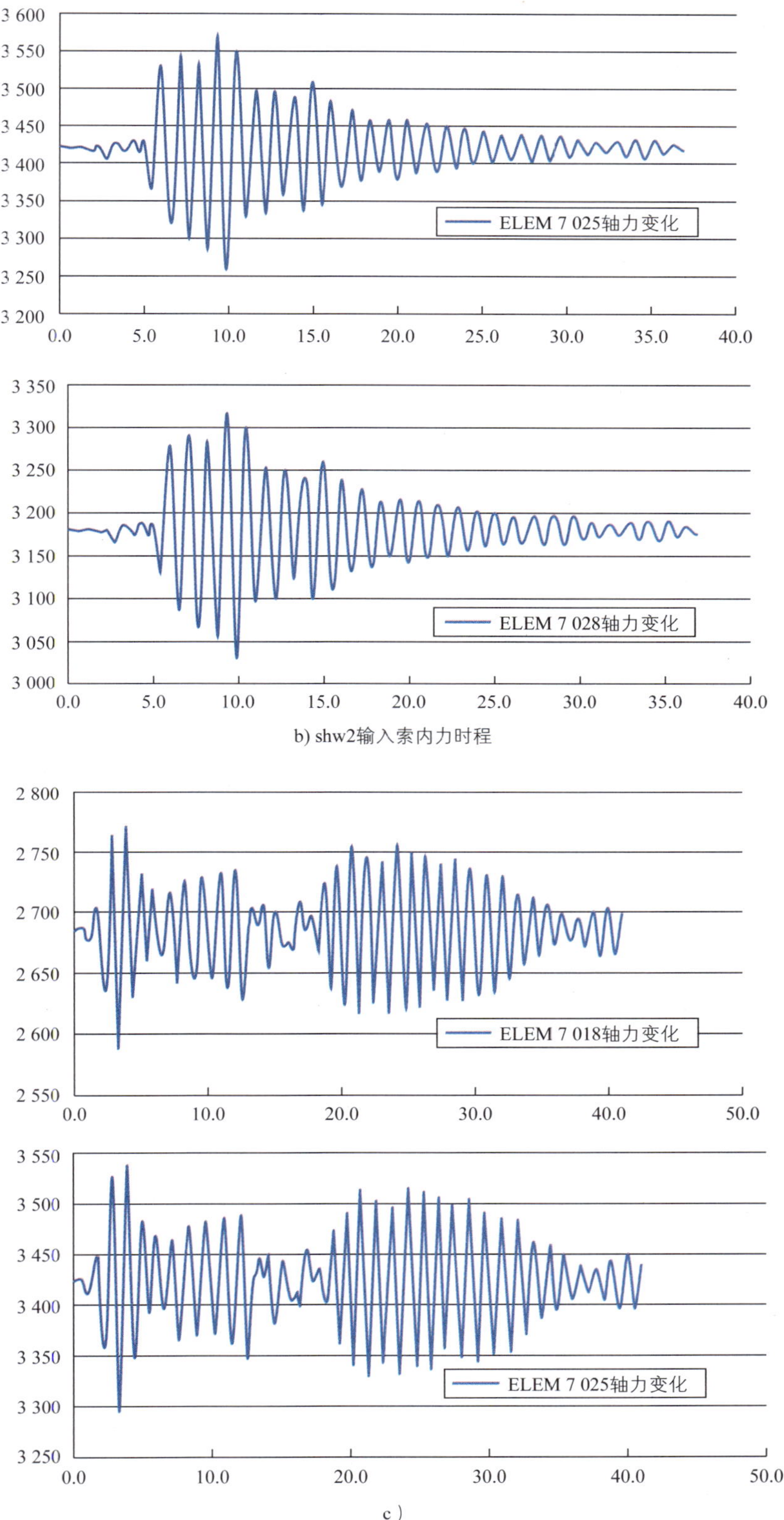

b) shw2输入索内力时程

c）

图 4.15

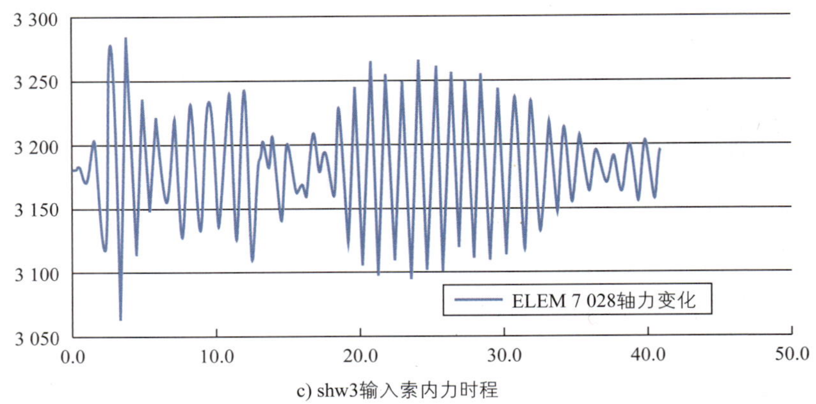

c) shw3输入索内力时程

图 4.15 地震波输入方向为 z 向主缆索内力时程曲线

地震波输入方向为 x 向主缆索内力变化见表 4.2。

地震波输入方向为 y 向主缆索内力变化见表 4.3。

地震波输入方向为 z 向主缆索内力变化见表 4.4。

主缆索内力变化 表 4.2

单元编号	初始索力（kN）	最大索力变化（kN）			最大变化量（kN）	变化幅度（%）
		shw1	shw2	shw3		
7 018	2 685.316	8.624	12.941	7.924	12.941	0.48
7 025	3 422.95	11.047	16.551	10.505	16.551	0.48
7 028	3 180.731	11.906	15.421	9.734	15.421	0.48

主缆索内力变化 表 4.3

单元编号	初始索力（kN）	最大索力变化（kN）			最大变化量（kN）	变化幅度（%）
		shw1	shw2	shw3		
7 018	2 685.316	0.187	0.230	0.283	0.283	0.01
7 025	3 422.95	3.848	2.840	4.726	4.726	0.14
7 028	3 180.731	16.717	16.690	19.497	19.497	0.61

主缆索内力变化 表 4.4

单元编号	初始索力（kN）	最大索力变化（kN）			最大变化量（kN）	变化幅度（%）
		shw1	shw2	shw3		
7 018	2 685.316	94.897	120.629	96.518	120.629	4.49
7 025	3 422.95	125.786	159.927	127.836	159.927	4.67
7 028	3 180.731	114.546	148.286	116.868	148.286	4.66

从表 4.2 ~表 4.4 可以看出，多遇地震下 x 向和 y 向地震波对主缆索力的影响很小，索力最大变化幅度仅为 0.61%；z 向地震波相对其他两个地震波方向对主缆索力有一定的影响，但最大变化幅度也仅为 4.67%，因此主缆在多遇地震下索内力变化不大，最大索力值远小于索的破断力。

（2）吊索内力情况

对吊索内力进行类似的分析，可以得到地震波输入方向为 x、y、z 向吊索内力变化情况。具体数值见表 4.5 ～表 4.7。

地震波输入方向为 x 向吊索内力变化　　表 4.5

单元编号	初始索力（kN）	最大索力变化（kN）			最大变化量（kN）	变化幅度（%）
		shw1	shw2	shw3		
8 018	202.876	0.706	1.072	0.759	1.072	0.53
8 026	341.031	4.565	6.001	4.429	6.001	1.76
8 029	234.262	0.890	1.125	0.730	1.125	0.48

地震波输入方向为 y 向吊索内力变化　　表 4.6

单元编号	初始索力（kN）	最大索力变化（kN）			最大变化量（kN）	变化幅度（%）
		shw1	shw2	shw3		
8 018	202.876	0.004	0.003	0.006	0.006	0.01
8 026	341.031	25.863	30.913	38.462	38.462	11.28
8 029	234.262	1.294	1.369	1.485	1.485	0.63

地震波输入方向为 z 向吊索内力变化　　表 4.7

单元编号	初始索力（kN）	最大索力变化（kN）			最大变化量（kN）	变化幅度（%）
		shw1	shw2	shw3		
8 018	202.876	7.454	9.418	7.685	9.418	4.64
8 026	341.031	55.58	69.867	57.063	69.867	20.49
8 029	234.262	8.584	11.12	8.741	11.12	4.75

从表 4.5 ～表 4.7 可以看出，多遇地震下 x 向和 y 向地震波对吊索力的影响与 z 向地震波相比相对较小。与主塔相连的吊索索力受地震影响较大，最大的达到了 20.49%，但最大索力远小于索的破断力，结构安全。其他吊索的索力变化幅度相对较小，最大的仅为 4.75%。

（3）背索主塔内力情况

对背索主塔内力进行类似的分析，可以得到地震波输入方向为 x、y、z 向时背索主塔内力的变化情况。具体数值见表 4.8 ～表 4.10。

地震波输入方向为 x 向背索 ELEM 6 102 和主塔 ELEM 6 002 内力变化　　表 4.8

单元编号	初始索力（kN）	最大索力变化（kN）			最大变化量（kN）	变化幅度（%）
		shw1	shw2	shw3		
6 102	7 672.757	28.066	36.855	28.414	36.855	0.48
6 002	-10 989.751	39.590	52.097	40.975	52.097	0.47

地震波输入方向为 y 向背索 ELEM 6 102 和主塔 ELEM 6 002 内力变化　　表 4.9

单元编号	初始索力（kN）	最大索力变化（kN）			最大变化量（kN）	变化幅度（%）
		shw1	shw2	shw3		
6 102	7 672.757	43.846	51.699	58.842	58.842	0.77
6 002	-10 989.751	61.582	76.203	87.868	87.868	0.80

地震波输入方向为 z 向背索 ELEM 6 102 和主塔 ELEM 6 002 内力变化　　表 4.10

单元编号	初始索力（kN）	最大索力变化（kN）			最大变化量（kN）	变化幅度（%）
		shw1	shw2	shw3		
6 102	7 672.757	334.600	427.548	343.076	427.548	5.57
6 002	−10 989.751	488.550	623.813	499.473	623.813	5.68

从表 4.8 ~ 表 4.10 可以看出，多遇地震下 x 向和 y 向地震波对背索和主塔内力的影响很小，内力最大变化幅度仅为 0.80%；z 向地震波相对其他两个地震波方向对背索和主塔内力有一定的影响，但最大变化幅度也仅在 5.68%，因此背索和主塔在多遇地震下内力变化不大。

4）桥面板中央位置位移

提取桥面板中央位置的位移时程曲线，分析桥面板在多遇地震作用下的受力情况。

在多遇地震作用下桥面板中央位置位移时程曲线如下所示：

（1）地震波输入方向为 x 向的中央节点 x 向位移时程曲线如图 4.16 所示。

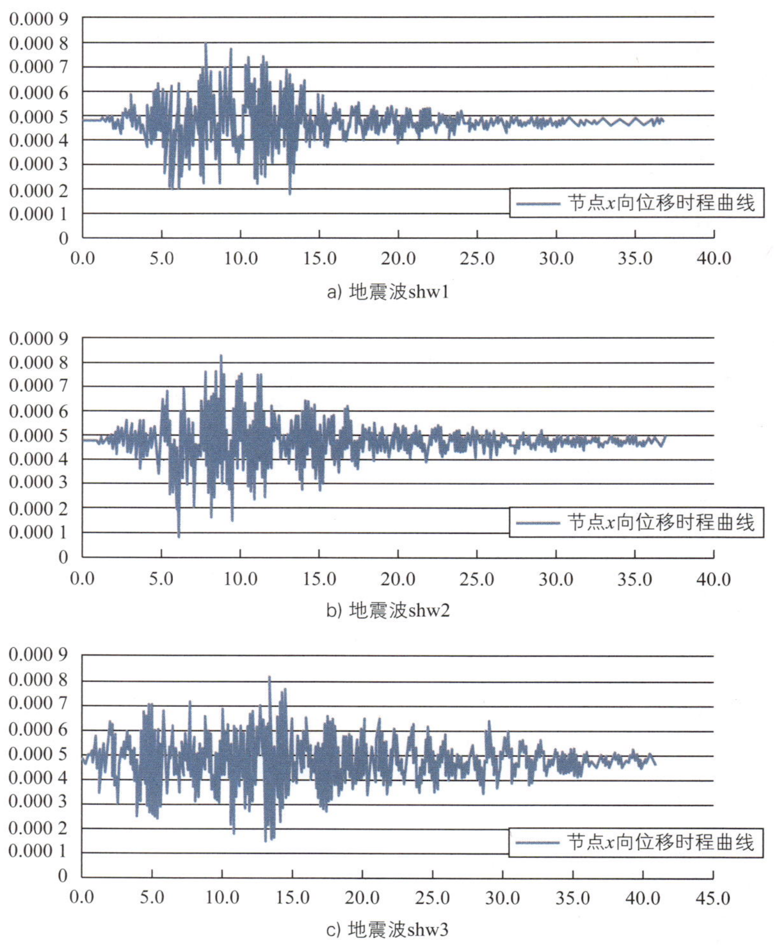

图 4.16　地震波输入方向为 x 向的中央节点 x 向位移时程曲线

（2）地震波输入方向为 y 向的中央节点 y 向位移时程曲线如图 4.17 所示。

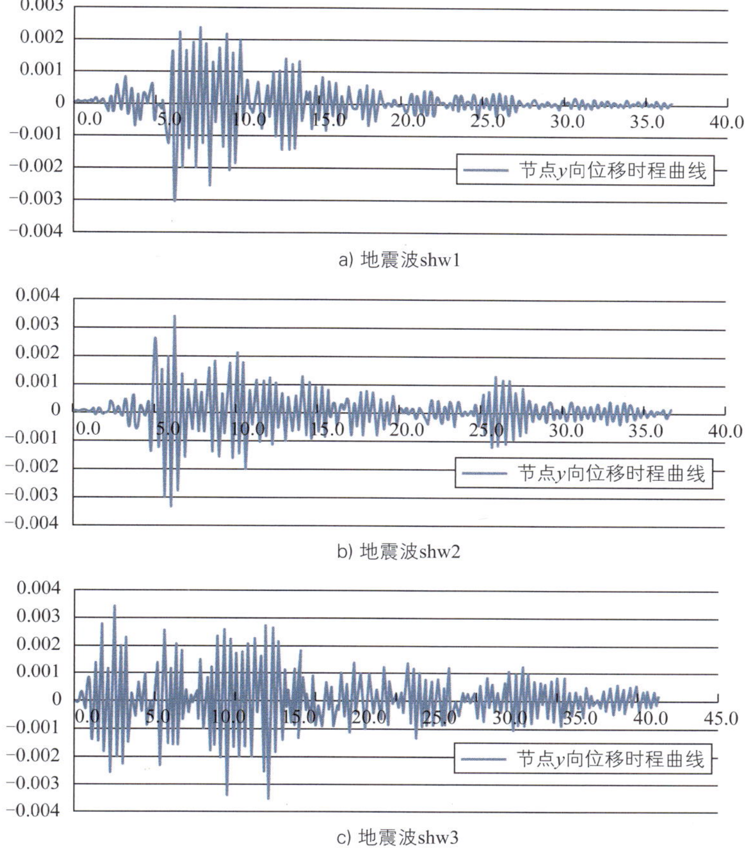

a) 地震波shw1

b) 地震波shw2

c) 地震波shw3

图 4.17 地震波输入方向为 y 向的中央节点 y 向位移时程曲线

（3）地震波输入方向为 z 向的中央节点 z 向位移时程曲线如图 4-18 所示。

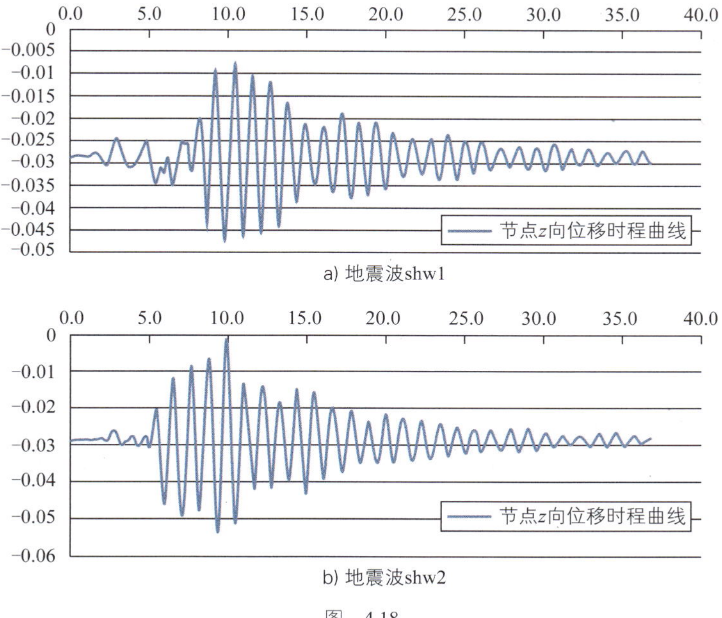

a) 地震波shw1

b) 地震波shw2

图 4.18

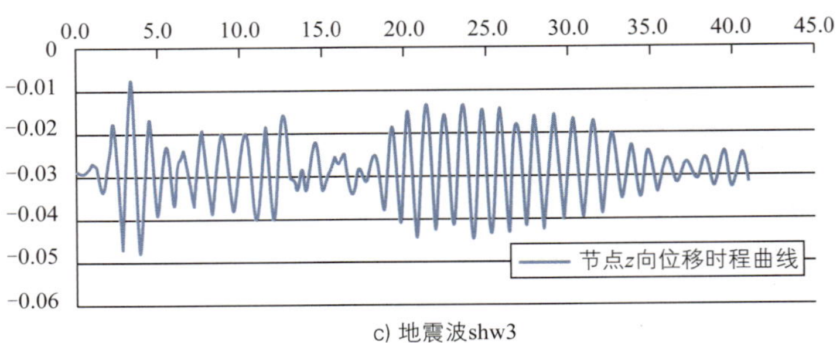

c) 地震波shw3

图 4.18　地震波输入方向为 z 向的中央节点 z 向位移时程曲线

在 z 向地震波作用下，结构竖向位移响应最大，最大位移为 -0.053 3m，最大竖向位移为跨度的 1/2 250。

4.2.2　罕遇地震下动力时程分析

本节采用与多遇地震下动力时程分析类似的分析方法，对基底剪力、典型索内力、桥面板中央位移进行时程分析。

1）地震波的选取

对结构进行罕遇地震下动力时程分析，采用上海波 shw1、shw2 和 shw3（波形见图 4.8）。其中对结构进行三方向地震波输入，每条地震波算两组，即每条地震波每次计算均输入 x、y、z 或者 y、x、z 三个方向的地震波计算，水平主、次方向和竖向地震波加速度峰值比为 1.0 ∶ 0.85 ∶ 0.65。地震加速度时程最大值为 200cm/s^2。

2）基底剪力

对基底剪力进行时程分析，每组地震波作用下结构的基底剪力最大值见表 4.11。

每组地震波的最大基地剪力与相应的剪重比　　表 4.11

主方向	地震波组	剪力（kN）	剪重比（%）
x	shw1	1 649.25	22.01
	shw2	1 728.39	23.07
	shw3	1 807.24	24.12
	最大值	1 807.24	24.12
y	shw1	1 793.79	23.94
	shw2	2 155.98	28.78
	shw3	2 033.80	27.15
	最大值	2 155.98	28.78

由表 4.11 可知，主方向为 x 向时地震波 shw3 对结构的响应最大，剪重比为 24.12%；主方向为 y 向时地震波 shw2 对结构的响应最大，剪重比为 28.78%。

3）典型索内力

（1）主缆索内力情况

对主缆索力进行时程分析，每组地震波作用下主缆索内力变化见表 4.12、表 4.13。

地震波输入方向为 x 主方向主缆索内力变化　　表 4.12

单元编号	初始索力（kN）	最大索力变化（kN）			最大变化量（kN）	变化幅度（%）
		shw1	shw2	shw3		
7 018	2 685.316	511.419	658.469	517.949	658.469	24.52
7 025	3 422.95	670.268	860.776	685.678	860.776	25.15
7 028	3 180.731	621.991	812.88	616.59	812.88	25.56

地震波输入方向为 y 主方向主缆索内力变化　　表 4.13

单元编号	初始索力（kN）	最大索力变化（kN）			最大变化量（kN）	变化幅度（%）
		shw1	shw2	shw3		
7 018	2 685.316	518.544	666.889	526.749	666.889	24.83
7 025	3 422.95	679.611	871.778	697.92	871.778	25.47
7 028	3 180.731	639.897	827.085	628.496	827.085	26.00

从表 4.12 和表 4.13 可以看出，罕遇地震下 x 主方向和 y 主方向地震波对主缆索力的影响一致，主缆索内力变化比较平均，最大变化幅度为 26.00%，最大索力值远小于索的破断力。

（2）吊索索内力情况

对吊索索内力进行时程分析，每组地震波作用下吊索索内力变化见表 4.14、表 4.15。

地震波输入方向为 x 主方向吊索索内力变化　　表 4.14

单元编号	初始索力（kN）	最大索力变化（kN）			最大变化量（kN）	变化幅度（%）
		shw1	shw2	shw3		
8 018	202.876	40.155	50.553	41.044	50.553	24.92
8 026	341.031	315.539	389.163	341.031	389.163	114.11
8 029	234.262	46.423	61.187	45.036	61.187	26.12

地震波输入方向为 y 主方向吊索索内力变化　　表 4.15

单元编号	初始索力（kN）	最大索力变化（kN）			最大变化量（kN）	变化幅度（%）
		shw1	shw2	shw3		
8 018	202.876	40.652	51.236	41.691	51.236	25.25
8 026	341.031	337.929	417.777	358.307	417.777	122.50
8 029	234.262	47.751	62.406	45.749	62.406	26.64

从表 4.14 和表 4.15 可以看出，罕遇地震下 x 主方向和 y 主方向地震波对吊索力的影响一致。与主塔相连的吊索索力受地震影响较大，最大达到了 122.50%，但最大索力未达到索的破断力。

（3）背索及主塔内力情况

对背索及主塔内力进行时程分析，每组地震波作用下背索及主塔内力变化见表 4.16、表 4.17。

地震波输入方向为 x 主方向背索 ELEM 6 102 和主塔 ELEM 6 002 内力变化　表 4.16

单元编号	初始索力（kN）	最大索力变化（kN）			最大变化量（kN）	变化幅度（%）
		shw1	shw2	shw3		
6 102	7 672.757	1 709.574	2 202.893	1 870.455	2 202.893	28.71
6 002	-10 989.751	2 465.121	3 190.809	2 722.887	3 190.809	29.03

地震波输入方向为 y 主方向背索 ELEM 6 102 和主塔 ELEM 6 002 内力变化　表 4.17

单元编号	初始索力（kN）	最大索力变化（kN）			最大变化量（kN）	变化幅度（%）
		shw1	shw2	shw3		
6 102	7 672.757	1 726.589	2 226.082	1 895.562	2 226.082	29.01
6 002	-10 989.751	2 486.23	3 223.07	2 761.23	3 223.07	29.33

从表 4.16 和表 4.17 可以看出，罕遇地震下 x 主方向和 y 主方向地震波对背索和主塔的影响一致。背索和主塔内力最大变化幅度在 29.33%，因此背索和主塔在罕遇地震下内力变化不大。

4）桥面板中央位置位移

对桥面板中央位置位移进行时程分析，在输入方向为 y 主方向地震波 shw2 作用下，结构竖向位移响应最大，最大位移为 -0.160 3m，最大竖向位移为跨度的 1/749。

4.2.3 结论

我们对空间曲梁双桥面单边悬索桥进行了多遇地震和罕遇地震下的动力时程分析，主要得出以下结论：

（1）在多遇地震作用下对结构进行时程分析，地震波 shw2 对结构的响应最大，在 x、y、z 三个方向的剪重比分别达到 4.18%、5.47% 和 4.58%。多遇地震下 x 向和 y 向地震波对主缆、背索和主塔内力的影响很小，索力最大变化幅度仅为 0.80%；z 向地震波相对其他两个地震波方向对主缆索力有一定的影响，但最大变化幅度也仅在 5.68%，因此主缆、背索和主塔在多遇地震下内力变化不大，最大索力值远小于索的破断力。多遇地震下 x 向和 y 向地震波对吊索力的影响与 z 向地震波相比相对较小。与主塔相连的吊索索力受地震影响较大，最大达到了 20.49%，但最大索力远小于索的破断力，结构安全。其他吊索的索力变化幅度相对较小，最大的仅为 4.75%。在 z 向地震波作用下，结构竖向位移响应最大，最大位移为 -0.053 3m，最大竖向位移为跨度的 1/2 250。

（2）在罕遇地震作用下对结构进行时程分析，主方向为 x 向时地震波 shw3 对结构的响应最大，剪重比为 24.12%；主方向为 y 向时地震波 shw2 对结构的响应最大，剪重比为 28.78%；罕遇地震下 x 主方向和 y 主方向地震波对主缆索力、背索索力以及主塔内力的影响一致，主缆索力、背索索力以及主塔内力变化比较平均，最大变化幅度为 29.33%，主缆及背索最大索力值远小于索的破断力，主塔内力也未达到受压承载力值。与主塔相连的吊索索力受地震影响较大，最大达到了 122.50%，但最大索力未达到索的破断力。在输入方向为 y 主方向地震波 shw2 作用下，结构竖向位移响应最大，最大位移为 -0.160 3m，最大竖向位移为跨度的 1/749。

第 5 章

单边悬索桥人致振动舒适性研究

5.1 研究目的与内容

5.1.1 研究目的

空间曲梁双桥面单边悬索桥结构形式复杂，跨径较大，结构轻柔，初步动力分析表明其基频仅为 1.303 1Hz，低于《城市人行天桥与人行地道技术规范》（CJJ 69—1995）中规定的最小基频 3Hz 的要求，且有多阶低频落入可能发生人行桥人致振动的敏感频率范围，故需对本桥的人致振动状况进行评估。根据评估结果，再决定是否对本桥的结构形式做适当调整或采取减振措施，以保证人行桥在使用过程中的人行舒适性满足要求。

5.1.2 研究内容

（1）对空间曲梁双桥面单边悬索桥进行人致振动分析，评估本桥在正常使用荷载和不利荷载作用下人行舒适性是否能满足要求。

（2）在结构措施不能满足舒适性要求的情况下，尝试使用 TMD 增加人行桥阻尼的方案并进行减振效果分析。

5.2 人致振动舒适性评估

5.2.1 动力特性分析

对全桥采用大型有限元分析软件 ANSYS 建立模型，考虑一、二期恒载对桥梁的作用，对结构模型进行模态分析。主要计算了振动频率在 5Hz 内的前 15 阶振型，各阶振动特性如表 5.1 和图 5.1 所示。

成桥状态动力特性（不计活载） 表 5.1

阶数	频率（Hz）	振 型 特 性
1	1.303 1	主梁一阶竖弯
2	1.503 3	索塔扭转 + 主梁二阶竖弯（幅度较小）
3	1.503 4	索塔扭转 + 主梁一阶竖弯（幅度较小）
4	1.620 5	主梁二阶竖弯 + 沿桥跨方向摆动
5	2.083 1	中间主缆三阶振动
6	2.517 3	中间主缆四阶振动
7	2.566 8	主梁三阶竖弯 + 外侧主缆同向一阶振动
8	2.621 3	外侧主缆反向一阶振动
9	2.705 6	主梁三阶竖弯 + 外侧主缆同向一阶振动（振动方向与第七阶相反）
10	3.126 4	主梁沿桥跨方向摆动
11	3.557 5	中间主缆五阶振动
12	4.332 3	主梁四阶竖弯
13	4.569 2	中间主缆六阶振动
14	4.966 4	外侧主缆反向二阶振动
15	4.982 7	外侧主缆同向二阶振动

分析得到本桥的振动基频为 1.303 1Hz，对应振型为主梁的一阶竖弯。我国目前在人行桥设计中采用的规范是《城市人行天桥与人行地道技术规范》(CJJ 69—1995)，该规范中对人行桥振动频率有明确的规定，即桥梁振动基频不得低于 3Hz，本桥的振动基频不能满足规范要求。

但由于我国人行桥规范编制使用已有较长时间，规范中该条文主要是针对城市小跨径人行桥，随着桥梁技术的发展，人行桥跨径越来越大，结构越来越轻柔，振动基频必然也越来越小，大

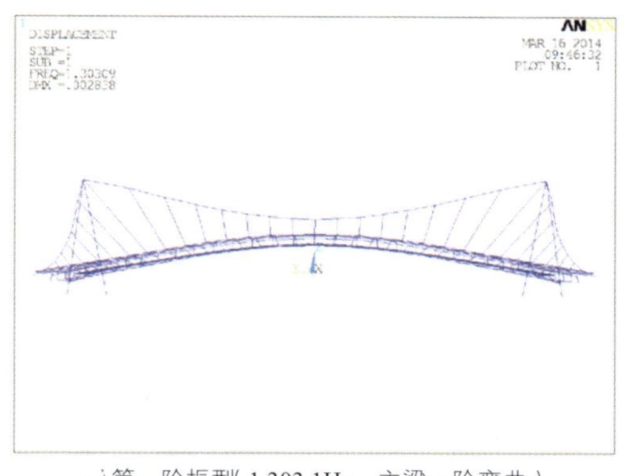

a) 第一阶振型(1.303 1Hz　主梁一阶弯曲)

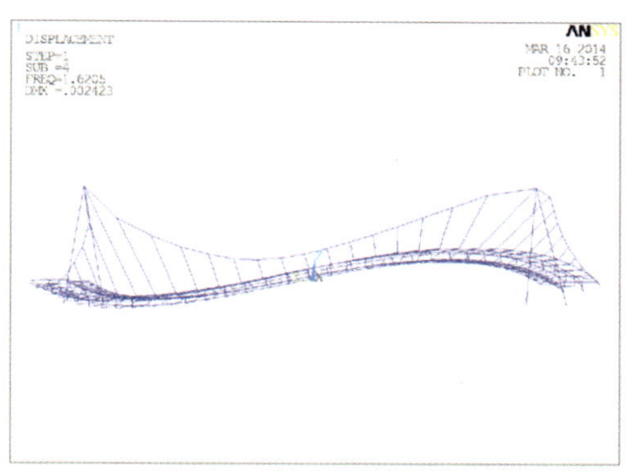

b) 第四阶振型(1.620 5Hz　主梁二阶竖弯)

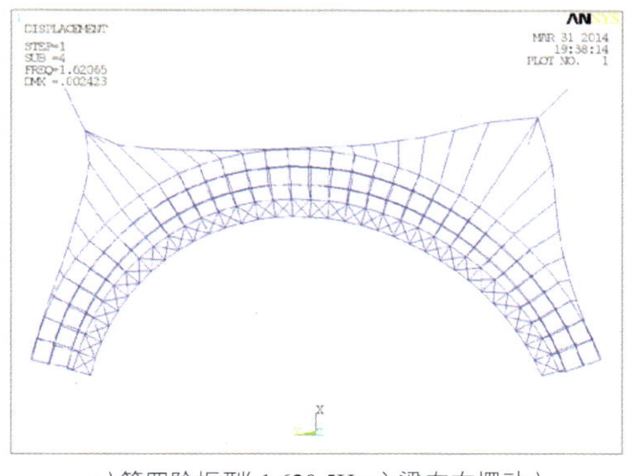

c) 第四阶振型(1.620 5Hz 主梁左右摆动)

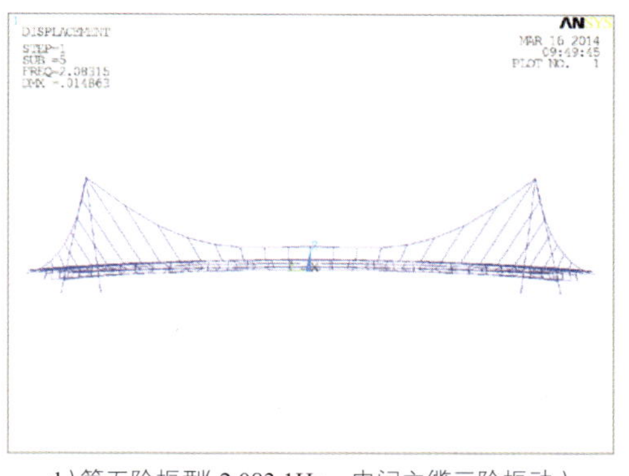

d) 第五阶振型(2.083 1Hz　中间主缆三阶振动)

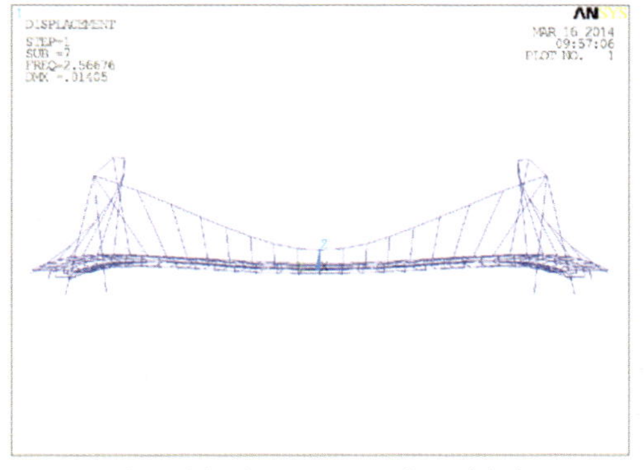

e) 第七阶振型(2.566 8Hz 主梁三阶竖弯 + 外侧主缆同向一阶振动)

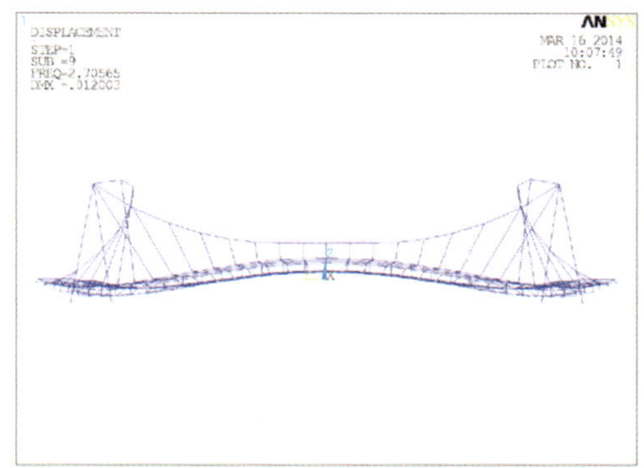

f) 第九阶振型(2.705 6Hz 主梁三阶竖弯 + 外侧主缆同向一阶振动)

图　5.1

跨径人行桥振动基频已很难满足现行规范要求。人行桥的人致振动主要是影响桥梁的使用性，采用规范规定的振动频率评判标准，将能避免由于人行荷载所引起的不利振动现象，而对于桥梁基频不能满足规范要求的情况，如果人行荷载所引起的桥梁振动能满足人行舒适性要求，也可以认为人行桥动力特性满足要求。

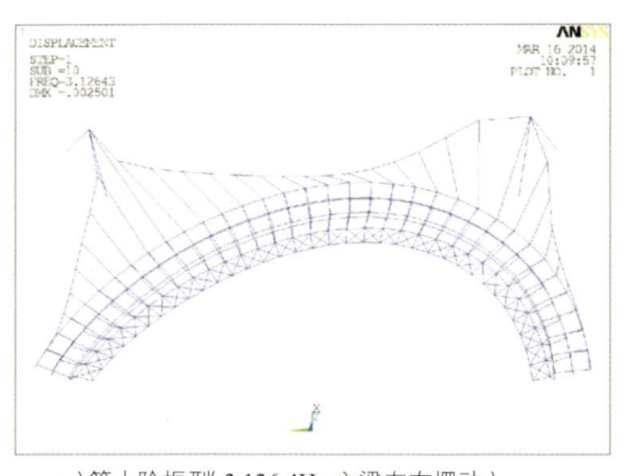

g）第十阶振型（3.126 4Hz 主梁左右摆动）

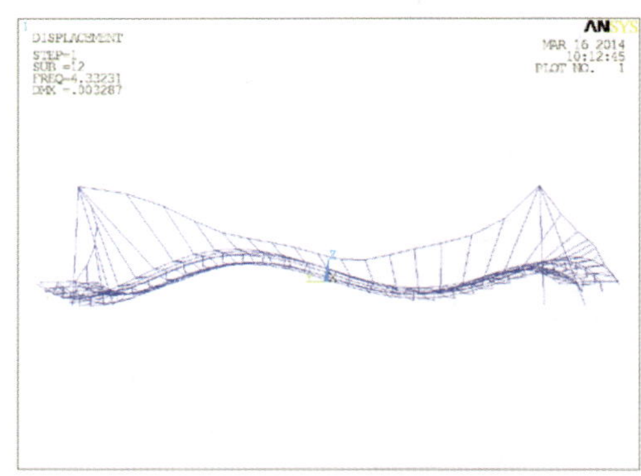

h）第十二阶振型（4.332 3Hz 主梁四阶竖弯）

图 5.1　各阶振型及频率

根据国外最新修订的人行桥规范 BS 5400（BD/01）和 EN 1990，人行桥竖向基频小于 3Hz，侧向基频小于 1.5Hz 应当进行人致振动分析和评估；当竖向基频介于 3 ～ 5Hz，侧向基频介于 1.5 ～ 2.5Hz 时，应酌情进行振动舒适性评估。因此有必要对本人行桥进行人致振动分析及评估。从自振特性分析结果来看，本桥有多阶竖向振动振型的频率落入或接近与人行竖向荷载激励频率较接近的范围（1.6 ～ 2.4Hz 和 3.5 ～ 4.5Hz），因此有必要进行人致振动舒适性评估。本桥侧向振动基频较大，已超出侧向人行荷载步频范围（0.5 ～ 1.2Hz），因此，本桥可不做人行侧向力激励分析，然而该人行桥竖向振动和侧向振动在某阶振型（第四阶）存在较强烈的耦合，分析时须注意由竖向荷载引起的侧向振动。

5.2.2　人行桥舒适性评价指标

在研究人体振动舒适性的过程中，人们一直致力于建立某个振动指标与舒适性主观判断之间的关系，使振动的舒适性能够得以量化。在此过程中，位移、速度、加速度、加速度的时间导数等都曾被用作振动舒适性指标。因为加速度易于测量，因此是目前最常用的舒适性指标。

法国公路和高速公路研究所规范 SETRA 建议的竖向振动及侧向振动加速度界限如表 5.2 所示。室外人行桥的响应加速度一般采用如下舒适性控制指标：竖向加速度一般可按最好舒适性控制，即 $0.5m/s^2$；侧向为避免类似伦敦千禧桥的摇晃效应，侧向响应加速度一般需要按照 $0.1m/s^2$ 控制。

法国公路和高速公路研究所规范 SETRA 规定　　表 5.2

舒适性类别	舒适性	竖向加速度限值（m/s^2）	侧向加速度限值（m/s^2）
CL1	最好	＜ 0.50	＜ 0.10
CL2	中等	0.50 ～ 1.00	0.10 ～ 0.30

续上表

舒适性类别	舒适性	竖向加速度限值（m/s²）	侧向加速度限值（m/s²）
CL3	差	1.00 ~ 2.50	0.30 ~ 0.80
CL4	不可接受	＞2.50	＞0.80

5.3 人致振动分析

本桥人致振动舒适性评估的计算工作主要通过 MATLAB 完成，计算开始前首先从 ANSYS 有限元模型中提取成桥状态下结构刚度以及质量矩阵，经过对矩阵的特征值分析以及对振型向量的归一化处理后，从得到的归一化振型向量中提取出人行桥面部分及中心休息区的振型值，在 MATLAB 中建立了对应各阶振型的单自由度运动方程用于接下来的人致振动的分析。图 5.2 为人行桥面节点编号示意图。

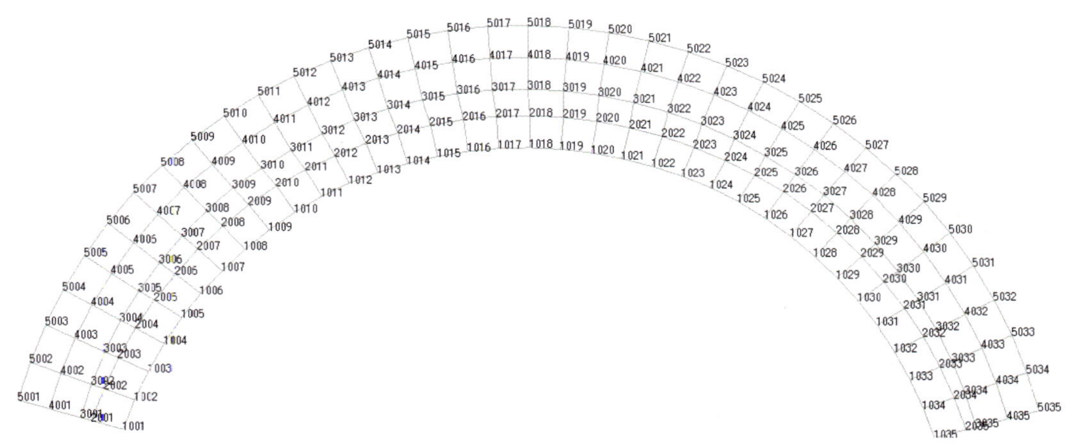

图 5.2 人行桥面节点编号

人群激励荷载可以取两种工况。一种是正常使用荷载，按照我国《城市人行天桥与人行地道技术规范》（CJJ 69—1995）的规定，天桥与地道的设计通行能力满足 2 400 人 /（h•m），若取行人平均步速为 1.5m/s，则本桥在满足设计通行能力的正常使用情况下，人群荷载的人群密度可取 0.444 人 /m²；另外一种工况是最不利人行荷载，本桥的设计人群荷载为 3.5kN/m²，按照规范中对人群荷载的规定，取人群荷载准永久值系数为 0.4，得到人群荷载为 1.4kN/m²，则本桥的人群密度为 2 人 /m²，然而参考国外的研究成果，当人群密度超过 1.5 人 /m² 时，行人行走是不可能的，因此动力作用将显著减小。伦敦千禧桥开放时的最大人员密度为 1.3 ~ 1.5 人 /m²，因此在计算最不利人群荷载时可取人群密度为 1.5 人 /m²。人群空间分布状态如表 5.3 所示。

人群空间分布状态 表 5.3

分布状态	行人密度（人 /m²）	分布状态	行人密度（人 /m²）
自由行走状态	低于 0.3	非常稠密状态	1.0 ~ 1.5
稍密状态	0.3 ~ 0.6	拥挤状态	1.5 ~ 3.0
稠密状态	0.6 ~ 1.0		

本桥外侧桥面全长 120m，桥面宽 6m；内侧桥面全长 103.9m，人行净宽为 3m，人行总面积约为 1 020m^2。取本桥阻尼比为 0.01，计算得到人群共振荷载作用下的各阶振型最大加速度响应如表 5.4 所示。

单自由度系统最大加速度响应（ξ=0.01）　　表 5.4

振型	人群密度 d=0.444 人 /m^2，N=453 人					人群密度 d=1.5 人 /m^2，N=1 530 人				
	f（Hz）	竖向 a_{vv}	响应位置	侧向 a_{vl}	响应位置	f（Hz）	竖向 a_{vv}	响应位置	侧向 a_{vl}	响应位置
1	1.255 1	0.012 3	5 018	0.000 8	5 018	1.156 1				
4	1.561 4	0.612 4	5 027	0.199 0	3 026	1.449 0	1.056 6	5 009	0.347 7	3 026
5	2.110 4	0.025 9	5 007	0.004 7	3 018	2.211 9	0.239 4	5 007	0.039 7	3 018
9	2.751 0	0.007 0	5 007	0.000 9	3 018	2.839 1	0.005 3	5 007	0.001 9	1 027
12	4.179 7	0.149 1	5 022	0.013 5	5 031	3.884 7	0.423 6	5 005	0.037 2	5 005
13						4.184 8	1.202 9	1 018	0.099 9	3 018

一般，当行人的振型质量大于主桥振型质量的 5% 时，需要考虑行人质量对主桥固有频率的影响，因此在计算人群荷载对主桥各阶振型最大加速度响应时计入了人群质量对振型频率的影响。从表 5.4 可以看出，当计入人群质量之后，主桥各阶振型的频率都有所变化。另外，计入人群质量之后还出现了如图 5.3 所示的第十三阶振型（4.184 8Hz 内侧主梁绕外侧主梁跷跷板式振动），当人群竖向谐波荷载与该阶振型发生共振，可能引发外侧主梁与内侧主梁跷跷板式的振动。

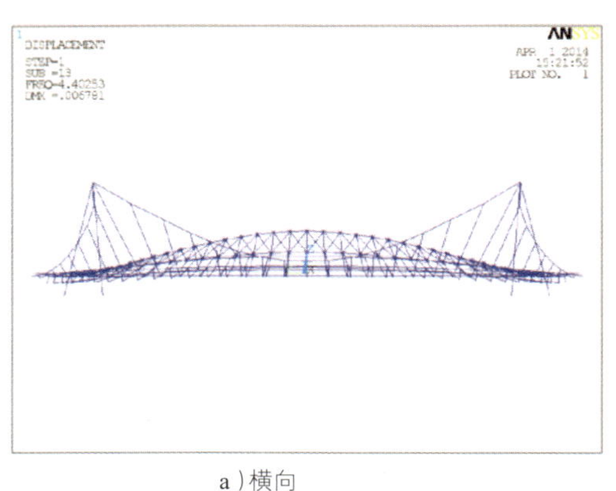

a）横向

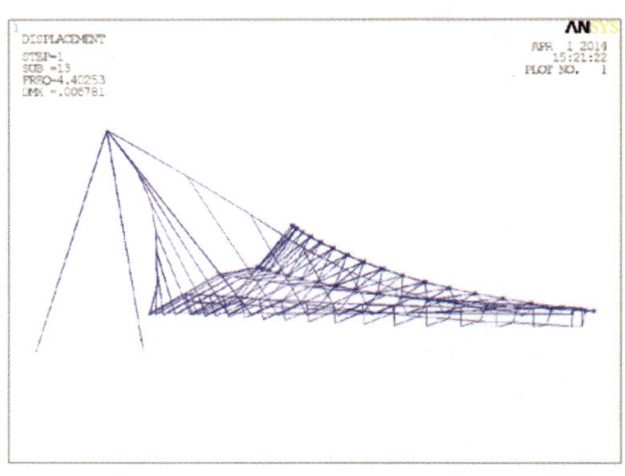

b）纵向

图 5.3　第十三阶振型（计入人群质量）

5.3.1　考虑人行桥阻尼对人致振动的影响

阻尼对人行桥动力响应的影响十分显著，当前人行桥人致振动问题的凸现，很重要的原因就是随着人行桥的跨度越来越大，轻型材料的不断应用，结构阻尼越来越低。如日本户田公园人行桥在安装液体调谐阻尼器后的一阶侧弯阻尼比仅为 0.008，千禧桥在安装阻尼器前的阻尼比仅为 0.006，日本一座人行悬索桥实测阻尼比仅为 0.005。

一般而言，悬索结构的阻尼比取值不宜大于 0.01，因此在进行人致振动计算时所采用的阻尼比为 0.01，但由于本桥主梁为钢箱梁，而根据德国人行桥设计指南规定，建议钢结构阻尼比采用 0.004，因此有必要采用更小的阻尼比进行人致振动分析。当阻尼比取值为 0.005 时，按照单自由度简化分析，计算得到各阶振型的最大加速度如表 5.5 所示。

单自由度系统最大加速度响应（ξ=0.005）　　表 5.5

振型	人群密度 d=0.444 人 /m^2，N=453 人					人群密度 d=1.5 人 /m^2，N=1 530 人				
	f（Hz）	竖向 a_{vv}	响应位置	侧向 a_{vl}	响应位置	f（Hz）	竖向 a_{vv}	响应位置	侧向 a_{vl}	响应位置
1	1.255 1	0.024 5	5 018	0.001 6	5 018	1.156 1	—	—	—	—
4	1.561 4	1.224 8	5 027	0.398 0	3 026	1.449 0	2.113 1	5 009	0.695 3	3 026
5	2.110 4	0.051 7	5 007	0.009 4	3 018	2.211 9	0.478 9	5 007	0.079 3	3 018
9	2.751 0	0.014 0	5 007	0.001 7	3 018	2.839 1	0.010 6	5 007	0.003 8	1 027
12	4.179 7	0.298 3	5 022	0.026 9	5 031	3.884 7	0.847 2	5 005	0.074 3	5 005
13	—	—	—	—	—	4.184 8	2.405 8	1 018	0.199 8	3 018

5.3.2　考虑高人群密度下的人行桥振动

本项目作为主题乐园周边附属公园，在重大节假日时可能会遭遇人流高峰，导致桥面人群密度超过预期。尤其是考虑到当主题乐园在燃放烟火时，本桥作为观赏烟火的理想场所，在短时间内会有众多游客聚集在桥面上，最大人群密度可能会达到 3 人 /m^2。

取结构阻尼比为 0.01，计算得到本桥在人群密度为 3 人 /m^2 时的共振荷载作用下，各阶振型最大共振加速度如表 5.6 所示。

高密度人群荷载作用下人行桥振动（ξ=0.01）　　表 5.6

振型	人群密度 d=3.0 人 /m^2，N=3 060 人				
	f（Hz）	竖向 a_{vv}	响应位置	侧向 a_{vl}	响应位置
4	1.321 7	0.448 0	5 009	0.149 3	3 010
5	2.118 6	2.530 8	5 007	0.379 3	3 018
13	3.544 6	1.345 7	1 017	0.106 8	3 018

5.3.3　振动舒适性评价

由表 5.4 可见，本桥在两种工况人群谐波荷载作用下所产生的最大共振加速度均超过了表 5.2 中规范规定的振动加速度限值。当人群密度为 0.444 人 /m^2 时，竖向振动加速度最大值可能会达到 0.612 4m/s^2，侧向振动加速度最大值可能会达到 0.199 0m/s^2；当人群密度增大至 1.5 人 /m^2 时，人群共振荷载所产生的最大竖向加速度可能会达到 1.056 6m/s^2，侧向振动最大加速度可能会达到 0.347 7m/s^2。

由表 5.6 可见，将结构阻尼比变更至 0.005 后，本桥在人群共振荷载作用下（人群密度为 1.5 人 /m^2），竖向振动加速度最大达到 2.113 1m/s^2，侧向振动加速度最大达到 0.695 3m/s^2，均已远远超过规范规定的振动加速度限值。

因此，本桥在正常使用人行荷载作用以及最不利人行荷载作用下，可能会发生桥面振动过大、行人通行舒适性不佳的情况，所以有必要在设计阶段预备减振措施。

5.4 人行桥减振设计

从结构自身考虑对人行桥进行减振主要有两种方法，一种是频率调整法，另一种是阻尼减振法。频率调整法是指通过调整结构刚度或质量来回避敏感范围内的频率，减小桥梁在人行荷载作用下发生共振的可能性，来达到振动舒适性要求；阻尼减振法是指通过增加结构的阻尼来减小桥梁在人行共振荷载作用下的振动，附加阻尼是抑制振动行之有效的措施，已用于一些人行桥的动力减振设计和加固。本章将会分别针对这两种方法对本桥进行减振分析。

5.4.1 频率调整法

根据人致振动舒适性评估可知，当人群竖向谐波荷载与桥梁第四阶振型共振时，桥梁将会发生显著可感的竖向振动以及侧向振动，其响应值均已超过振动舒适性界限。因此，拟尝试调整本桥第四阶振型的振动频率，使其尽量“远离”人行激励荷载的敏感频率范围，以减小桥梁发生共振的可能性。

本桥第四阶振型的频率约为 1.6Hz，而我们考虑的竖向激励荷载频率范围为 1.25 ~ 2.3Hz，可通过增加结构的刚度来增大振型频率或增加结构质量来减小振型频率，从而达到避免人行激励荷载频率范围的目的。由于增加结构刚度的成本较高，并且增加结构刚度后，可能导致第一阶振型的频率进入人行激励荷载频率范围，从而产生新的共振，因此拟采用增加结构质量的方法对结构频率进行调整。

为了使表 5.4 中的最大振动加速度降低至规范规定的振动舒适性限值之下，本设计拟在外侧主梁箱梁内部布置附加质量，所附加的总质量为 $9.999\,4\times10^5$kg，沿主梁均匀布置在外侧箱梁内部。同样对本桥施加人群共振谐波荷载，得到各阶振型最大加速度响应，如表 5.7 所示。

频率调整后各阶振型最大加速度响应（ξ=0.01） 表 5.7

振型	人群密度 d=0.444 人/m²，N=453 人					人群密度 d=1.5 人/m²，N=1 530 人				
	f（Hz）	竖向 a_{vv}	响应位置	侧向 a_{vl}	响应位置	f（Hz）	竖向 a_{vv}	响应位置	侧向 a_{vl}	响应位置
4	1.402 8	0.243 2	5 009	0.079 6	3 026	1.319 3	0.307 0	5 009	0.100 0	3 010
5	2.208 4	0.188 8	5 007	0.027 5	3 018	2.116 5	1.840 2	5 007	0.259 9	3 018
11	3.767 3	0.129 0	5 022	0.011 3	5 031	3.550 8	0.365 6	5 022	0.031 6	5 031
12	3.878 5	0.000 2	1 018	0.000 1	1 018	4.008 0	0.011 0	1 018	0.002 2	1 018
4	1.402 8	0.243 2	5 009	0.079 6	3 026	1.319 3	0.307 0	5 009	0.100 0	3 010
13						4.144 2	1.155 7	1 018	0.101 3	3 018

由表 5.7 可知，本桥频率经过调整之后，第四阶振型在人群共振谐波荷载作用下的最大加速

度响应已被控制在规范规定的振动加速度限值以内。然而，比较表 5.4 可以发现，第五阶振型在频率调整之后，其共振加速度响应有了明显增大，当人群密度为 1.5 人 /m^2 时，其竖向振动加速度和侧向振动加速度均已超过振动加速度限值。由此可见，频率调整法在本设计中不是一种可取的减振方法。

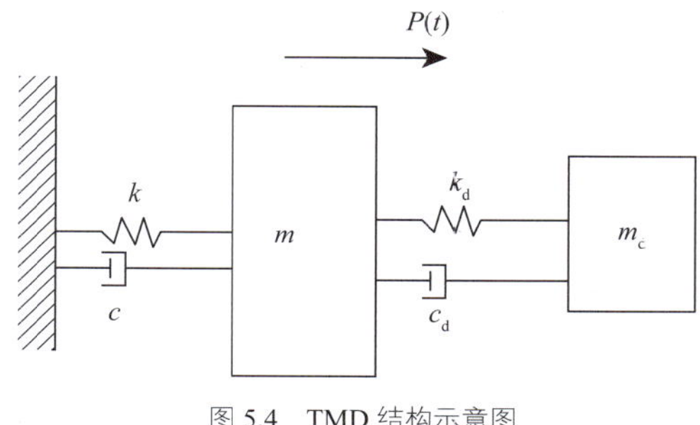

图 5.4　TMD 结构示意图

5.4.2　TMD 减振设计

调频质量阻尼器(Tuned Mass Damper，TMD)系统是结构被动减振控制体系的一类，它由主结构和附加在主结构上的 TMD 组成。其中 TMD 包括固体质量、弹簧减振器和阻尼器等，它具有质量、刚度和阻尼，通过改变质量或刚度调整 TMD 的自振频率，使其尽量接近主结构的基本频率或激振频率，当主结构受激励而振动时，TMD 就会在结构上产生一个与结构振动方向相反的惯性力作用，使主结构的振动反应衰减并受到控制。子结构在振动控制过程中相当于一个阻尼器。

根据人致振动舒适性评估可知，假设该人行桥阻尼比 ξ=0.01，人群竖向谐波荷载与本桥第四阶振型发生共振时，桥梁将会发生显著可感的竖向振动以及侧向振动，其加速度响应值有可能会超过振动舒适性界限。因此，我们将针对第四阶振型(竖向二阶竖弯)进行 TMD 减振设计。

根据对本桥动力特性分析结果可知，本桥第四阶振型为一正弦波形状，且振型最大位移值发生在主梁的四分之一跨以及四分之三跨，因此，初步设计预备在主梁左右两侧四分之一跨以及四分之三跨各安装一个 TMD 减振装置。本桥第四阶振型频率 ω_n=9.104 5rad/s，阻尼比 ξ_n=0.01，因为结构动力特性分析对振型按质量归一化处理，即 M_n=1，如果取 TMD 与主结构振型质量比 μ=0.012，则可以算得，TMD 的最优频率 ω_{dopt}=9.065 6rad/s，最优阻尼比 ξ_{dopt}=0.065 4。

针对第十三阶振型的减振设计计算过程同上述一致，最终在跨中位置处安装一个 TMD，TMD 的质量块质量为 434.0kg，弹簧刚度为 3.047 4×10^{5}N/m，TMD 的阻尼系数为 1.437 0×10^{3}N•s/m。

初步设计对本桥进行减振控制的 TMD 参数如表 5.8 所示。

TMD 设计参数　　表 5.8

TMD 参数	安装位置	质量块质量(kg)	弹簧刚度(N/m)	阻尼系数(N•s/m)
TMD1	主梁 1/4 跨	1 715.8	1.408 8×10^5	2.123 3×10^3
TMD2	主梁 3/4 跨	1 715.8	1.408 8×10^5	2.123 3×10^3
TMD3	辅梁跨中	434.0	3.047 4×10^5	1.437 0×10^3

5.5　TMD 减振效果仿真

我们将借助 MATLAB 中的 Simulink 来模拟整个 TMD 减振系统，Simulink 系统模型如图 5.5 所示。

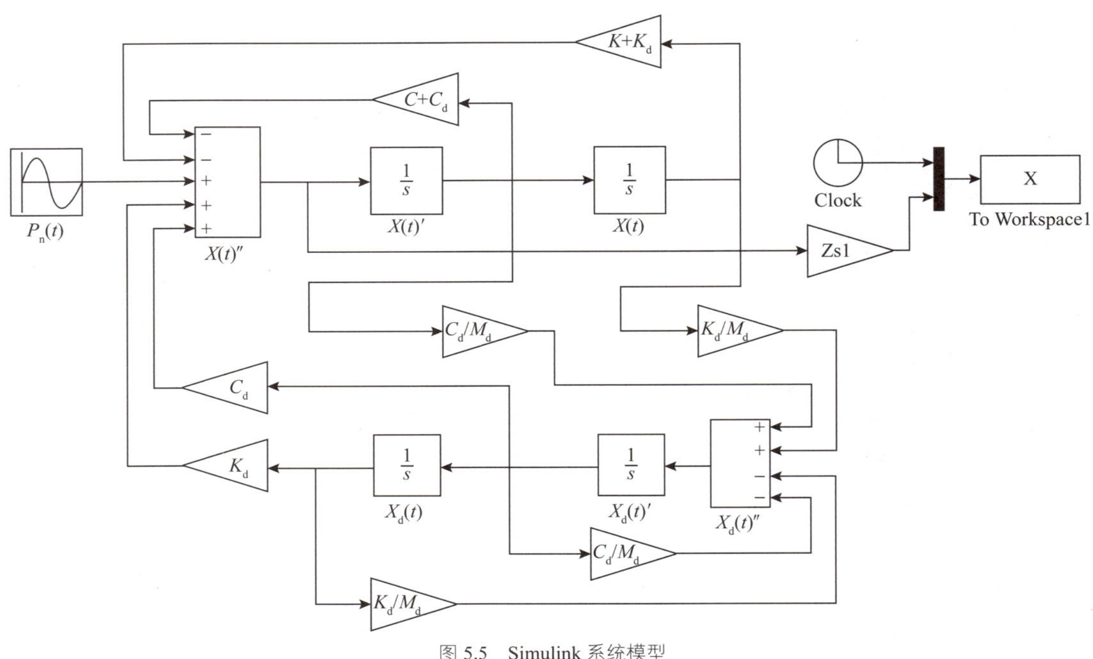

图 5.5 Simulink 系统模型

5.5.1 理想状况下的 TMD 减振效果仿真

由前面分析可知，本桥人行桥面最大竖向及侧向加速度出现在人群共振荷载频率为 1.449 0Hz 时。取主结构的阻尼比 ξ=0.01，人群密度为 1.5 人 /m^2，对未安装以及安装了 TMD 系统的桥梁施加相同的人群共振荷载，由 Simulink 模拟出的人行桥面竖向以及横向最大加速度时程如图 5.6、图 5.7 所示。

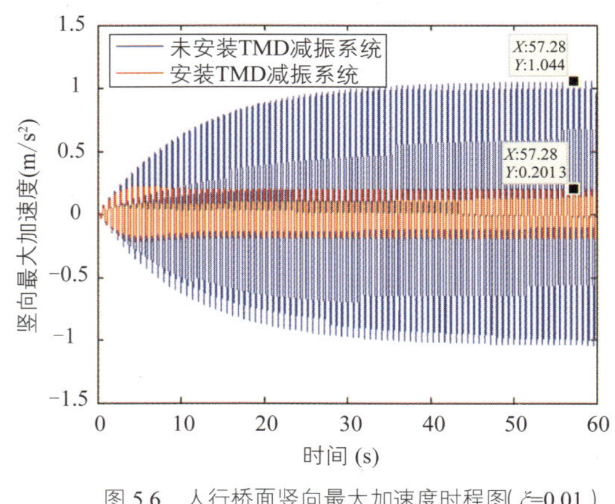

图 5.6 人行桥面竖向最大加速度时程图(ξ=0.01)

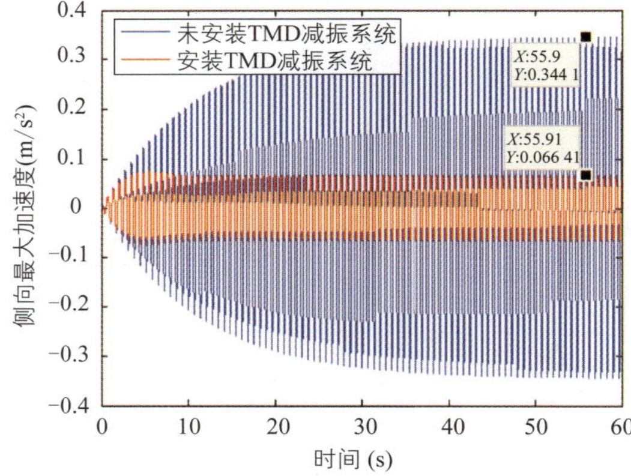

图 5.7 人行桥面侧向最大加速度时程图(ξ=0.01)

如图 5.6、图 5.7 所示，本桥安装 TMD 减振系统之后，人行桥面竖向最大加速度由原来的 1.04 m/s^2 减小到 0.20 m/s^2，而侧向最大加速度也由原来的 0.34m/s^2 减小到 0.07 m/s^2，减振效率达到 80%，减振效果明显。

若将 TMD3 安装在跨中副桥正中间，如图 5.8a) 所示位置时，此时 TMD 可将最大竖向加速度从 1.20m/s^2 降低至 0.38m/s^2，可将竖向振动加速度控制在最舒适的范围内。若将其安装在连接副桥和箱梁的刚臂中间，安装位置如图 5.8b）所示位置，此时 TMD 可以将最大竖向加速度从 1.20m/s^2 降低至 0.85m/s^2，可将竖向振动加速度控制在中等舒适度范围内。

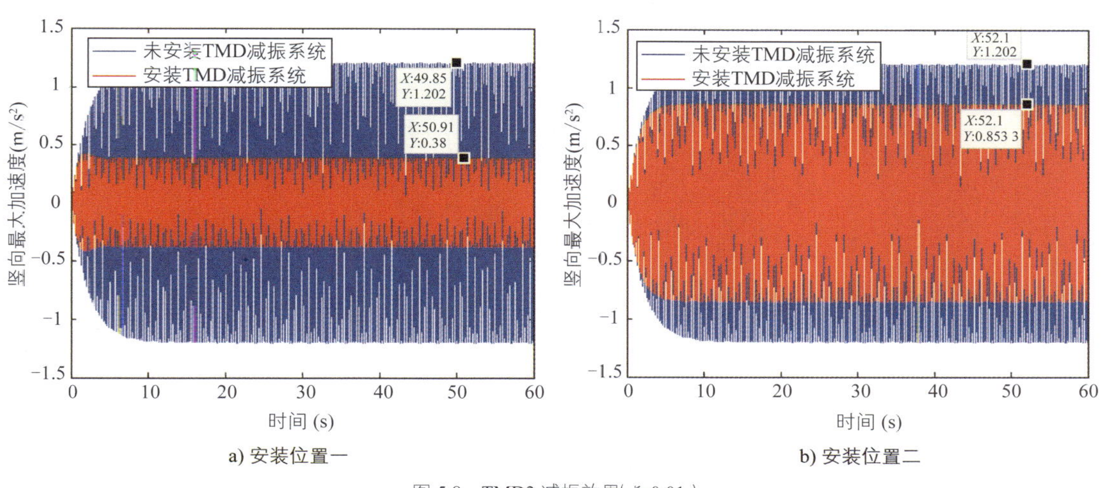

a) 安装位置一　　b) 安装位置二

图 5.8　TMD3 减振效果(ξ=0.01)

结构在安装 TMD 减振系统之后，结构的自振频率将会变化，因此结构的最大加速度响应将不再出现在原共振频率处，而是出现在新的结构自振频率处。考虑到人行荷载随荷载频率变化的折减系数 ψ 的影响，人行桥面加速度随人群谐波荷载频率变化的响应如图 5.9、图 5.10 所示。

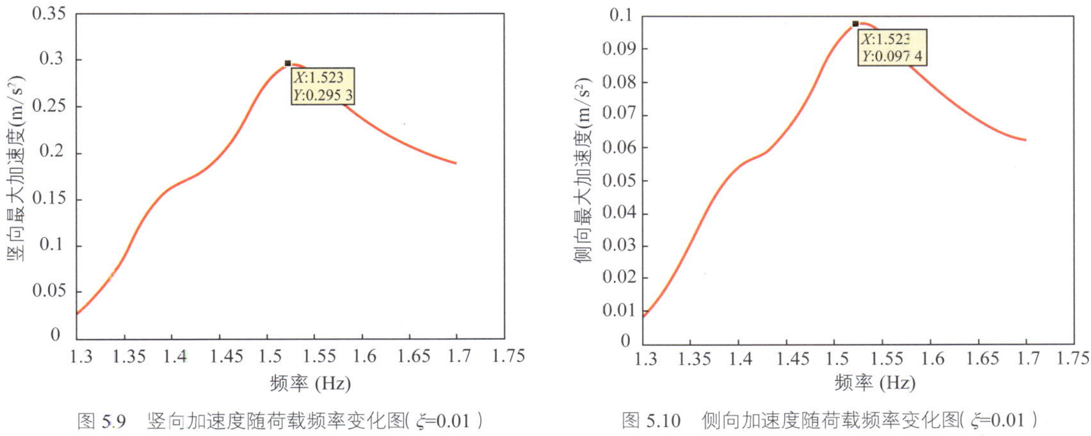

图 5.9　竖向加速度随荷载频率变化图(ξ=0.01)　　图 5.10　侧向加速度随荷载频率变化图(ξ=0.01)

由图 5.9、图 5.10 可知，最大加速度响应将出现在人群谐波荷载频率为 1.523Hz 的时候，竖向最大加速度为 0.30 m/s^2，侧向最大加速度为 0.10 m/s^2，因此，当人群密度为 1.5 人/m^2，TMD 可以将人行桥振动控制在最好舒适度范围内。

从图 5.11 看出，TMD 正常工作时位移较小，在箱梁内设置 TMD 能够满足 TMD 位移行程要求。另一方面，要求用于人行桥减振的 TMD 装置必须有足够的运动敏感性，在小位移（cm 级）下能够工作。

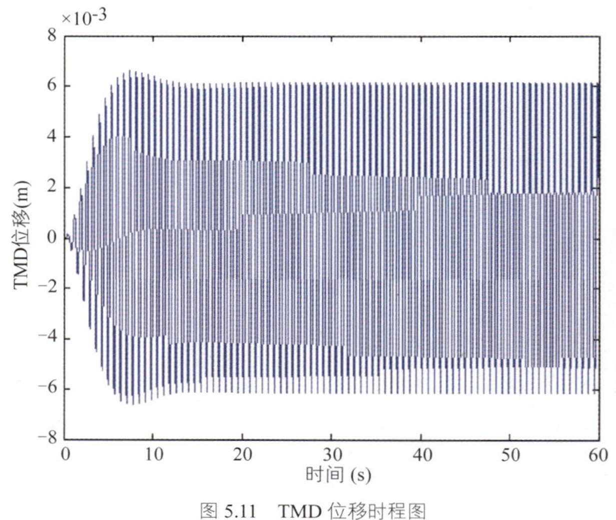

图 5.11　TMD 位移时程图

5.5.2 高人群密度下的 TMD 减振效果仿真

由表 5.10 分析结果可知，当人群密度增加至 3 人 /m^2 时，桥梁二阶竖弯频率将会降低，使得结构自振频率偏离人行荷载激励频率，最大竖向加速度将会减小至 0.448 0m/s^2，侧向加速度将会减小至 0.149 3m/s^2。此时，在前两组 TMD 作用下，人行桥面加速度随人群谐波荷载频率变化的响应如图 5.12、图 5.13 所示。

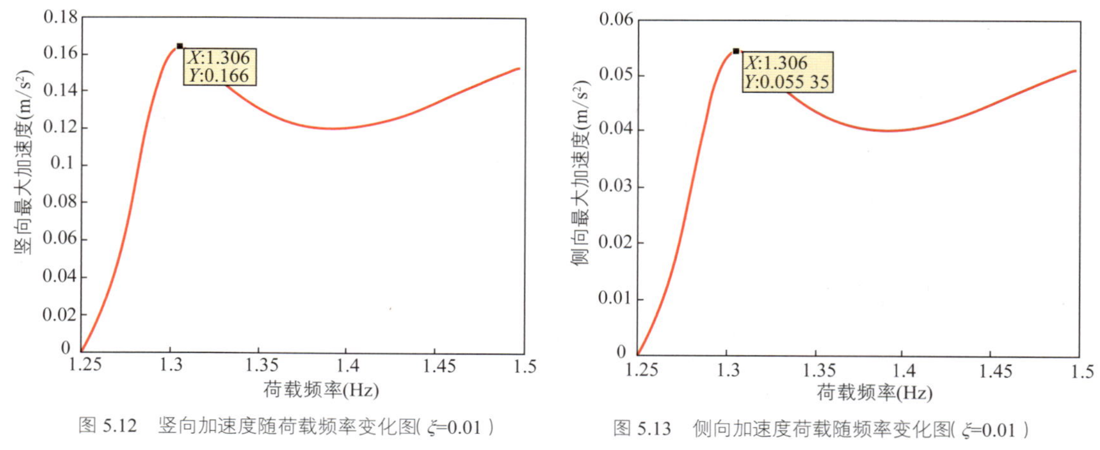

图 5.12　竖向加速度随荷载频率变化图(ξ=0.01)　　图 5.13　侧向加速度荷载随频率变化图(ξ=0.01)

由图 5.12、图 5.13 可知，最大加速度响应将出现在人群谐波荷载频率为 1.306Hz 的时候，竖向最大加速度为 0.166m/s^2，侧向最大加速度为 0.055 m/s^2，此时人行桥振动舒适性最好。

另外，由表 5.7 分析结果可知，当人群密度增加至 3 人 /m^2 时，桥梁第十三阶振型（内侧主梁绕外侧主梁振动）最大竖向共振加速度为 1.345 7m/s^2。此时，在第三组 TMD 作用下人行桥面竖向加速度随人群谐波荷载频率变化的响应如图 5.13 所示。然而，本桥的第五阶振型（竖向三阶竖弯 2.118 6Hz)将会产生较大的共振加速度，最大竖向加速度将会达到 2.530 8 m/s^2，最大侧向加速度将会达到 0.379 3 m/s^2。安装 TMD 后，减振效果如图 5.14、图 5.15 所示。

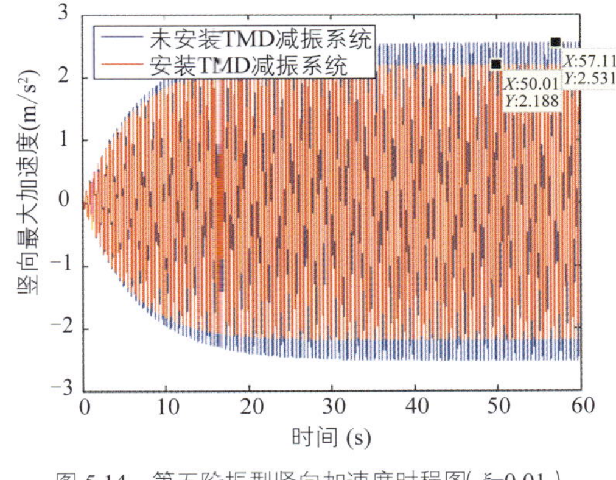

图 5.14　第五阶振型竖向加速度时程图(ξ=0.01)

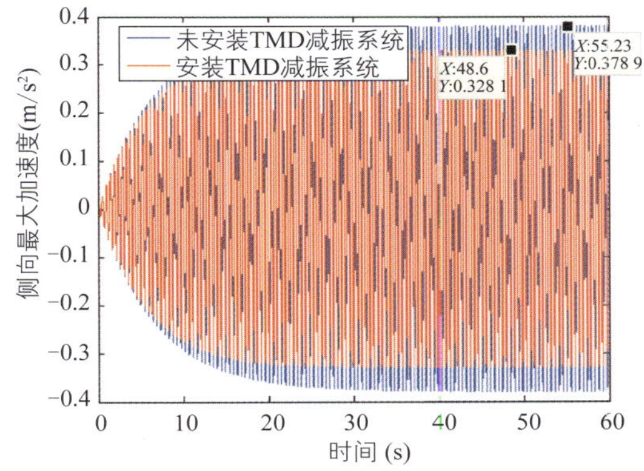

图 5.15　第五阶振型侧向加速度时程图(ξ=0.01)

由图 5.14、图 5.15 可知，TMD 系统对第五阶振型减振效果较差，无法将第五阶振型共振加速度降低至一个可以接受的范围。现在考虑在原位置调整 TMD 的自振频率来对第五阶振动进行控制。减振效果如图 5.16、图 5.17 所示。

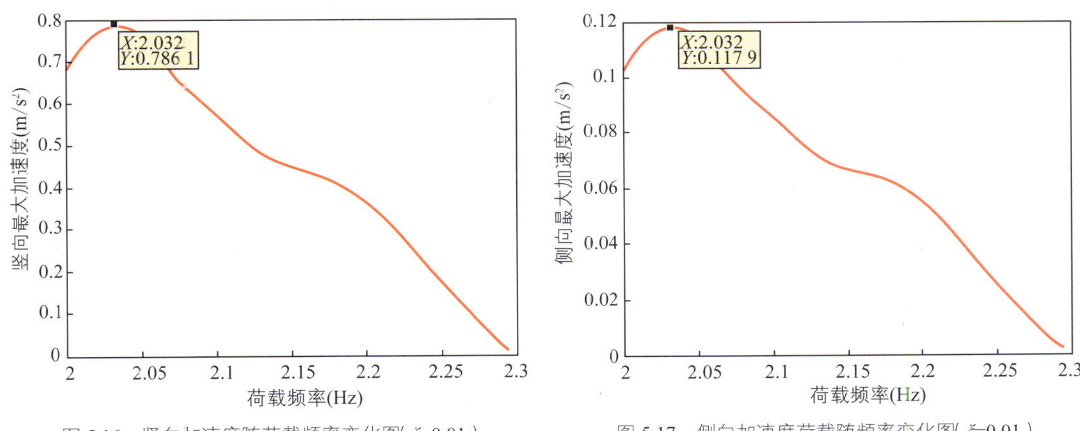

图 5.16　竖向加速度随荷载频率变化图(ξ=0.01)

图 5.17　侧向加速度荷载随频率变化图(ξ=0.01)

由图 5.16、图 5.17 可知，通过在原位置改变 TMD 的刚度，对第五阶振型振动可以达到很好的减振效果。

5.5.3　TMD 系统鲁棒性分析

由于以上的所有分析均是基于有限元模型，而实际结构或多或少会与有限元模型有一些偏差，其中某些因素将会对分析结果产生较大影响，这些因素包括结构的阻尼比以及结构的自振频率。

在前面的计算中，我们假设的阻尼比为 0.01，当结构实际的阻尼比降低至 0.05 时，人行桥加速度随人群谐波荷载频率变化的响应如图 5.18、图 5.19 所示。

由图 5.18、图 5.19 可知，当结构阻尼比降低至 0.005 时，竖向最大加速度为 0.318 8m/s²，侧向最大加速度为 0.105 2 m/s²，此时 TMD 系统仍然可以取得很好的减振效果，人行桥振动舒适性非常接近最好舒适性范围。

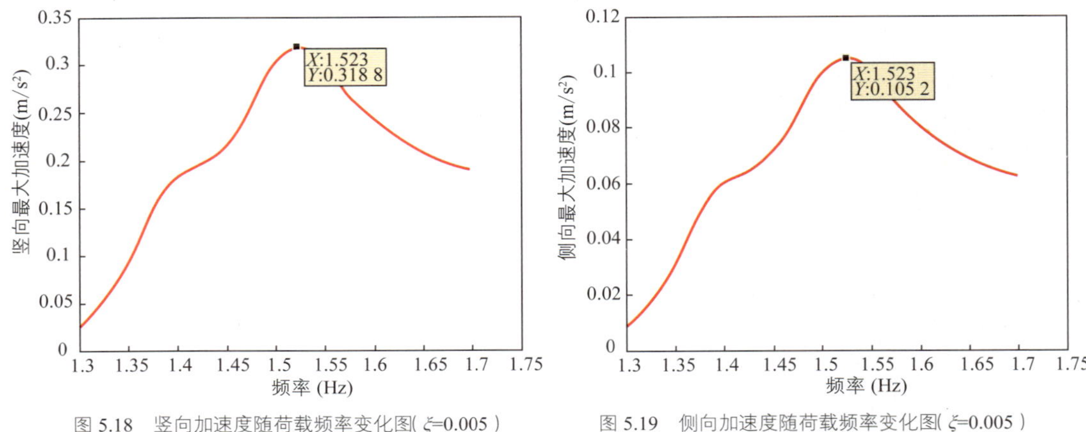

图 5.18　竖向加速度随荷载频率变化图(ξ=0.005)　　图 5.19　侧向加速度随荷载频率变化图(ξ=0.005)

当实际结构自振频率与计算频率有偏差时,减振效果将会有一定程度下降,为了计算的简便,我们在对随结构自振频率变化时的 TMD 减振效果进行分析时,仅假设主结构的振型频率发生变化,而振型的幅值不变。计算得到桥梁最大加速度随主结构自振频率变化如图 5.20、图 5.21 所示。

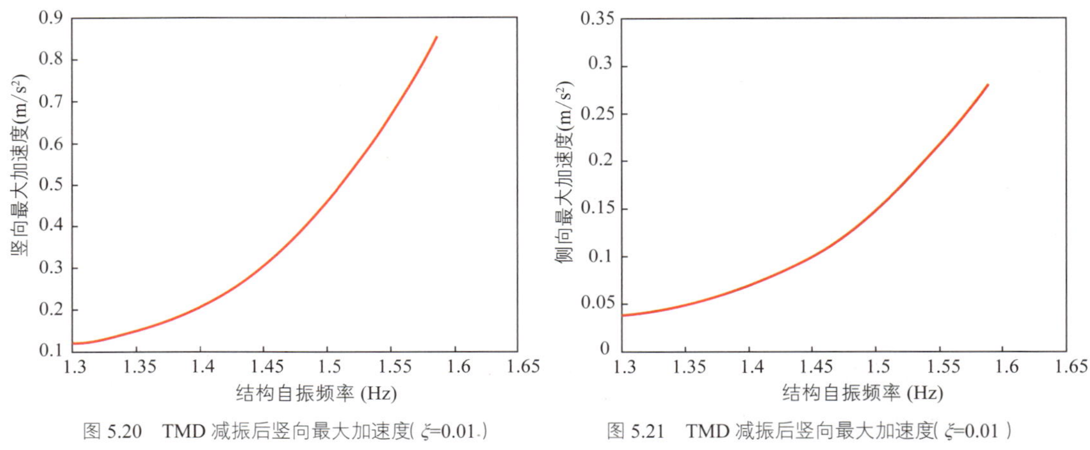

图 5.20　TMD 减振后竖向最大加速度(ξ=0.01)　　图 5.21　TMD 减振后竖向最大加速度(ξ=0.01)

我们考虑结构自振频率在 10% 范围内变化时 TMD 减振效果分析,即如图 5.20、图 5.21 所示的 1.3 ~ 1.6Hz 内变化时的最大加速度。从图中可以看出,如果结构真实自振频率与计算自振频率有一定误差,会减小 TMD 的减振效果,但是所产生的最大加速度仍然在中等舒适加速度范围内。为了避免 TMD 减振效果大幅度降低,在安装 TMD 前必须做模态试验以确定结构的真实自振频率。

5.6　结论

(1)本桥的动力特性分析表明,本桥在竖向有若干振型的自振频率在竖向人行荷载步频范围内,因此有必要进行人致振动舒适性评估。本桥侧向振动基频较大,已超出侧向人行荷载步频范围,因此,本文可不做人行侧向力激励分析,然而该人行桥竖向振动和侧向振动在某阶频率存在较强烈的耦合，分析时须注意由竖向荷载引起的侧向振动。

（2）本桥在正常使用人行荷载作用以及最不利人行荷载作用下，可能会发生桥面振动过大、行人通行舒适性不佳的情况，所以有必要在设计阶段预备减振措施。

（3）在使用频率调整法进行人行桥减振设计时，发现对振动较大的振型进行频率调整后将会引起高阶振型进入敏感频率范围，从而无法取得理想的减振效果；在对本桥尝试安装调频质量阻尼器（TMD）进行减振设计后，通过对减振效果的数值仿真可以发现 TMD 能保证该人行桥在正常运营过程中的使用性和舒适性。

（4）TMD 减振设计结果表明，需要对该人行桥安装 3 组 TMD 系统，分别须在 1/4 跨（图 5.22）以及 3/4 跨安装质量为 1 715.8kg 的 TMD 以及在跨中（图 5.23）安装质量为 434kg 的 TMD。

（5）TMD 减振效果仿真结果表明，在正常用使用情况（人群密度为 1.5 人 /m^2），TMD 可以将人行桥振动控制在最好舒适度范围内；当出现高人群密度（人群密度 3 人 /m^2，出现可能性较低）时，通过在原位置改变 TMD 的刚度，可以将人行桥的振动控制在行人可接受的范围内。

（6）当结构自振频率出现误差时，TMD 的减振效果会有所下降，但只要误差在 10% 以内，人行桥在正常使用情况下所产生的最大振动加速度仍然可被控制在中等舒适加速度范围内。

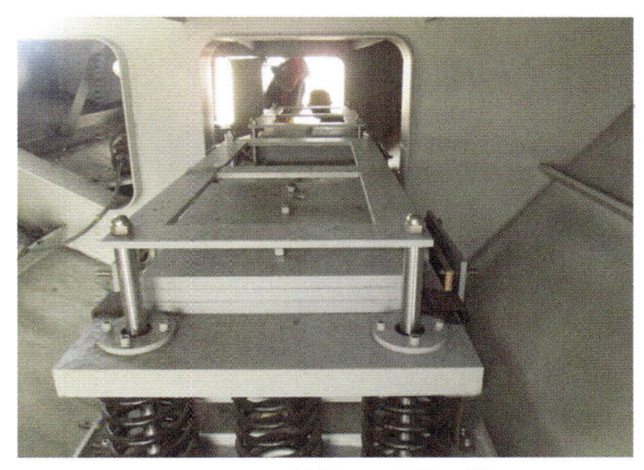
图 5.22 桥梁 1/4 跨阻尼器

图 5.23 桥梁跨中阻尼器

第 6 章

单边悬索桥钢结构和索缆加工

6.1 钢结构制作工艺方案

6.2 钢箱梁制造

6.3 Y 形臂制造

6.4 钢塔制造

6.5 密封拉索制造

6.6 索夹制造

6.1 钢结构制作工艺方案

6.1.1 方案设计指导思想

(1)分步组装、分步焊接,预制反变形,控制焊接顺序,减少焊接变形量,减少热矫正工作量,以减少由收缩累计产生的内应力。

(2)采用小间隙、小坡口焊接,选择焊接线能量小的焊接方法,保证焊缝的力学性能,减少焊缝的拘束度。

(3)桥梁主桥节段采用“反造”工艺制造,板单元及节段采用曲线制造,保证景观桥外轮廓流畅的景观效果。

(4)制孔的工艺原则是:采用先孔法一次钻出内外边梁法兰位置拼接板的设计孔径。其优点在于利用数控钻床或胎型样板钻孔,质量好,效率高。

(5)杆件通过精确预留焊接收缩量、控制焊接方向和焊接顺序,从而使板单元焊后的极边孔距控制在允许偏差之内。

6.1.2 工程重点难点

(1)桥梁主桥为双塔钢箱梁斜拉桥,主梁为圆形平面,线形较复杂,制造中如何保证箱梁几何尺寸、保证整体结构相互位置尺寸是本工程制造中的重点和难点。

(2)厚板焊接质量控制,焊接变形控制是本工程的关键点。

(3)桥轴线形的几何控制是保证成桥线形的关键,在制造过程中加设预拱值,桥梁按设计给出坐标提供。

(4)索塔上部锚固节点为全熔透焊缝,由于操作几何空间的限制,焊接顺序及坡口形式的研究是本工程的重点。

6.1.3 重点工艺设计

在空间曲梁双桥面单边悬索桥钢结构的制造中,除继续采用那些成熟的制造工艺和技术外,并根据人行桥的结构特点进行制造工艺技术的创新和引用一些新工艺、新方案,努力解决制造中的一些难题。需要在钢结构制作、焊接、验收等一些细节处理方面进行重点控制,从而进一步提高制造质量。结合本桥结构特点和现有生产设备、场地情况,制定以下重点制造工艺:

(1)板单元制作工艺。

(2)节段制作工艺。

(3)试拼装工艺。

(4)Y 形臂制作工艺。

(5)钢塔制作工艺。

6.1.4 节段划分

根据设计施工图,考虑本项目的结构特点,节段划分如图 6.1、图 6.2 所示。

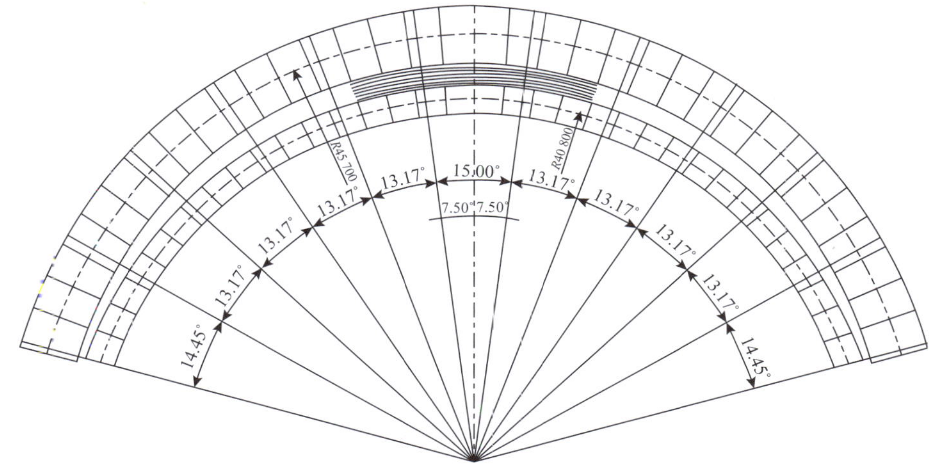

图 6.1　桥梁节段划分图

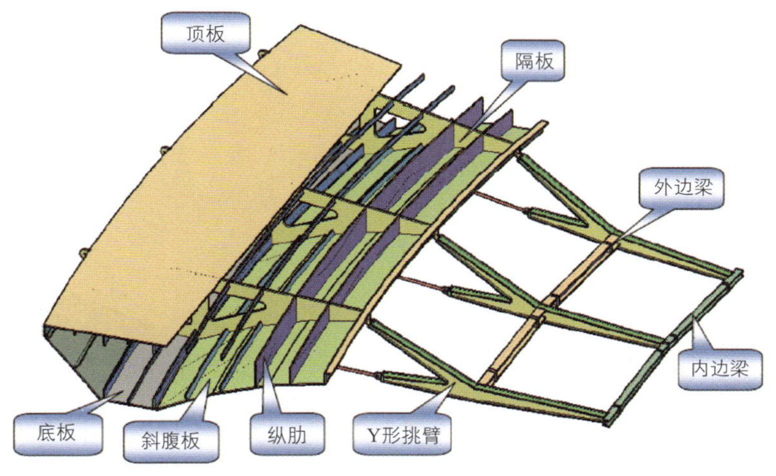

图 6.2　桥梁标准段示意图

6.2　钢箱梁制造

6.2.1　板单元制造

1）关键工艺

板单元制造按照“钢板辊平及预处理→数控精切下料→零件加工→胎型组装→反变形焊接→局部修整”的顺序进行。

2）单元件制作

（1）顶底腹板单元制作

① 制造工艺流程如图 6.3 所示。

② 制作工艺。

板单元在公司的车间内进行组装，可以利用车间内的操作平台和专用工装胎架进行组装。

a. 板片上胎定位画线。

在专用胎架上铺设钢板，按纵肋组装尺寸画出纵肋组装线（图 6.4）。

b. 按定位组装线组装纵肋。

按划出的组装线定位纵肋（图 6.5）。

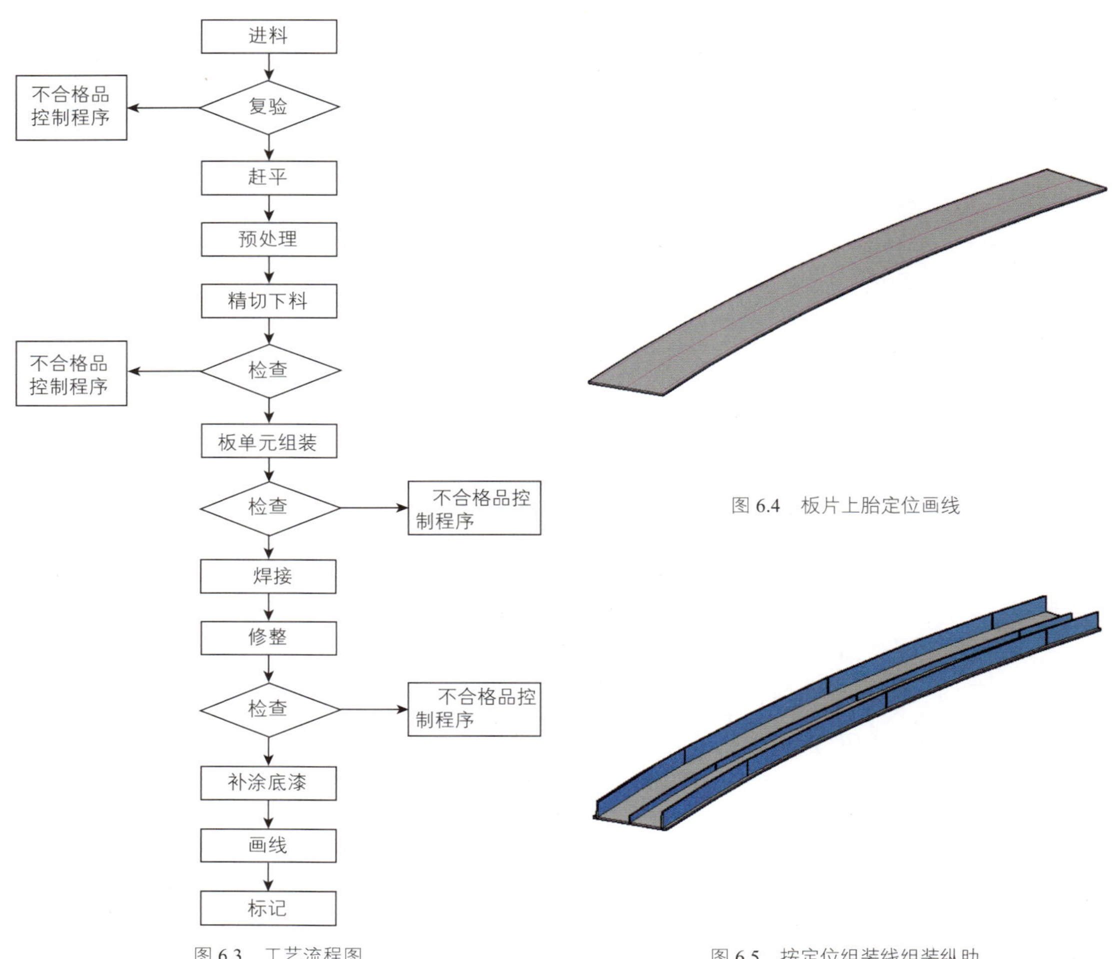

图 6.3　工艺流程图

图 6.4　板片上胎定位画线

图 6.5　按定位组装线组装纵肋

焊前除去焊接处车间底漆，防止根部出现气孔。反变形胎上船位焊接，焊后降至室温松卡，并进行适当调整。

（2）隔板单元制作

横隔板不仅是钢箱梁的骨架，而且在梁段组装时起到内胎的作用，其制造精度直接影响到梁段几何尺寸和相邻梁段箱口的匹配精度。横隔板制作工艺流程见图 6.6、图 6.7。

6.2.2　钢箱梁梁段制造工艺

1）梁段制造工艺流程

根据箱形结构特点，钢箱梁梁段组装采用“反造法”进行制造。

梁段制造工艺流程如图 6.8 所示。

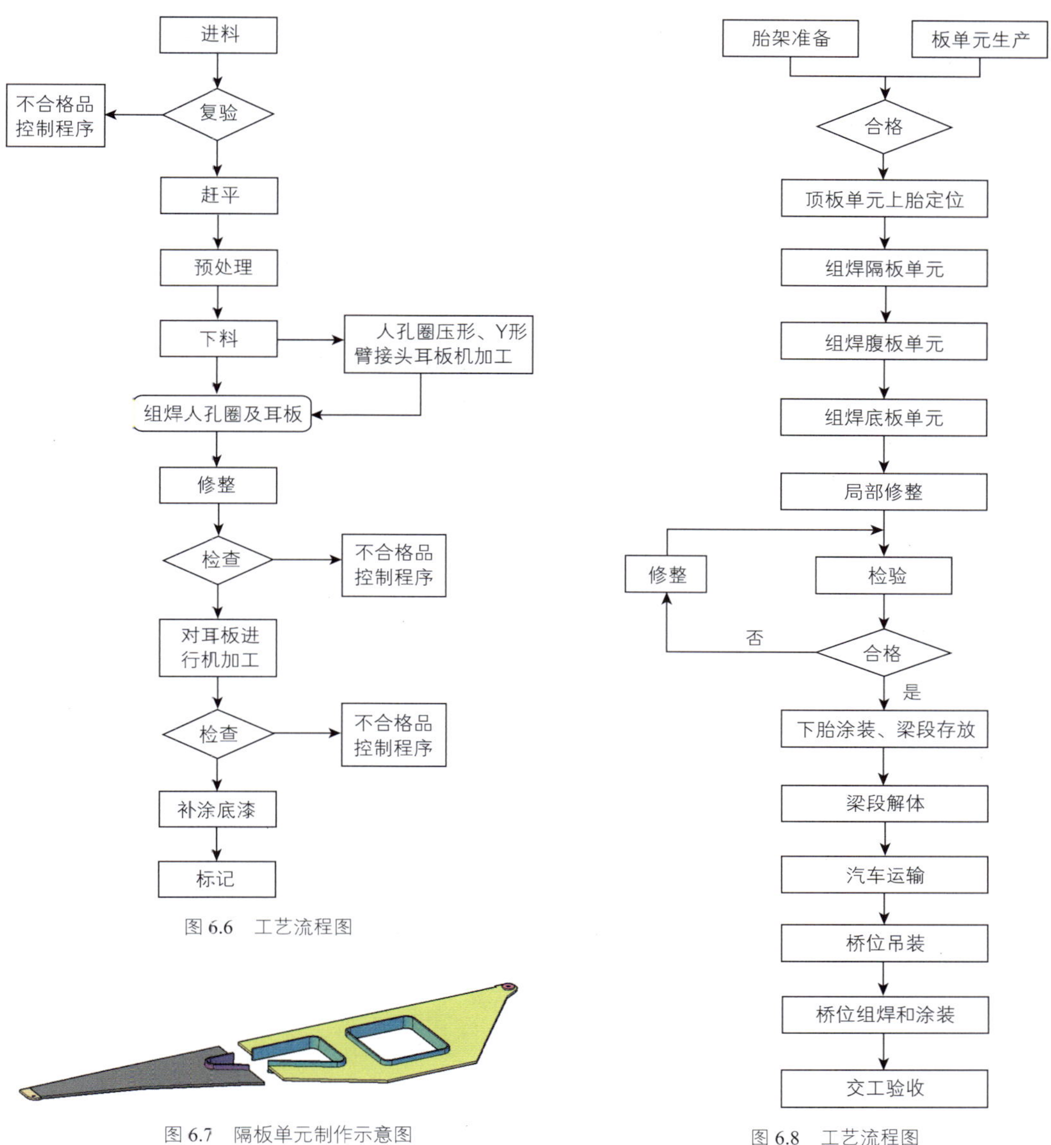

图6.6 工艺流程图

图6.7 隔板单元制作示意图

图6.8 工艺流程图

2)梁段制造

(1)总拼胎架

①根据“施工设计图”上提供的数值设计胎架纵向线形，钢箱梁的纵向制作线形通过调整胎架牙板高差来实现。

②胎架基础必须有足够的承载力，确保在使用过程中不发生沉降，并要有足够的刚度，避免在使用过程中变形。

③在胎架上设置纵、横基线和基准点，以控制梁段的位置及高度，确保各部分尺寸和立面线形。胎架外设置独立的基线、基点，以便随时对胎架进行检测。

(2)梁段制造

板单元制造完成后，在总拼胎架上进行3个梁段连续匹配组焊。组装采用“反造法”，以胎架为外胎，以横隔板为内胎，各板单元按纵、横基线就位，辅以加固设施以确保精度和安全。

以下以标准梁段为例说明梁段的整体组装流程。

①顶板单元上胎定位。

将顶板单元置于胎架上，在无日照影响的条件下使其横、纵基线、端口基准线与胎架上的基线精确对齐，用少量的弹性马板将其固定。按设计宽度并考虑焊接收缩量精确控制两底板单元纵基线之间的距离，如图 6.9 所示。

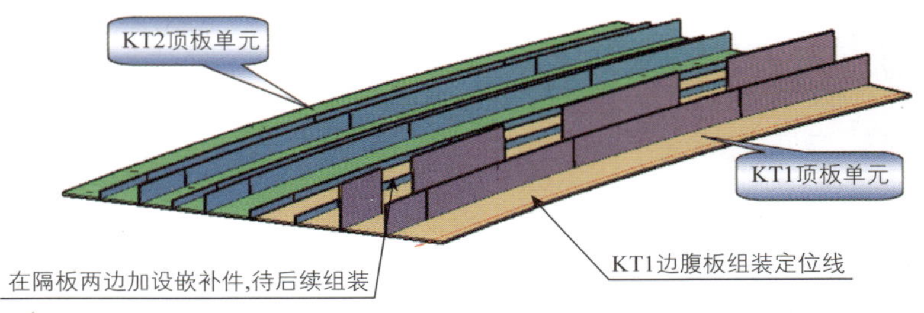

图 6.9　顶板单元上胎定位

注：两底板板单元的纵向焊缝仅点焊连接，待桥位施焊。

②隔板定位组装。

以端口基准线为基准画出隔板位置线，定位隔板单元，重点控制隔板单元与底板的冲势、隔板与底板及中腹板的密贴度，如图 6.10 所示。

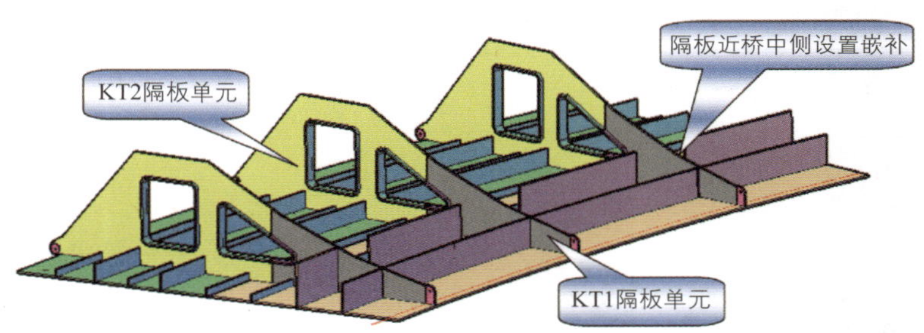

图 6.10　隔板定位组装

③KT2 边腹板定位组装。

纵向以顶板端口基准线为基准定位边腹板，横向以底板的纵基线为基准画出边腹板位置线，再以隔板为内胎控制腹板的圆弧线形，完成边腹板的定位。检测边腹板端口基准线与底板端口基准线的重合度、边腹板与底板的垂直度，并控制边腹板与隔板的密贴度，如图 6.11 所示。

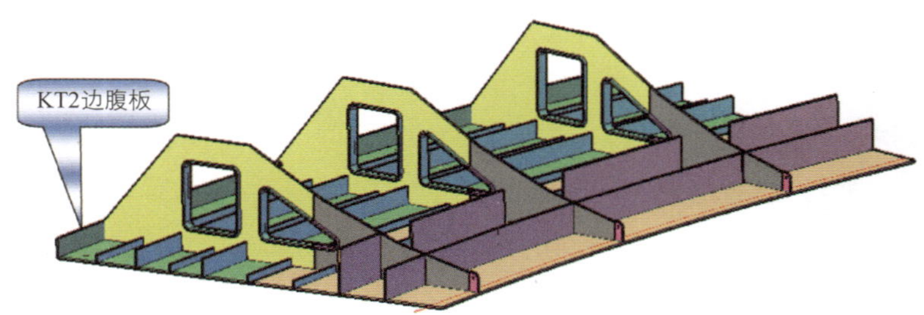

图 6.11　KT2 边腹板定位组装

④斜腹板定位组装。

以端口基准线为基准(横基线校验),定位斜腹板单元的纵向位置,再以隔板为内胎控制腹板的圆弧线形,完成斜腹板单元的定位组装。由于空间太小,先焊接斜腹板与隔板纵向加劲肋 1 外侧的焊缝,另一侧待翻身后焊接。检测斜腹板单元端口基准线与底板端口基准线的重合度、边腹板与底板的垂直度,并控制边腹板与隔板的密贴度,如图 6.12 所示。

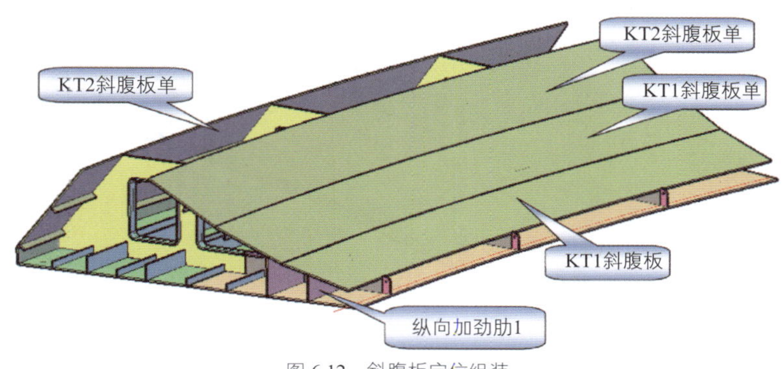

图 6.12　斜腹板定位组装

⑤安装 KT1 隔板间的加劲嵌补件。

⑥底板定位组装。

纵向以端口基准线为基准(横基线校验),横向以桥梁中心线及纵基线为基准,定位 KT1 的底板单元,控制底板单元的高程,如图 6.13 所示。

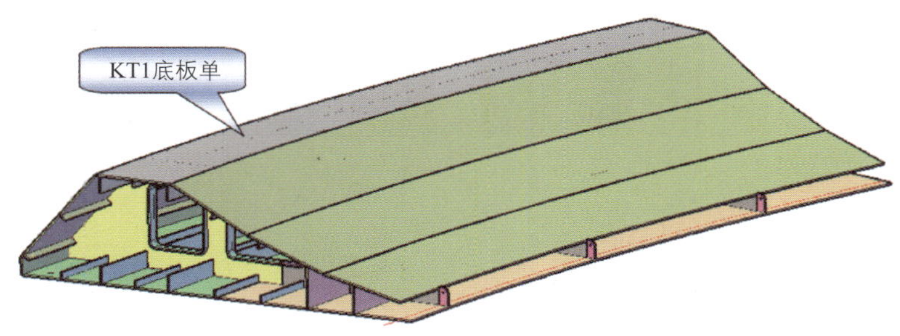

图 6.13　底板定位组装

⑦组装挑臂连接件。

以端口基准线为基准(横基线校验)将基准线反到 KT2 斜腹板单元 2 的箱外侧,用于定位连接 Y 形臂下肢的加劲接头,如图 6.14 所示。

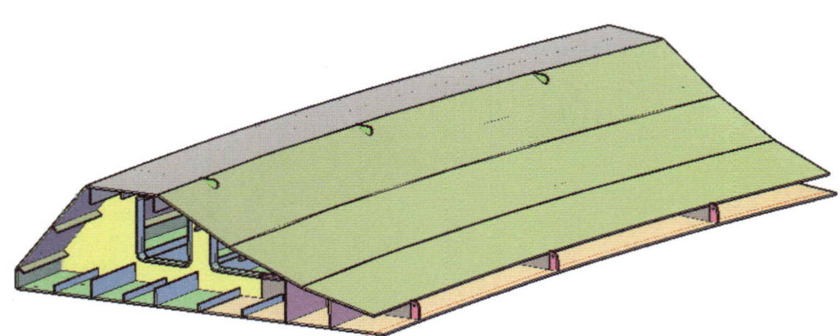
图 6.14　组装挑臂连接件

⑧组装 KT1 边腹板。

待节段预拼结束，将梁段翻身，焊接 KT1 斜腹板与隔板内侧的焊缝，最后以端口基准线为基准（横基线校验），定位边腹板的纵向位置，按之前画出的边腹板定位线组装 KT1 边腹板，如图 6.15 所示。

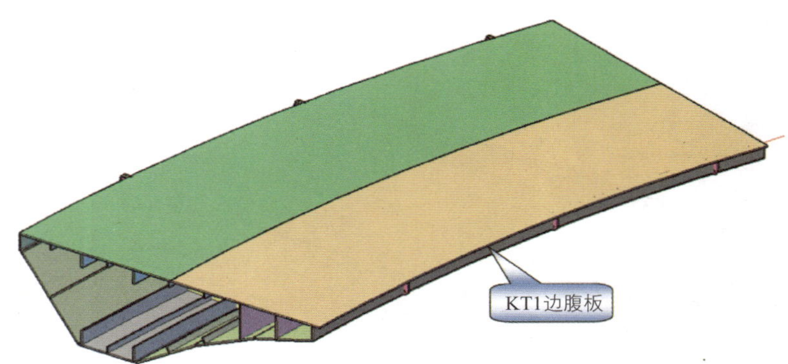

图 6.15　组装 KT1 边腹板

梁段加工现场及钢箱梁端部如图 6.16、图 6.17 所示。

图 6.16　梁段加工现场

图 6.17　钢箱梁端部

6.2.3　梁段组装与焊接注意事项

（1）梁段焊接顺序：为保证梁段的外形和几何尺寸，防止产生过大的内应力，梁段的焊接应分步进行，并遵循先内后外、先下后上的施焊原则。优先选用 CO_2 焊接方法，同时尽量采用陶质衬垫单面焊双面成型的焊接工艺。

（2）组装腹板时，必须根据胎架上的纵、横基准线。严格控制腹板高程偏差在容许范围之内。

（3）在焊接临时马板或工艺辅助件时，应避免对母材产生咬边及弧坑。拆除时，不允许锤击拆除，应在距母材 1 ～ 3mm 处用气割切除，不得伤及母材，切除后用砂轮将焊趾处打磨平整。

（4）板单元及零部件必须经过全面检验合格后方可参与梁段组装，构成各梁段的板单元及零部件应编号并记录清楚其所在的部位。

6.2.4　梁段试拼装

1）试拼装过程

梁段匹配组焊完毕后，按制造长度（预留焊接间隙和桥位环口焊接收缩量）配切两端坡口。

在不受日照影响的条件下，精确调整和测量线形、长度、端口尺寸、直线度等，检验合格后组焊工地临时连接件，经监理工程师签认后，梁段出胎。出胎的钢箱梁按施工图规定的编号喷涂标记。

试拼装应注意的事项如下：

（1）各梁段经检验合格并由监理工程师签认后，才能进行试拼装。

（2）试拼装要根据监理工程师批准的试拼装图和工艺进行。

（3）试拼装时要考虑焊接环形焊缝收缩量。

2）试拼装检查

钢箱梁整体组焊完成后直接在胎架上进行试拼装检查，重点检查：梁段纵向累加长度、扭曲、吊装梁段间端口匹配情况等。根据工艺要求，梁段预拼前应解除所有组装临时定位的约束，使梁段处于自由状态。

（1）桥梁总体线形尺寸检查

①线形检查：试拼装线形应以设计给定的钢箱梁合龙线形为准。测量桥梁线形时以纵向中心线处高程为准。按计算出的各梁段两端横隔板处的理论高程值进行检测。同时检查组拼梁段中心线矢高数值。如图 6.18 所示。

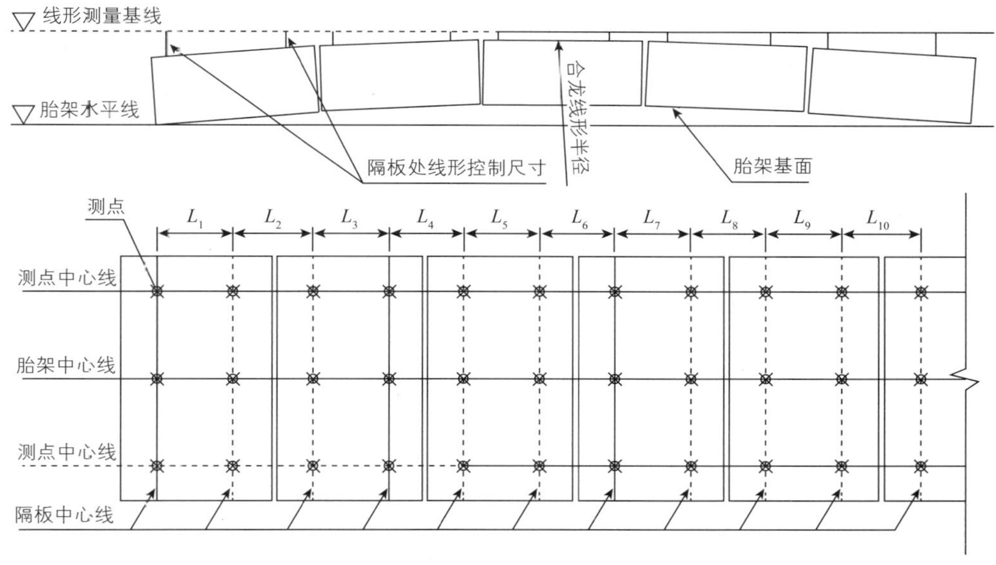

图 6.18　线形检查图

②扭曲检查：检查各吊装梁段两端横隔板处的左右高程值，判断各梁段的水平状态及扭曲情况。

③梁长检查：记录各梁段累加长度，以备确定合龙段补偿量。

（2）梁段间端口的匹配精度检查

除检查桥梁总体线形尺寸外，还必须对梁段间端口的匹配精度进行检查。即检查接口两侧顶（底）板、腹板的错位情况，对超差者应予以修正。

（3）坡口间隙检查

钢箱梁梁段间接口的间隙必须严格控制，过大的间隙会增大焊接收缩量，而间隙过小容易造成焊缝熔不透，因此规定合理的坡口间隙是保证钢箱梁质量的一个重要因素。本桥规定梁段接口间隙为 6mm，其允许偏差范围为 -2 ~ 6mm，梁段连接的其他要素都必须以此展开。为此，在整体组装时采取间隙定位工艺板，确保间隙尺寸。在顶、底板处确定若干个间隙定位点，用于间隙检查。

如果间隙小于规定值，则应进行修正。修正完毕后，检查板边的错边量是否小于 1mm，最后将所有数据记录在检验表中。

（4）试拼装检查测量要求

①各梁段的高程、长度等重要尺寸的测量，应避免日照影响，并记录环境温度。

②测量用钢带或标准尺在使用前应与被检测构件同条件存放，使二者温度一致，钢带或钢尺定期进行检定。

③测量用水准仪、经纬仪、仪表等一切量具均需经二级计量机构检定。使用前应校准并按要求使用。

④操作人员应经专门培训，持证上岗，并实行定人定仪器操作。

⑤钢尺测距所用拉力计的拉力应符合钢尺说明书的规定。

⑥试拼装时利用胎架区域的测量坐标系统进行现场检测，如图 6.19 所示。

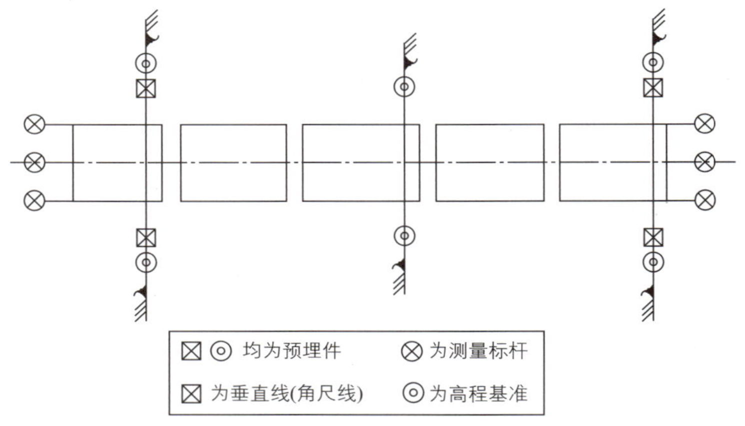

图 6.19　试拼装时现场检测图

⑦试拼装后，按实际测量的数值进行端口的余量配切，首先基准端先切齐，然后配切余量端，配切量要预留桥位环口焊缝的收缩量，如图 6.20、图 6.21 所示。

图 6.20　钢箱梁段试拼装全景图

图 6.21　钢箱梁段试拼装局部图

6.2.5 临时连接件安装和梁段下胎

在试拼装完成拼接口修整后，根据梁段长度的测量结果，配切梁段长度，安装工地临时连接匹配件。钢箱梁整体检验合格，经监理工程师同意后整体下胎，转入涂装工序。止点板大样如图 6.22 所示。

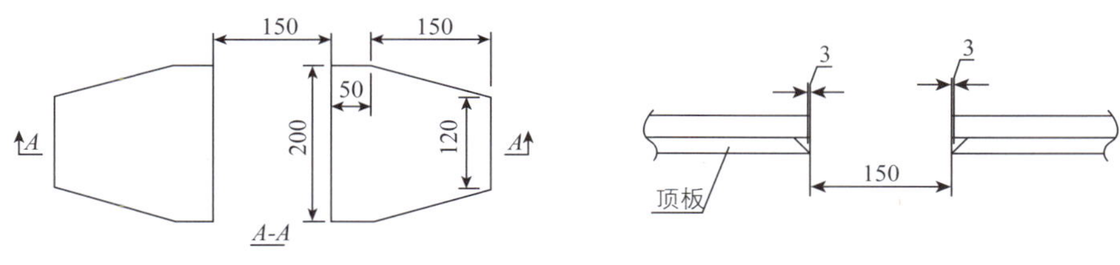

图 6.22 止点板大样图(尺寸单位:mm)

6.3 Y 形臂制造

6.3.1 关键工艺

杆件制造按照“钢板辊平及预处理→数控精切下料→零件加工→反变形焊接→局部修整”的顺序进行。

6.3.2 Y 形臂制作工艺流程

Y 形臂制作工艺流程如图 6.23 所示。Y 形臂示意及现场加工如图 6.24、图 6.25 所示。

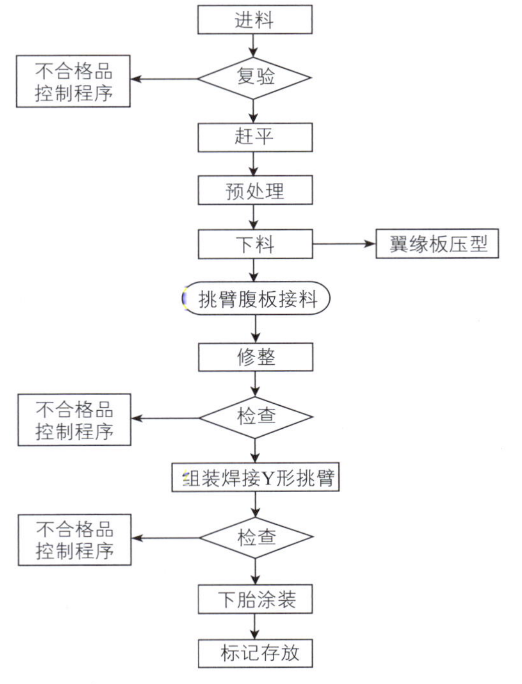

图 6.23 工艺流程图

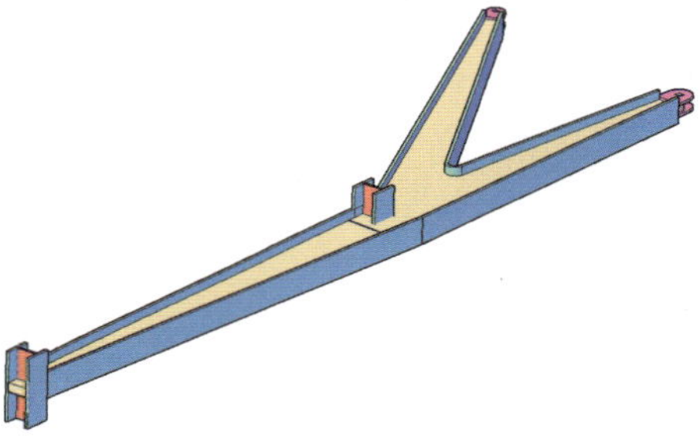

图 6.24 Y 形臂示意图

图 6.25 Y 形臂加工现场

6.4 钢塔制造

6.4.1 关键工艺

钢塔制造按照“钢板辊平及预处理→数控精切下料→零件加工→反变形焊接→局部修整”的顺序进行。

6.4.2 钢塔制作工艺流程

1）工艺流程

钢塔制作工艺流程如图 6.26 所示。

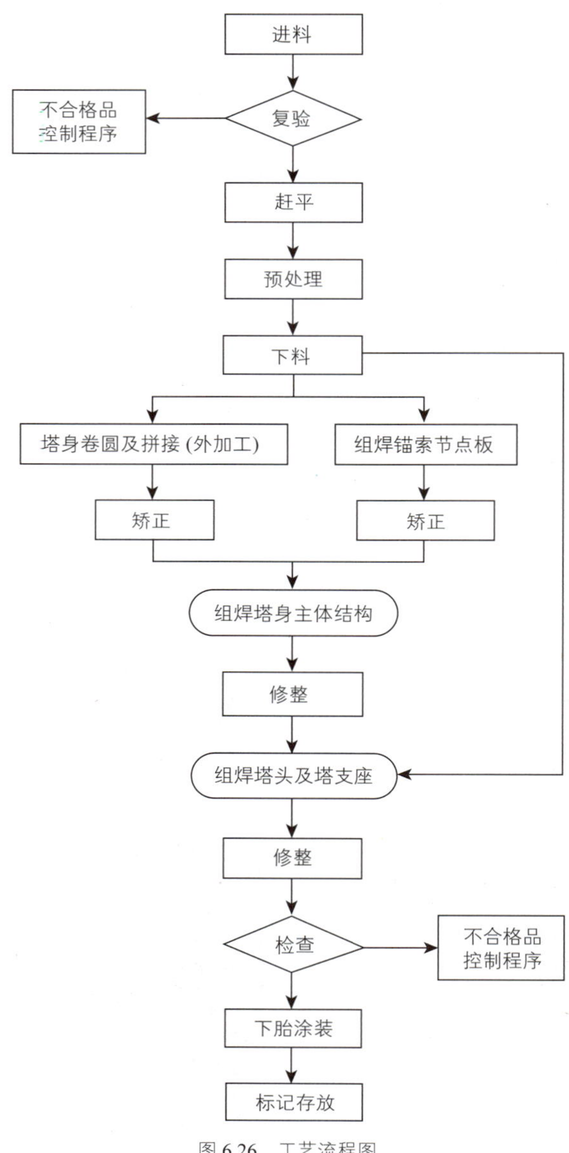

图 6.26 工艺流程图

2）制作工艺

由于塔身钢管壁厚较大、半径较小，受制作工艺限制，现需对塔身钢管进行分段制作，桥梁直径为 950mm 的钢管按 3m 一段进行划分，西桥直径为 660mm 的钢管按 2.5m 一段进行划分。

（1）组装连接塔身钢管

在制作完成单个分段后，控制钢管的同轴度，将钢管按节段组装成塔身整体（图 6.27），焊接时控制焊接变形；对塔身进行修整，切除余量并开设塔头节点板槽口。

（2）组装塔底支座连接件

焊接塔身及铸钢连接件中的封板；将塔底支座处铸钢件焊接至塔身钢管上，焊接时控制焊接变形，检查并对塔身进行修整，如图 6.28 所示。

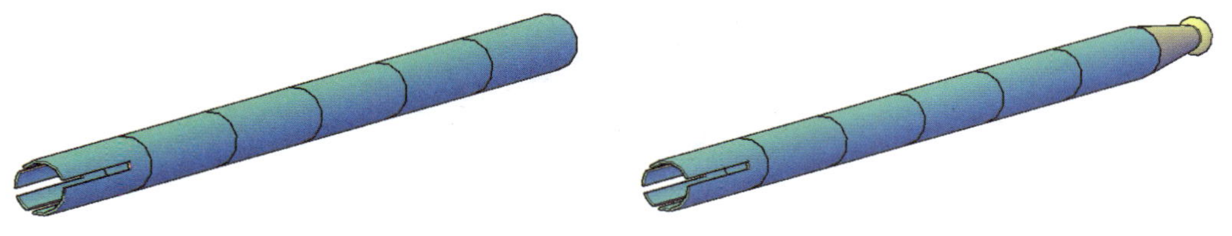

图 6.27　组装连接塔身钢管　　图 6.28　组装塔底支座连接件

（3）组装塔底支座

塔底支座组装如图 6.29 所示。

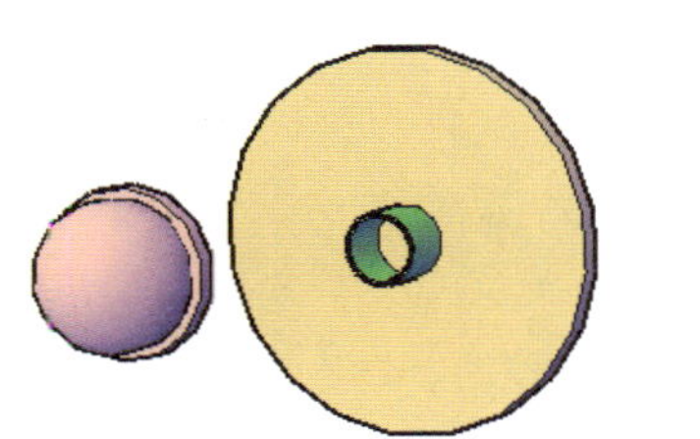
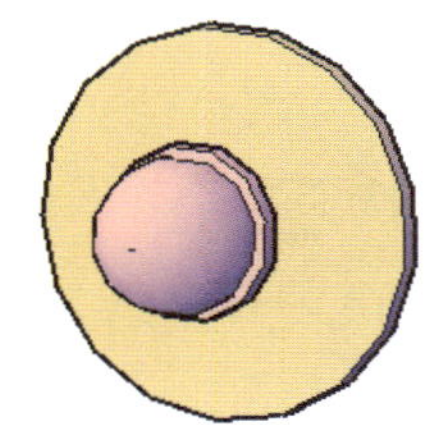
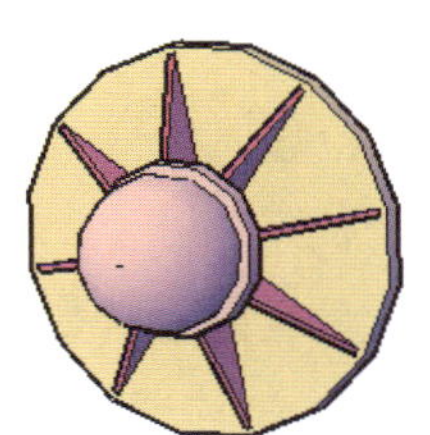

图 6.29　组装塔底支座

（4）组装塔头节点板

将塔头三块锚索节点板分别焊接至两侧耳板，并对它们进行机加工，然后单独组装成整体；沿钢管开设的槽口，将整体节点板组装至塔头位置，如图 6.30 所示。

（5）组装塔头并对塔整体预拼

焊接塔头封板，再将塔头组装至塔身端头；将塔底支座放在塔底理论位置，对钢塔进行整体预拼，检查钢塔尺寸，控制直线度，对钢塔进行局部修整，如图 6.31 所示。

图 6.30　组装塔头节点板　　图 6.31　组装塔头并对塔整体预拼

钢塔顶端耳板制作现场如图 6.32 所示。

图 6.32　钢塔顶端耳板制作现场

6.5　密封拉索制造

密封拉索制作流程如下：来料检验→预张拉→应力下料→浇铸制锚→超张拉及标记→表面处理→包装出库。

1）来料检验

密封索体到工厂后需对索体供货商的送检报告进行复检，复检合格后方可进入下道工序生产，拆股钢丝的检验项目如下：

（1）圆钢丝拉伸试验（图 6.33）。

（2）钢丝的扭转试验（图 6.34）。

（3）钢丝的缠绕试验（图 6.35）。

（4）钢丝的反复弯曲试验（图 6.36）。

（5）钢丝镀层质量试验（图 6.37）。

图 6.33　圆钢丝拉伸试验

图 6.34　钢丝的扭转试验

图 6.35 钢丝的缠绕试验

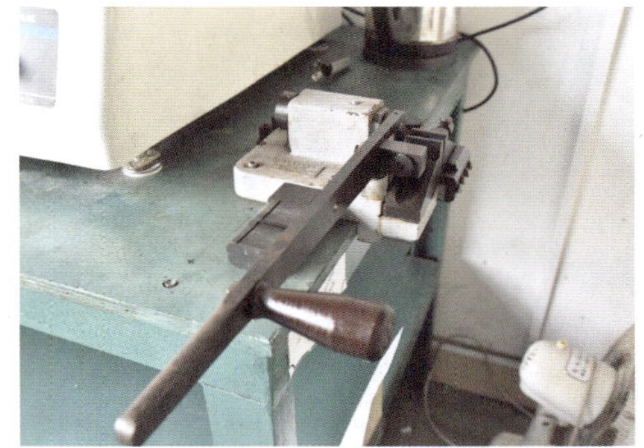

图 6.36 钢丝的反复弯曲试验

2）密封索体预张拉

索体在下料前需进行预张拉，以消除索体受力伸长上的非线性因素。

方法如下：取索体最小破断拉力的 40% ~ 60%，进行 5 次的反复张拉，最后持荷 10min 卸载。（ϕ115 最小破断力 13 300kN，ϕ90 最小破断力 8 090kN。）

（1）根据张拉线的长度和密封索实际的下料长度（预留切割及临时夹锚量），准备好工装连接索和连接耳板。

图 6.37 钢丝镀层质量试验

（2）将密封索体先进行包装，然后根据张拉线的长度结合实际使用长度下料，下料后进行临时锚接。

（3）将锚接好的索利用行车吊放到张拉线上，连接耳板和工装索到张拉台上。

（4）将索连接好后，启动张拉设备，先将力施加到索破断力的 10%（ϕ115 索取 1 330kN，ϕ90 索取 809kN），检查所有连接件的安全可靠性，再缓慢施加到索体最小破断力的 50%（ϕ115 索取 1 330kN，ϕ90 索取 809kN）进行 5 次反复加载与卸载的张拉，张拉方法如上。

3）应力下料

索体完成预张拉后，为了保证下料长度的精确，需在应力下进行下料。

（1）索体预张拉完成后，将张拉设备启动，缓慢施加力到预张拉力值，启动保压功能，使力值控制在预张拉力值范围内。

（2）根据拉索生产图纸，从密封索体一端用红色油漆笔画出浇铸长度（ϕ115 为 435mm，ϕ90 为 335mm）。

（3）根据生产图纸的 S 长度，结合索体超张拉时两端锚具的滑移量、施工现场的温度及工厂制索的温度，计算出补偿值，得出实际的长度。实际长度 =S-8mm+ 补偿值（实际长度由技术部下图时注明提供）。

（4）根据实际长度，先用钢拉尺测量出 S 长度，用双面胶标记，拉力计在拉尺的另一端施加 50N 的拉力，保证长度的准确性。

（5）将激光反射支座固定到 S 长度的一端，激光测距仪固定到另一端，进行长度复测，如长度有偏差，需要进行微调后用白色油漆笔画线，如图 6.38 所示。

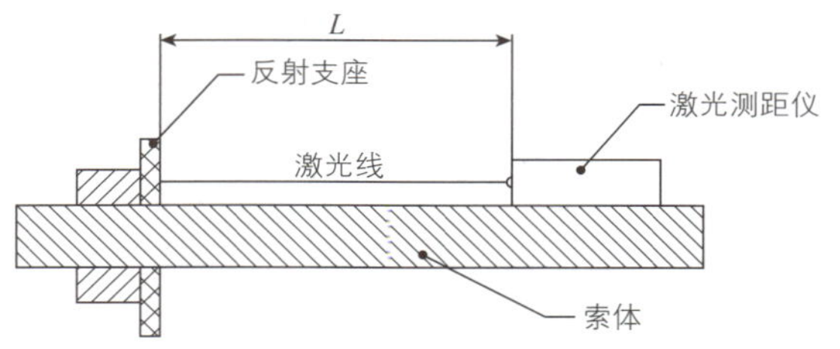

图 6.38　激光测索长

（6）长度测量画好线后张拉设备卸载，从张拉线将索体吊装到作业区，放平展直，根据外层每个捻距螺旋线的长度，画出中心线，保证两端锚具在后续安装过程中是在同一水平线上。

（7）在切割画线位置用抱箍轧紧，将切割机移动到下料位置进行切割，切割完成后打磨端面，并装好套环，如图 6.39、图 6.40 所示。

图 6.39　画线切割

图 6.40　切割后的拉索

4）浇铸制锚

（1）将锚具内锥位置月稀释剂进行清洁，再装在索体上，并后移到浇铸线外，将套环打到浇铸线位置（图 6.41、图 6.42）。

图 6.41　套环安装

图 6.42　固定套环

（2）将端钢丝散开成扫帚状，先用风枪清洁表面灰尘（图 6.43），再用稀释剂进行喷洒清洁，待清洁完成后，将锚具用复位机缓慢拉伸到浇铸线位置（图 6.44）。

图 6.43　散丝清洁

图 6.44　浇铸就位

（3）锚具复位到浇铸线后，用保温棉在锚具端部绑扎，并用卡箍轧紧（图 6.45），防止锌合金在浇铸时滴漏。

（4）将待浇铸拉索吊装在浇铸平台上，校正索体与锚具的垂直度，进行加热（图 6.46）。

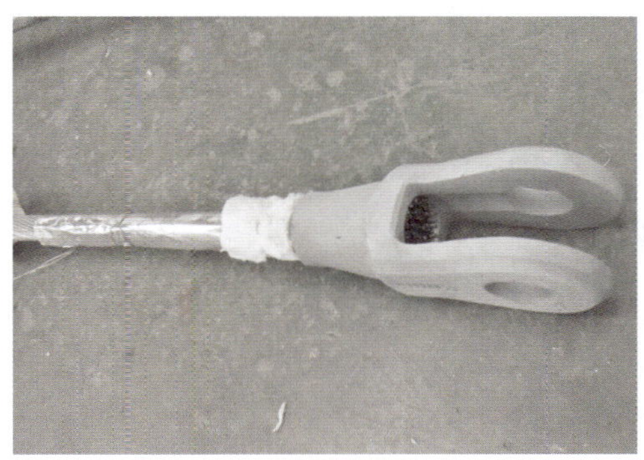

图 6.45　卡箍扎紧

图 6.46　进行加热

（5）加热到指定时间后进行锚具温度的测量。温度如在指定的浇铸温度范围内即可进行浇铸，如温度不够需重新加热到指定温度方可浇铸，如图 6.47 ~ 图 6.49 所示。

图 6.47　温度监控

图 6.48　温度测量

图 6.49　锚具内部

（6）浇铸完成后，锚具内锥合金表面凝固后即可从浇铸平台上起吊到作业区。

5）超张拉及应力标记

拉索浇铸完成冷却后需进行超张拉，同时进行应力标记。

（1）将浇铸好的拉索吊装到张拉线上，将所有的连接件组装，并与工装索进行连接，安装在张拉机台上，并在锚具两端贴上滑移标签。

（2）安装完成后，启动张拉设备，缓慢施加到拉索最小破断力的10%，检查所有连接件的安全可靠性，如图6.50、图6.51所示。

图6.50　拉索就位

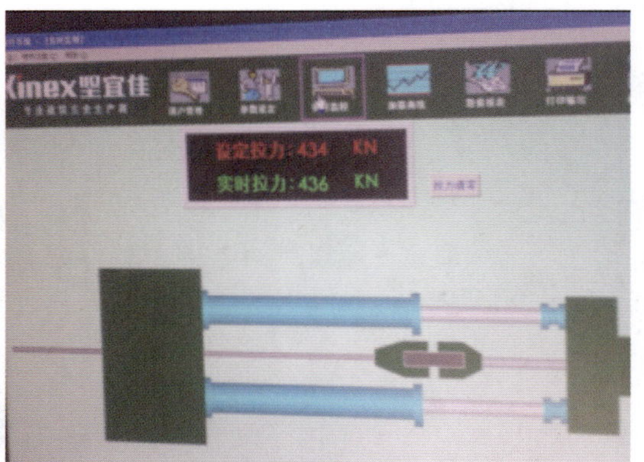

图6.51　张拉测试

（3）检查完毕后，缓慢施工到拉索最小破断力的50%，持荷5min后卸载，检查所有连接件，并测量拉索滑移量，记录数据。

（4）数据记录完成后，再次启动张拉设备，缓慢加载至拉索预拉力值，启动设备保压功能。

（5）待预拉力值稳定后，测量拉索实际长度，记录数据，并挂好拉索长度标示牌。

（6）根据拉索的实际长度，测量标记出拉索中心点位置，并用黑色油漆笔画好中心线。

（7）根据图纸的每个标记长度，从中心点依次测量标记每个标记点。先用拉尺进行测量，做好双面胶带缠绕标记，再用激光测距仪进行复核，准确后用红色油漆笔画线，此线为索夹中心位置线（拉尺及激光测距仪使用方法同下料方法一致）。

（8）根据索夹的实际长度画出索夹的安装位置线，具体方法如下：

①根据索夹的长度，在索体上沿索夹中心线画出与索夹端面平齐的标记线，用黑色油漆笔标记。

②将测量工装（图6.52）加持在索夹中心线位置，并将精度0.02mm的水平仪放置在工装平面上，调整水平并固定在索体上。

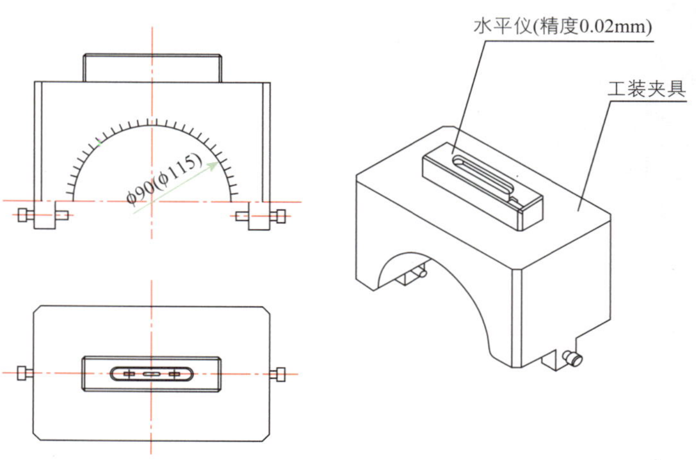

图6.52　测量工装

③工装调整水平后，沿中心点用直角尺对称画出两条直线。同时在 90° 夹角方向画出两条线，并用直角尺延伸长度到 600mm，如图 6.53 所示。

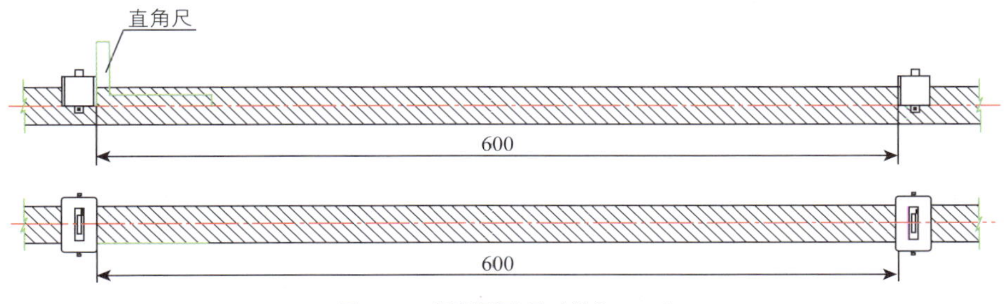

图 6.53　直线标记（尺寸单位：mm）

④根据每个索夹的倾斜角度画出角度线，利用工装上的刻度进行标记画线即可，所有的直线采用红色油漆笔标记。

⑤所有标记完成后进行卸载，并用胶带多层缠绕，第一层用胶带的正面缠绕，防止胶带粘连在标记线上破坏标记点。

⑥表面处理及包装。

a. 将拉索从张拉线吊装到包装作业区，将锚具按照《喷涂与包装作业指导书》进行表面喷涂处理，待油漆表干后即可进行包装。

b. 主缆与环索包装由最内层软塑尼龙加中间蛇皮带加外层帆布包裹完成，主缆及环索，按每个索夹夹持外的部分，分段进行缠绕包裹，每间隔小于 1m 放置铜箍。包装完成后，再进行二次包裹，索夹所夹持的部位。包装完成后以不大于 30 倍的直径进行盘装，供方提供放索盘，并现场指导放索，如图 6.54、图 6.55 所示。

图 6.54　包装缠绕

图 6.55　放索架

6.6　索夹制造

6.6.1　关键工艺

索夹作为拉索索力的传递者，其性能的好坏直接影响到结构的安全性。索夹原材料选用 G20Mn5，其铸件应符合《铸钢节点应用技术规程》（CECS 235—2008）的相关规定。并对索夹进行超声波探伤及磁粉探伤，其超声波探伤应符合《铸钢件 超声检测 第1部分：一般用途铸钢件》(GB/T 7233.1—2009)中二级的有关规定，磁粉探伤符合《铸钢件磁粉检测》(GB/T 9444—2007)的相关规定，确保每一个索夹的质量100%合格。

6.6.2 索夹制造工艺流程

其索夹整个生产过程如下：铸造→热处理→探伤（超声波及磁粉探伤）→机加工→表面处理→检验入库。

(1)铸造

采用消失模铸造，制模时按图尺寸要求制作模板切割成型，在浇铸前需做随炉试棒，并用光谱仪对材质做成分分析，合格后方可浇铸。

(2)热处理

浇铸合格后的索夹需热处理且试棒必须随炉热处理。

(3)力学检测和成分检测

对随炉试棒进行力学性能检测以验证索夹力学性能是否合格，并对其化学成分进行检测，如图6.56～图6.60所示。

图6.56 拉伸试验

图6.57 硬度检测

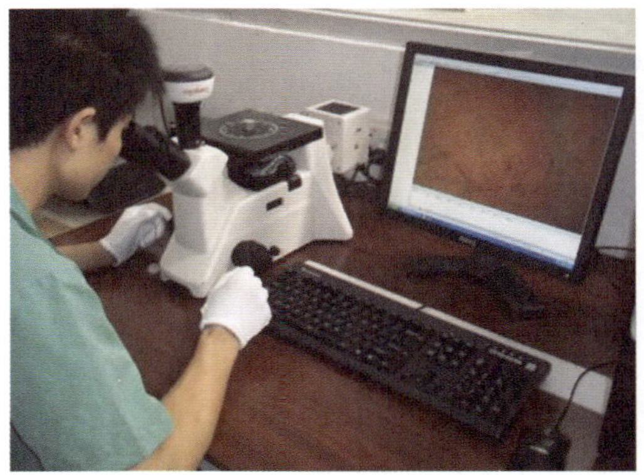

图6.58 处理后金相检测

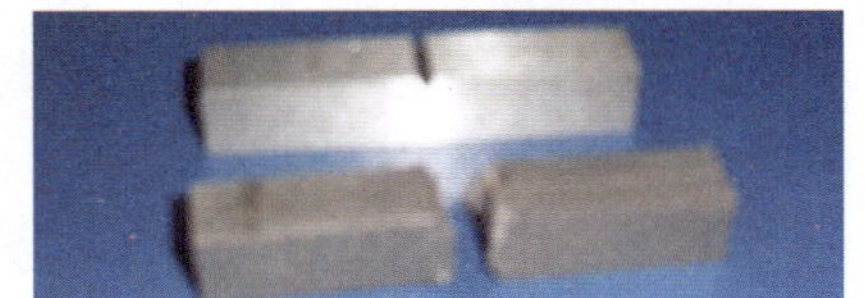

图6.59 冲击功试验

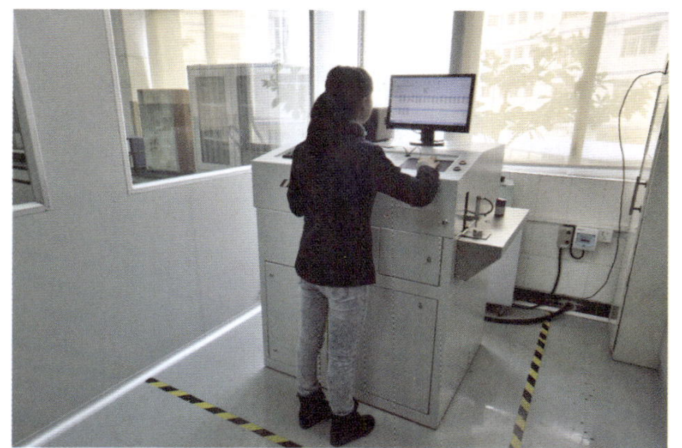

图 6.60　化学成分检测

（4）探伤

对热处理后的索夹进行超声波探伤和磁粉探伤，检验索夹内部及表面是否存在铸造缺陷，如图 6.61、图 6.62 所示。

图 6.61　超声波探伤

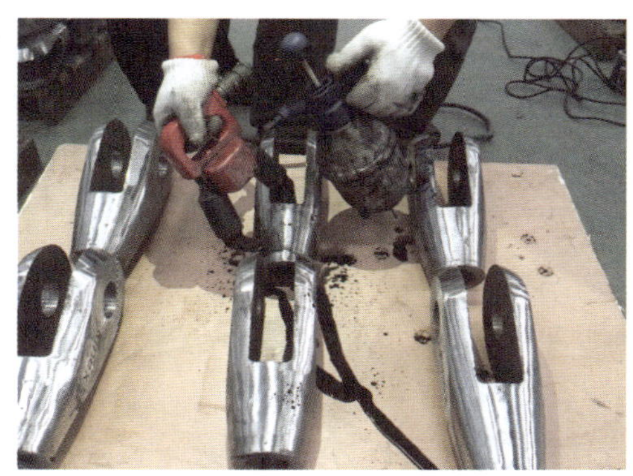

图 6.62　磁粉探伤

铸件超声波探伤销轴孔部位应满足《铸钢件 超声检测　第 1 部分：一般用途铸钢件》（GB/T 7233.1—2009）中的 1 级规定；其余部位应满足 2 级规定，表面磁粉探伤等级应满足《铸钢件磁粉检测》（GB/T 9444—2007）中的 2 级规定。

（5）外形尺寸检测

索夹的外形尺寸应满足《铸件　尺寸公差与机械加工余量》（GB/T 6414—1999）CT12 级的要求，加工余量满足 G 级要求。规范尺寸公差见表 6.1。

（6）机加工

检验合格的索夹按照图纸要求进行机械加工，应满足装配要求。对于索夹索槽的加工，采用数控电脑的加工方法进行加工，确保空间曲线的要求，索槽表面加工粗糙度满足 50μm 的要求。

①索夹零件 1 的加工（图 6.63）。

所有螺孔铸造时做定位点，对应定位点进行钻孔。

铸造件槽口预留加工量，加工前校正平面，再进行 CNC 铣削。

铸造件销轴孔预留加工量，加工前校正平面，再进行镗孔。

②索夹零件 2 的加工(图 6.64)。

所有螺孔铸造时做定位点,对应定位点进行钻孔。

铸造件槽口预留加工量,加工前校正平面,再进行 CNC 铣削。

规范尺寸公差(单位:mm)　　表 6.1

毛坯铸件基本尺寸(mm)		铸件尺寸公差等级 CT①															
大于	至	1	2	3	4	5	6	7	8	9	10	11	12	13②	14②	15②	16②,③
—	10	0.09	0.13	0.18	0.26	0.36	0.52	0.74	1	1.5	2	2.8	4.2	—	—	—	—
10	16	0.1	0.14	0.2	0.28	0.38	0.54	0.78	1.1	1.6	2.2	3.0	4.4	—	—	—	—
16	25	0.11	0.15	0.22	0.30	0.42	0.58	0.82	1.2	1.7	2.7	3.2	4.6	6	8	10	12
25	40	0.12	0.17	0.24	0.32	0.46	0.64	0.9	1.3	1.8	2.6	3.6	5	7	9	11	14
40	63	0.13	0.18	0.26	0.36	0.50	0.70	1	1.4	2	2.8	4	5.6	8	10	12	16
63	100	0.14	0.20	0.28	0.40	0.56	0.78	1.1	1.6	2.2	3.2	4.4	6	9	11	14	18
100	160	0.15	0.22	0.30	0.44	0.62	0.88	1.2	1.8	2.5	3.6	5	7	10	12	16	20
160	250	—	0.24	0.34	0.50	0.72	1	1.4	2	2.8	4	5.6	8	11	14	18	22
250	400	—	—	0.40	0.56	0.78	1.1	1.6	2.2	3.2	4.4	6.2	9	12	16	20	55
400	630	—	—	—	0.64	0.9	1.2	1.8	2.6	3.6	5	7	10	14	18	22	28
630	1 000	—	—	—	0.72	1	1.4	2	2.8	4	6	8	11	16	20	25	32
1 000	1 600	—	—	—	0.80	1.1	1.6	2.2	3.2	4.6	7	9	13	18	23	29	37
1 600	2 500							2.6	3.8	5.4	8	10	15	21	26	33	42
2 500	4 000	—	—	—	—	—	—	—	4.4	6.2	9	12	17	24	30	38	49
4 000	6 300	—	—	—	—	—	—	—	—	7	10	14	20	28	35	44	56
6 300	10 000	—	—	—	—	—	—	—	—	—	11	16	23	32	40	50	64

注:①在等级 CT1 ~ CT15 中对壁厚采用粗一级公差。

②对于不超过 16mm 的尺寸,不采用 CT13 ~ CT16 的一般公差,对于这些尺寸应标注个别公差。

③等级 CT16 仅适用于一般公差规定为 CT15 的壁厚。

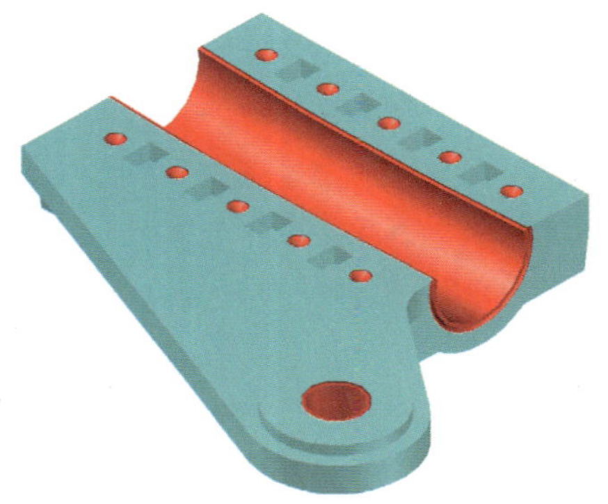

图 6.63　索夹零件 1

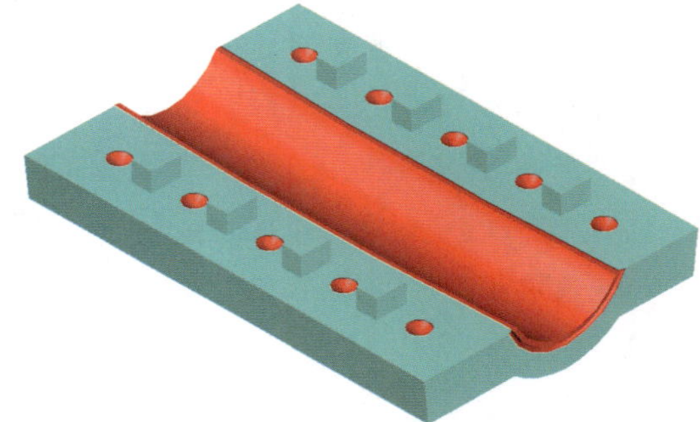

图 6.64　索夹零件 2

③ 索夹零件 3 的加工（图 6.65）。

所有螺孔铸造时做定位点，对应定位点进行钻孔攻牙。

铸造件销轴孔预留加工量，加工前校正平面，再进行镗孔。

④ 索夹零件 4 的加工（图 6.66）。

所有孔铸造时做定位点，对应定位点进行钻孔。

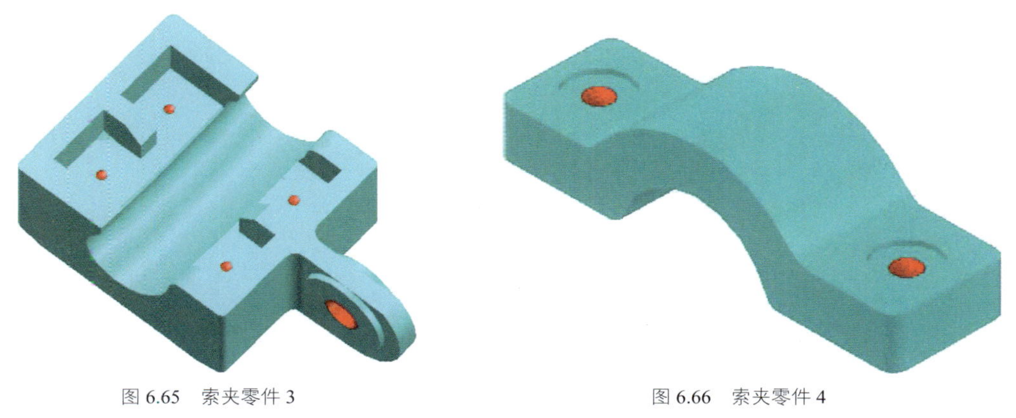

图 6.65　索夹零件 3　　　　图 6.66　索夹零件 4

（7）表面处理

机加工检验合格的索夹按图纸设计要求进行表面防腐处理（索槽进行喷锌处理，厚度为 40μm，其他部位进行喷环氧富锌漆处理，厚度不小于 80μm），采用膜厚仪对涂层进行检测，检验合格后入库。

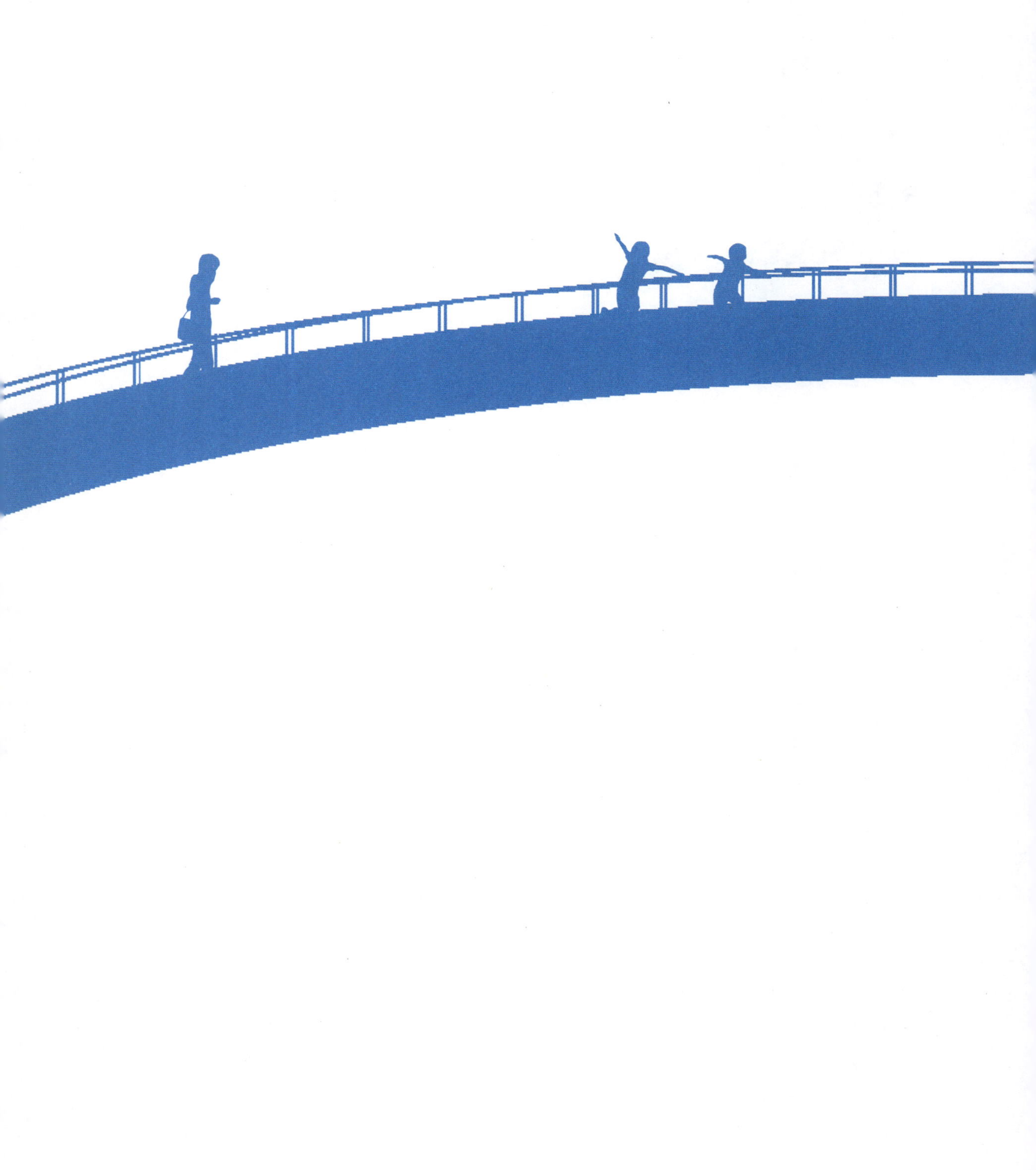

第7章

单边悬索桥成桥施工

7.1 施工方案

7.1.1 成桥方案的选择

根据本桥的结构形式，成桥方案上有“主塔就位，曲梁落架”，“曲梁就位，主塔顶升”和“曲梁就位，背索张拉”三种成桥方式可以选择。

我们通过对德国 KEHLHEIM 桥的实地考察，发现该桥索塔支座采用盆式支座，塔柱的底部有一永久性托架，如图 7.1 所示。因此，判断此桥的成桥方式为“曲梁就位，主塔顶升”。

图 7.1 KEHLHEIM 桥

“主塔就位，曲梁落架”的优势在于，从理论上讲，如果落架出现问题，可以退回到前一个工况，曲梁有支架保护，较为安全；而且方便进行分阶段控制。缺点在于如果落架的位移过大，容易造成成桥前索缆安装困难，部分吊挂点无法安装，甚或成桥之后支座反力偏小，导致背索索力增大。

“曲梁就位，主塔顶升”的优势在于避免了“主塔就位，曲梁落架”方案中的问题。缺点在于千斤顶定位稳定性较差，需要辅助安全措施；所需千斤顶的吨位较大。

“曲梁就位，背索张拉”的优势在于同样避免了“主塔就位，曲梁落架”方案中的不足。缺点在于所需千斤顶吨位较大，对张拉设备要求较高；若采用压顶，还需辅助张拉器具；张拉空间比较小。

经过项目建设单位组织设计、咨询、审核、施工与制造厂商反复分析讨论研究，确定的“落架成桥”方案确保在成桥过程中全桥始终处于由支架承重并受控状况，且随时可以复位到上一个工况，以策安全。

7.1.2 施工阶段划分

施工阶段划分如下：拼装主、副桥→安装背索＋主缆→对称安装吊索（由索塔连接轴向两侧对称安装）→环索张拉与落架过程→总落架 26cm+ 预拱度→成桥→二期恒载。环索张拉与落架过程见表 7.1。施工阶段划分见表 7.2。施工阶段划分说明：因设置了预拱度，最终落架应该大于 26cm。

典型施工阶段示意如图 7.2 ～图 7.6 所示。

环索张拉与落架过程 表 7.1

落架(cm)	环索索力张拉(%)	落架(cm)	环索索力张拉(%)
8	20	22	60
14	30	25	80
18	40	26	100

施工阶段划分表 表 7.2

阶段	施工工况	施　工　内　容
1	拼接主、副桥	搭设 8 组临时支架，安装主桥箱梁、副桥 Y 形臂
2	全桥抬升 26cm	安装 8 组千斤顶，千斤顶同步抬升 26cm
3	安装索塔	搭设索塔临时支架，安装索塔
4	安装背索	安装背索
5	安装主缆	安装主缆及吊索索夹
6	安装 8 号吊索	由索塔连接轴(8 轴)开始向两侧对称安装吊索：8 轴→0 轴、8 轴→16 轴
7	安装 7 号、9 号吊索	—
8	安装 6 号、10 号吊索	—
9	安装 5 号、11 号吊索	—
10	安装 4 号、12 号吊索	—
11	安装 3 号、13 号吊索	—
12	安装 2 号、14 号吊索	—
13	安装 1 号、15 号吊索	—
14	安装 0 号、16 号吊索	—
15	张拉至 20% 环索力	环索力张拉至 20%
16	总落架 8cm	千斤顶同步卸载 8cm
17	张拉至 30% 环索力	环索力张拉至 30%
18	总落架 14cm	千斤顶同步卸载 6cm
19	张拉至 40% 环索力	环索力张拉至 40%
20	总落架 18cm	千斤顶同步卸载 4cm
21	张拉至 60% 环索力	环索力张拉至 60%
22	总落架 22cm	千斤顶同步卸载 4cm
23	张拉至 80% 环索力	环索力张拉至 80%
24	总落架 25cm	千斤顶同步卸载 3cm
25	张拉至 100% 环索力	环索力张拉至 100%
26	总落架 26cm+ 预拱度	千斤顶同步卸载 1cm；如千斤顶未完全脱离，各组千斤顶分别按预拱度卸载相对应距离
27	成桥	完成支座安装，拆除临时支架
28	二期恒载	二期铺装

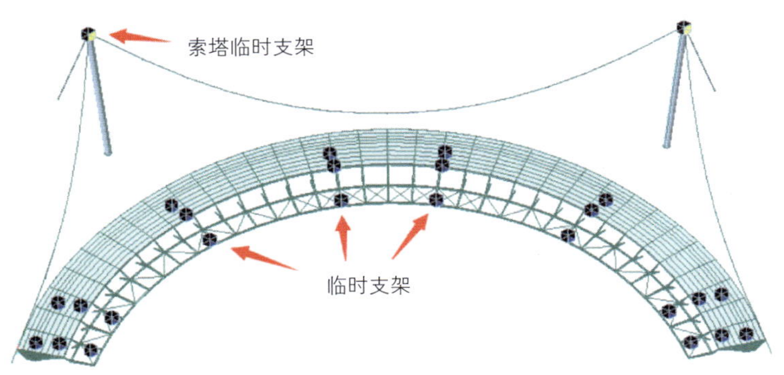

图 7.2 安装主缆、背索阶段示意图

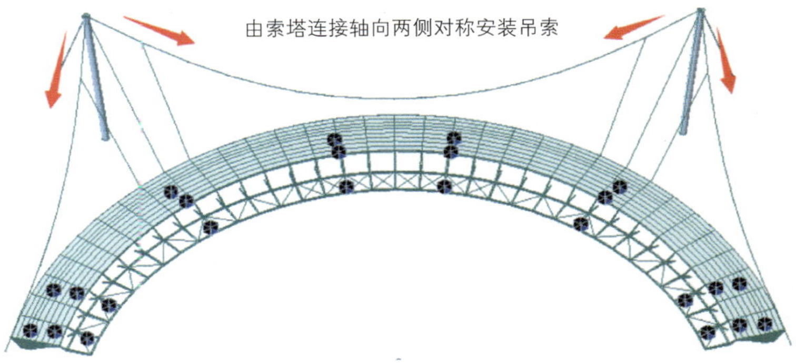

由索塔连接轴向两侧对称安装吊索

图 7.3　对称安装吊索阶段示意图

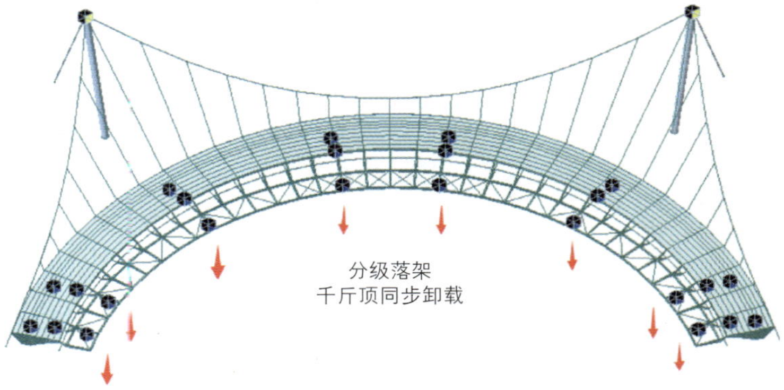

分级落架
千斤顶同步卸载

图 7.4　分级落架阶段示意图

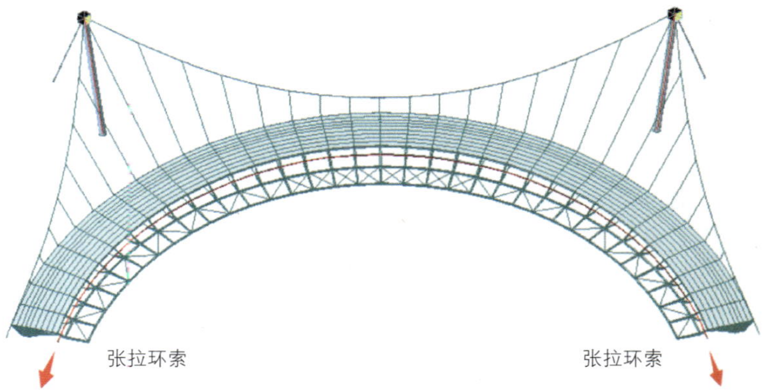

张拉环索
张拉环索

图 7.5　环索张拉阶段示意图

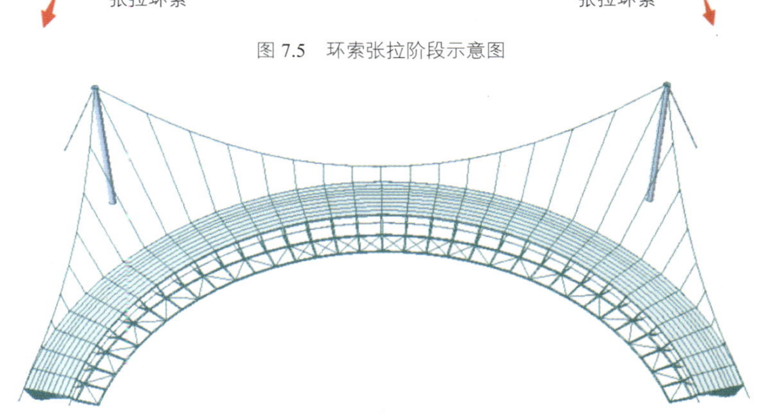

图 7.6　成桥阶段示意图

7.1.3 施工临时措施

主、副桥的拼装通过在箱梁下部搭设临时支架进行施工;同时后期分级落架通过在临时支架上布置千斤顶,利用千斤顶完成全桥的整体抬升和落架。

施工前,沿环向 8 个轴断面设置 8 组临时支架,通过临时支架的支撑,完成主、副桥的拼接施工。每组临时支架,沿主桥横向布置 3 个千斤顶,全桥共 24 个千斤顶,通过千斤顶的抬升和卸载,完成全桥的抬升和分级落架施工。临时支架及千斤顶的布置详见图 7.7 ~图 7.9。

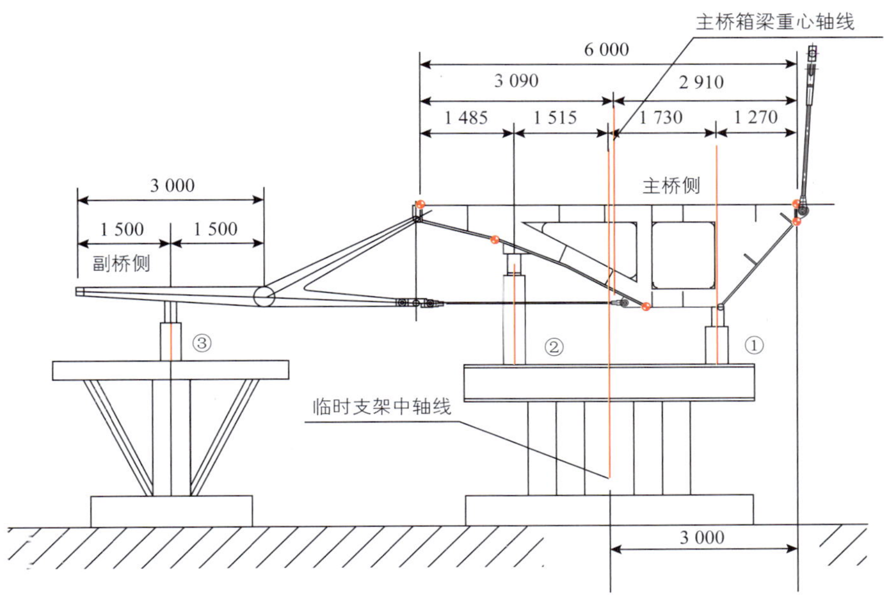

图 7.7 临时支架及千斤顶横向布置图(尺寸单位:mm)

注:①、②、③为千斤顶。

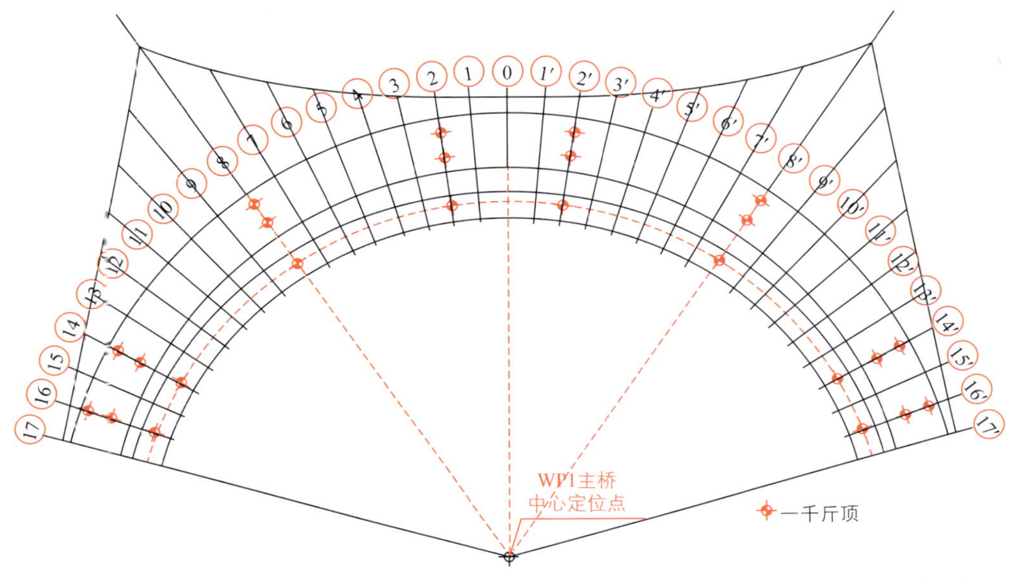

图 7.8 千斤顶平面布置图

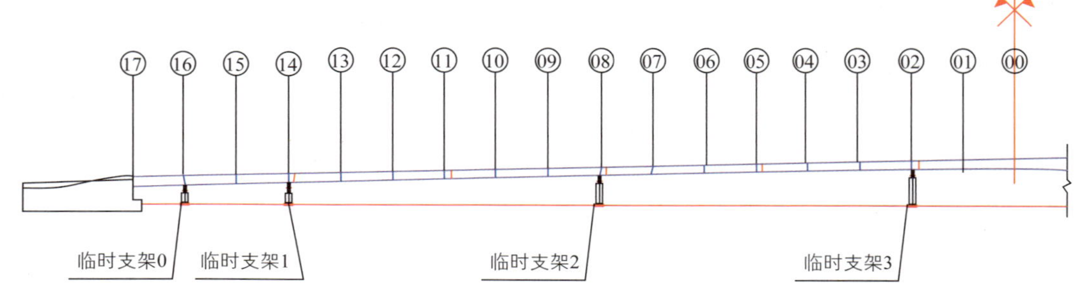

图 7.9 临时支架纵向布置图

注:8 组临时支架(8 组千斤顶),编号依次为 0、1、2、3、3′、2′、1′、0′。

7.2 施工阶段计算分析

7.2.1 计算模型

我们运用有限元计算软件 Midas/Civil 进行空间曲梁双桥面单边悬索桥的施工全过程模拟分析。

模型坐标系以主桥圆心为原点,高程以桥台处高程(Z_0=+8.025m)为起点。全局坐标 X 方向指向跨中切向,Y 方向指向跨中径向,如图 7.10 所示。

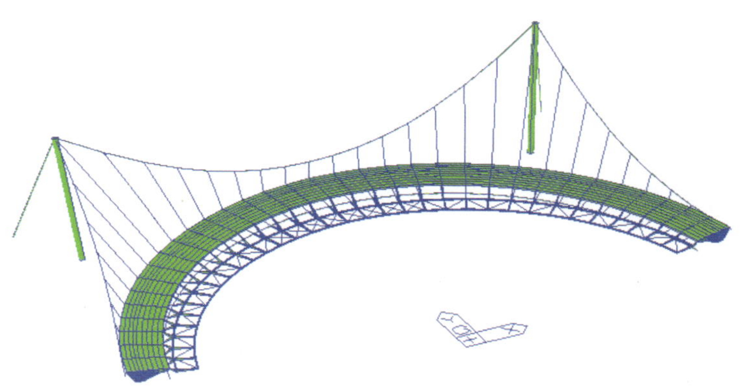

图 7.10 桥梁模型示意图

1)截面特性

全桥钢构件均采用 Q345 钢材,索采用 Wire1 670 钢丝,各构件材料截面详见表 7.3。

2)单元模拟

(1)主桥采用板单元模拟。

(2)副桥的 Y 形臂和边梁采用梁单元模拟、平面斜撑采用桁架单元模拟。

(3)索塔采用桁架单元模拟。

(4)主缆、背索、吊索、法向索、环索均采用悬链线索单元模拟。

3)外部边界约束(成桥阶段,图 7.11)

(1)主桥的桥台设置 1 个轴向拉压约束及 3 个竖向拉压约束。

截面特性表 表 7.3

序号	构件		截面	材料
1	主桥	周边板	PL25	Q345
		肋板	PL20	Q345
		横隔板	PL30	Q345
2	副桥	Y ARM a	T（350-150）×150×50×16	Q345
		Y ARM b	I（350-100）×50	Q345
		Y ARM c	I（350-100）×50	Q345
		Y ARM a′-c′	工（350-150）×150×50×16	Q345
		边梁	H150×150×7×10	Q345
		平面斜撑	ϕ16	Q345
3	索塔		CHS950×40	Q345
4	背索		2×C128	Wire1 670
5	主缆		C38	Wire1 670
6	吊索		C63	Wire1 670
7	连接索塔吊索		C128	Wire1 670
8	环索		C128	Wire1 670
9	法向索		C38	Wire1 670

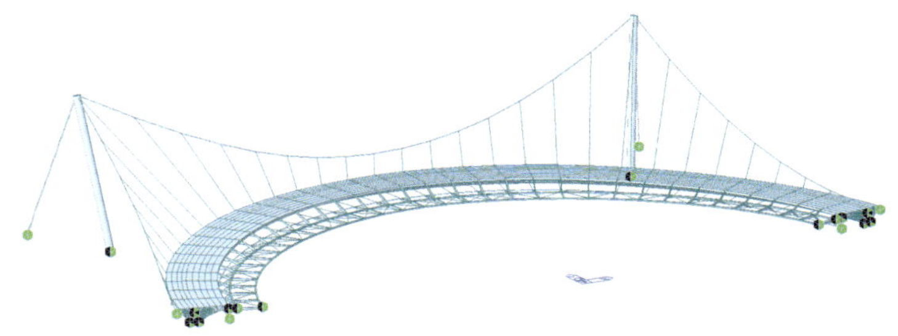

图 7.11 桥梁外部约束示意图

（2）副桥的内、外边梁三向约束。

（3）索塔底部按铰接约束布置。

（4）主缆及环索两端均按固结约束布置。

4）内部约束（成桥阶段，图 7.12）

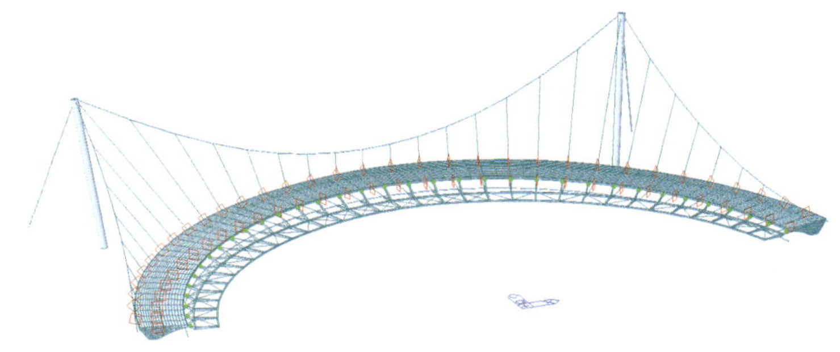

图 7.12 桥梁内部约束示意图

（1）吊索下部吊点与主桥外缘采用刚性连接联系。

（2）法向索端点与主桥底板外侧采用刚性连接联系。

（3）副桥的 Y 形臂与主桥连接的上肢点释放双向转动约束。

5）临时约束（施工过程，图 7.13）

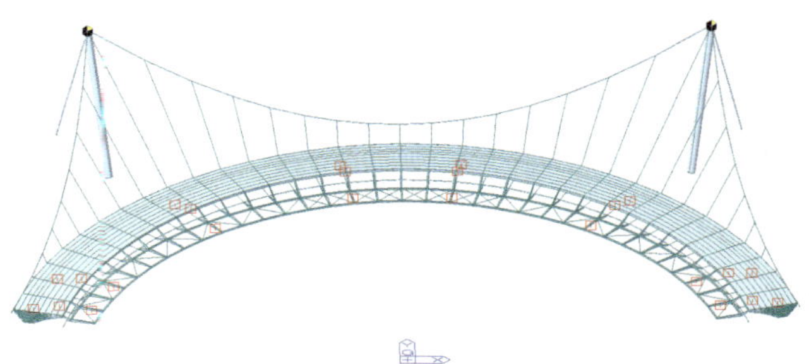

图 7.13　桥梁临时约束示意图

（1）索塔径向外侧约束采用只受压支撑模拟。

（2）索塔切向约束采用变形限值为 5cm 的折线形支撑模拟。

（3）千斤顶采用只受压的弹性连接模拟。

7.2.2　荷载工况

本桥施工过程中的荷载考虑结构自重、索夹重、阻尼器重、环索张拉力及二期恒载的影响，同时，全桥顶升和落架节段的千斤顶顶升、落架按强制位移考虑。

（1）结构自重：按钢材重度 78.5kN/m^3 计算。

（2）索夹重：主缆上 −2.5kN/ 点、环索上 −3.5kN/ 点，如图 7.14 所示。

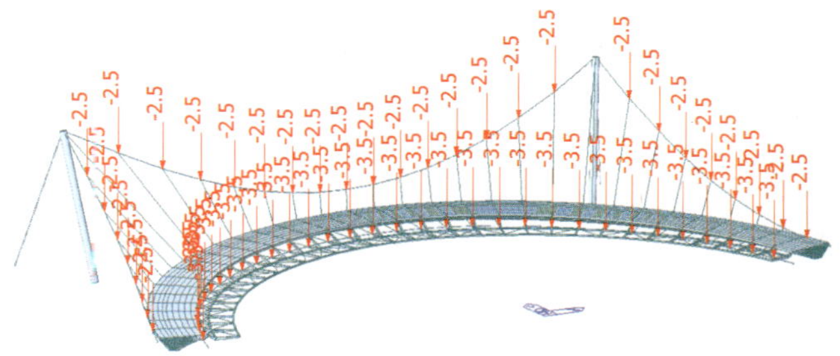

图 7.14　索夹荷载布置示意图（单位：kN）

（3）阻尼器重：边跨 −26kN/ 点，跨中 −6kN/ 点，如图 7.15 所示。

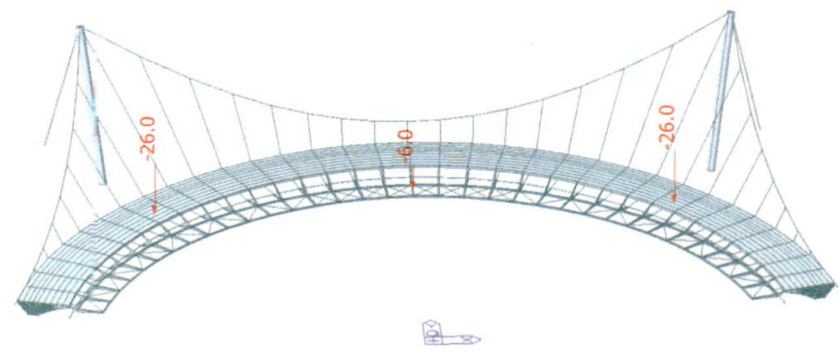

图 7.15　阻尼器重示意图（单位：kN）

（4）环索张拉力：按初拉力添加，环索张拉力大致为 2 837kN，如图 7.16 所示。

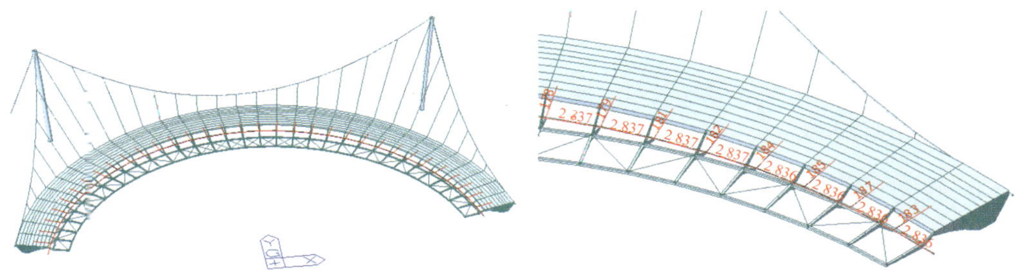

图 7.16　环索初拉力荷载示意图（单位：kN）

（5）强制位移：全桥整体顶升及落架利用竖向强制位移进行模拟，顶升按 +Z 向强制位移考虑，落架按 −Z 向强制位移考虑，如图 7.17 所示。

（6）二期恒载：主要包括主桥面铺装（图 7.18）、副桥栏杆（图 7.19）、跨中 Y 形臂上肢人群荷载（图 7.20）。

$$S_Q=S_{主桥}+S_{副桥}+S_{Y形臂}$$

式中：$S_{主桥}$——主桥铺装，取 −0.1kN/m^2；

$S_{副桥}$——副桥栏杆，取 −1.8kN/m；

$S_{Y形臂}$——Y 形臂上肢，取 −1.5kN/m。

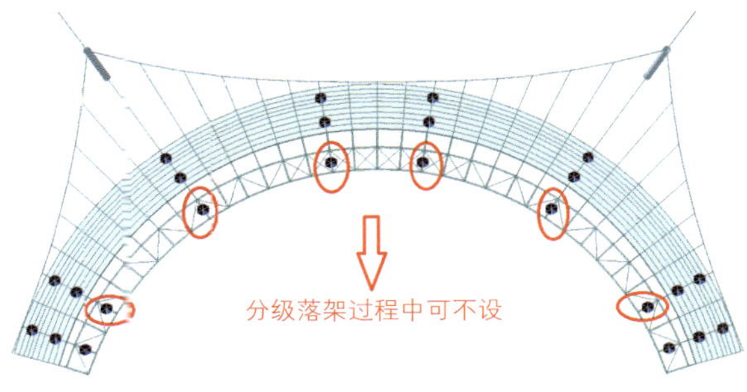

图 7.17　强制位移示意图

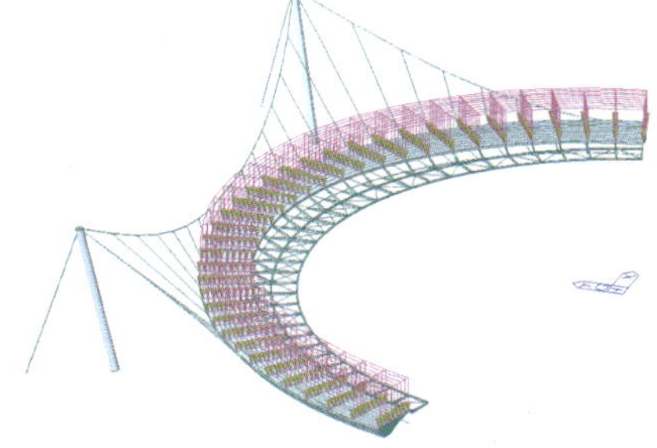

图 7.18　主桥面荷载示意图（单位：kN/m^2）

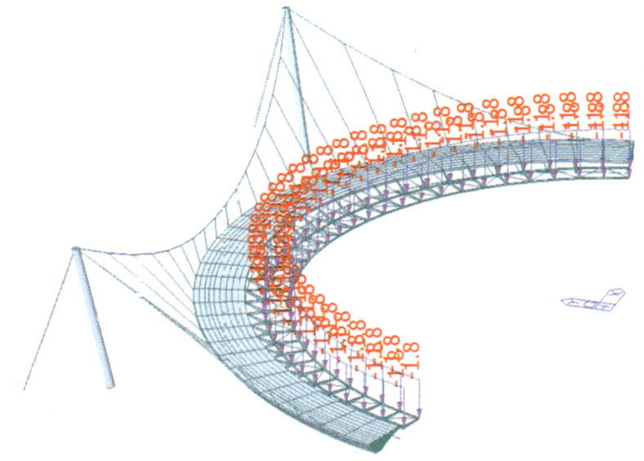

图 7.19　副桥内外缘荷载示意图（单位：kN/m）

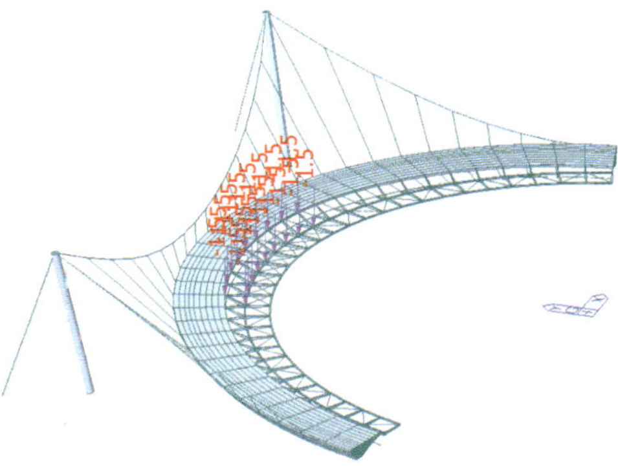

图 7.20　Y 形臂上肢人群荷载示意图（单位：kN/m）

7.2.3 计算工况

1）吊索安装顺序

依据吊索受力特性并考虑施工便利，吊索按“索塔向边跨、跨中两侧对称安装”进行施工。由于 15 轴、16 轴采用索夹与主桥耳板直接焊接的连接方式，下面针对 15 轴、16 轴索夹焊接的合适时间进行分析。

计算过程中，15 轴、16 轴按无连接进行考虑，分析施工全过程中主缆 15 轴、16 轴点与相应主桥连接点位的间距变化趋势。最终选取连接点竖向安装间距最接近设计安装间距的阶段进行 15 轴、16 轴的焊接，即连接点竖向安装间距与设计安装间距差值接近 0。

整个施工过程中，当 15 轴、16 轴均不连接，相应连接点的安装间距差值变化趋势见图 7.21。

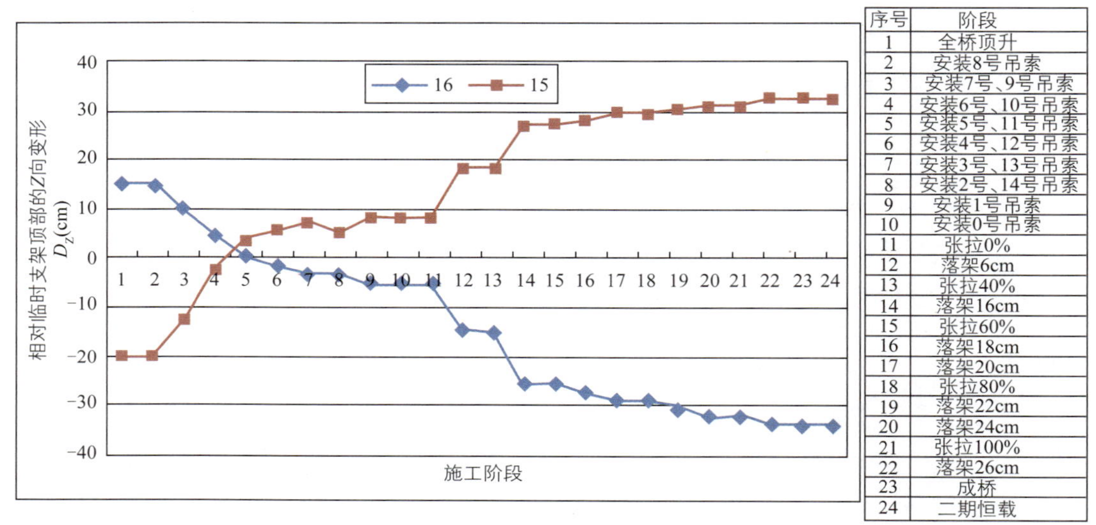

序号	阶段
1	全桥顶升
2	安装8号吊索
3	安装7号、9号吊索
4	安装6号、10号吊索
5	安装5号、11号吊索
6	安装4号、12号吊索
7	安装3号、13号吊索
8	安装2号、14号吊索
9	安装1号吊索
10	安装0号吊索
11	张拉0%
12	落架6cm
13	张拉40%
14	落架16cm
15	张拉60%
16	落架18cm
17	落架20cm
18	张拉80%
19	落架22cm
20	落架24cm
21	张拉100%
22	落架26cm
23	成桥
24	二期恒载

图 7.21　15 轴、16轴安装间距差值曲线

（1）15 轴竖向安装间距随施工的进行逐渐增大，在安装完 5 号、11 号吊索后接近设计间距（差值为 3.3cm），随着落架进行，竖向安装间距超过设计间距。

（2）16 轴竖向安装间距随施工的进行逐渐减小，在安装完 5 号、11 号吊索后接近设计间距（差值为 0.7cm），随着落架进行，竖向安装间距逐渐减小。

综上分析，15 轴、16 轴连接可选取在安装完 5 号、11 号吊索后进行。吊索安装顺序：安装 8 号吊索→安装 7 号、9 号吊索→安装 6 号、10 号吊索→安装 5 号、11 号吊索→连接 15 号、16 号吊索→安装 4 号、12 号吊索→安装 1 号、0 号吊索→分级张拉落架……依次进行后续施工。

2）施工工况

我们针对桥梁进行施工全过程分析，依据该桥的施工方案，分为 25 个施工工况，各施工内容详见表 7.4。

7.2.4 计算结果

本桥属于空间悬索桥，并且采取“先梁后缆”的施工工艺，因此，施工过程中主缆线形、索力、千斤顶水平位移为整个施工过程的关键控制因素。通过计算分析得出上述关键控制因素的变化趋势如下。

施工工况表　　表 7.4

序号	施工工况	施工内容	边界条件	施工荷载
1	安装背索 + 主缆	安装索塔	塔底铰接、塔顶径向 + 切向约束	
		安装背索	索端固结	
		安装主缆	端头固结	主缆索夹重
2	全桥顶升 26cm	拼接主桥、副桥	桥台约束 *xy* 平动	竖向强制位移 +26cm、阻尼器重
		安装法向索、环索	法向索与主桥刚接	环索夹重
3	对称安装 8 号吊索	安装吊索 8+8′	与主桥吊点刚性连接	
4	对称安装 7 号、9 号吊索	安装吊索 7+7′、9+9′	与主桥吊点刚性连接	
5	对称安装 6 号、10 号吊索	安装吊索 6+6′、10+10′	与主桥吊点刚性连接	
6	对称安装 5 号、11 号吊索	安装吊索 5+5′、11+11′	与主桥吊点刚性连接	
7	对称连接 15 号、16 号吊索	安装吊索 15+15′、16+16′	与主桥吊点刚性连接	
8	对称安装 4 号、12 号吊索	安装吊索 4+4′、12+12′	与主桥吊点刚性连接	
9	对称安装 3 号、13 号吊索	安装吊索 3+3′、13+13′	与主桥吊点刚性连接	
10	对称安装 2 号、14 号吊索	安装吊索 2+2′、14+14′	与主桥吊点刚性连接	
11	对称安装 1 号、0 号吊索	安装吊索 1+1′、0+0′	与主桥吊点刚性连接	
12	张拉环索 20%	张拉 20% 环索力	拆除副桥临时支架	20% 环索初拉力
13	落架 6cm	千斤顶卸载 6cm		强制位移 -6cm
14	张拉环索 40%	张拉 40% 环索力		40% 环索初拉力
15	落架 16cm	千斤顶卸载 10cm		强制位移 -10cm
16	张拉环索 60%	张拉 60% 环索力		60% 环索初拉力
17	落架 18cm	千斤顶卸载 2cm		强制位移 -2cm
18	落架 20cm	千斤顶卸载 2cm		强制位移 -2cm
19	张拉环索 80%	张拉 80% 环索力		80% 环索初拉力
20	落架 22cm	千斤顶卸载 2cm		强制位移 -2cm
21	落架 24cm	千斤顶卸载 2cm		强制位移 -2cm
22	张拉环索 100%	张拉 100% 环索力		100% 环索初拉力
23	落架 26cm	千斤顶卸载 2cm		强制位移 -2cm
24	成桥		主桥竖向约束、副桥三向约束	
			拆除索塔径向及切向约束	
			拆除千斤顶	
25	二期恒载			二期恒载

1）索力

（1）主缆力

依据主缆的对称性，我们仅选取一侧主缆（1 ~ 17 号段）内力进行分析，主缆内力变化趋势

如下:

① 主缆力在张拉环索前处于较低水平，内力在 350kN 以内，应力在 37MPa 以内;随着吊索的安装，主缆力逐渐增大。

② 进入分级落架阶段，主缆力逐步增大至成桥索力，内力在 2 500kN 左右，应力在 255MPa 左右。

施工过程中，主缆内力 < 95% 理论最小破断力 12 635kN，应力 < 30% 钢丝抗拉强度 501MPa，主缆施工内力和施工应力详见图 7.22、图 7.23。

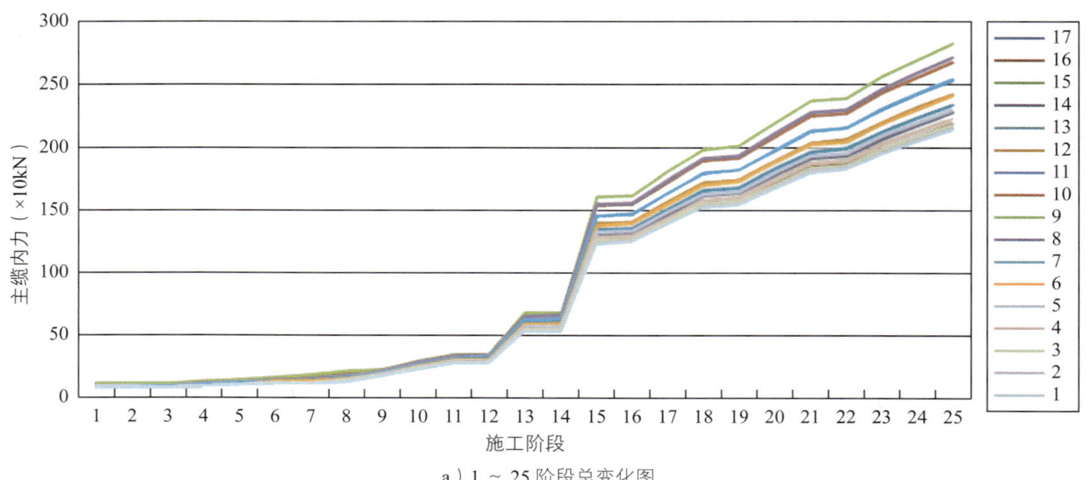

a）1 ~ 25 阶段总变化图

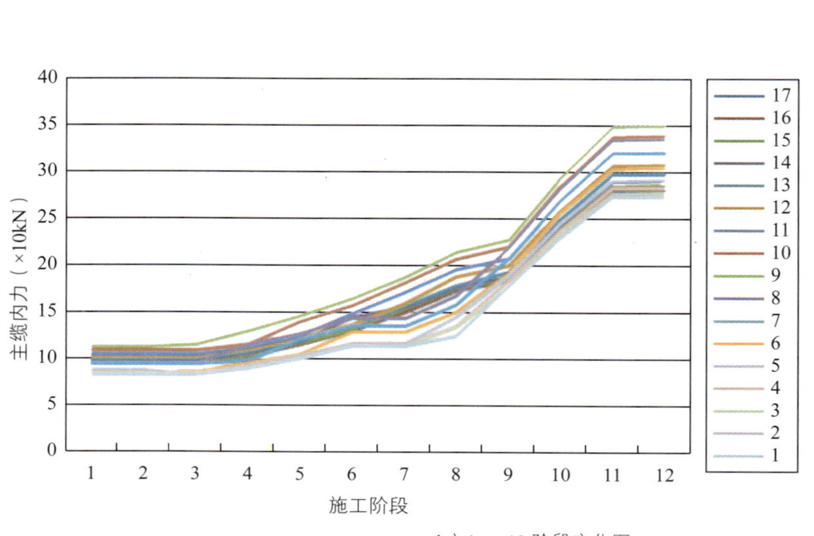

序号	阶段
1	安装主缆+背索
2	全桥顶升
3	安装8号吊索
4	安装7号、9号吊索
5	安装6号、10号吊索
6	安装5号、11号吊索
7	安装15号、16号吊索
8	安装4号、12号吊索
9	安装3号、13号吊索
10	安装2号、14号吊索
11	安装1号、0号吊索
12	张拉20%
13	落架6cm
14	张拉40%
15	落架16cm
16	张拉60%
17	落架18cm
18	落架20cm
19	张拉80%
20	落架22cm
21	落架24cm
22	张拉100%
23	落架26cm
24	成桥
25	二期恒载

b）1 ~ 12 阶段变化图

图 7.22　主缆内力—施工阶段曲线图

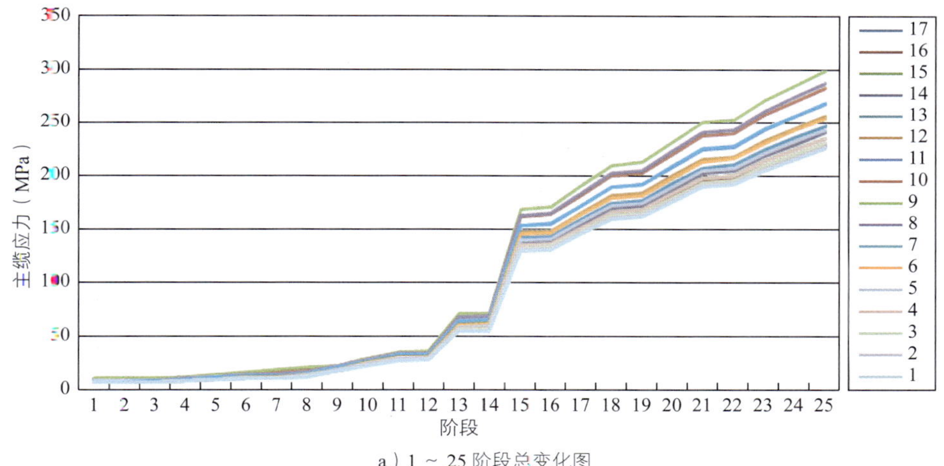

a）1 ~ 25 阶段总变化图

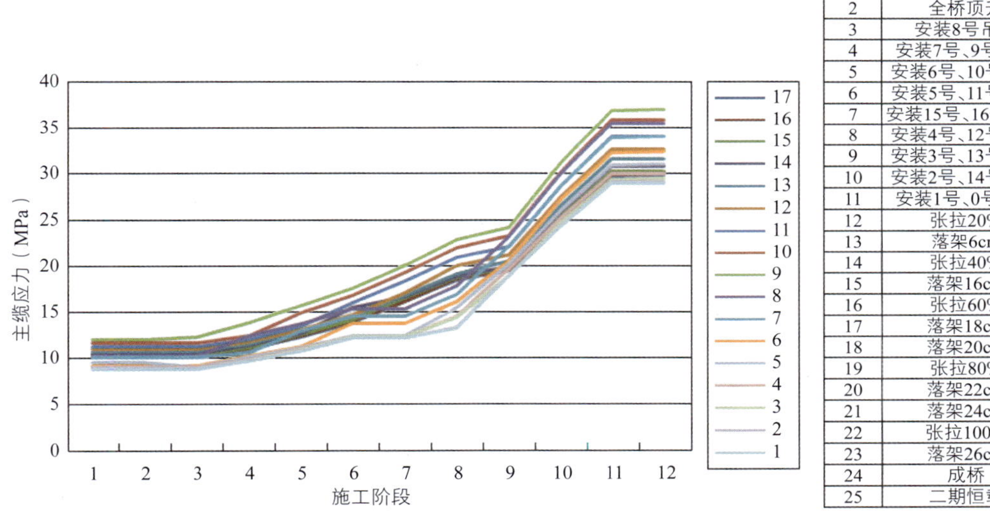

序号	阶段
1	安装主缆+背索
2	全桥顶升
3	安装8号吊索
4	安装7号、9号吊索
5	安装6号、10号吊索
6	安装5号、11号吊索
7	安装15号、16号吊索
8	安装4号、12号吊索
9	安装3号、13号吊索
10	安装2号、14号吊索
11	安装1号、0号吊索
12	张拉20%
13	落架6cm
14	张拉40%
15	落架16cm
16	张拉60%
17	落架18cm
18	落架20cm
19	张拉80%
20	落架22cm
21	落架24cm
22	张拉100%
23	落架26cm
24	成桥
25	二期恒载

b）1 ~ 12 阶段变化图

图 7.23 主缆应力—施工阶段曲线图

（2）吊索力

依据吊索的对称性，我们仅选取一侧吊索（0 ~ 16 号）内力进行分析，各吊索内力变化趋势如下：

① 跨中各吊索在安装时的内力（以下称“安装索力”），各吊索安装索力均在 25kN 内，应力在 30MPa 以内，各吊索安装内力详见图 7.24。

② 15 轴、16 轴在连接时，所需安装索力分别为 19kN、0。

③ 施工过程中，除与索塔连接的吊索（8 号）在落架完成后，会发生较大突变外，其余吊索内力均随分级落架的进行而逐渐增大至成桥索力，吊索内力在 150 ~ 250kN 以内，应力大致为 250MPa。

施工过程中，吊索内力＜ 95% 理论最小破断力 1 144.75kN（索塔对应吊索：3 157.8kN），应力＜ 30% 钢丝抗拉强度 501MPa，各吊索施工内力和施工应力详见图 7.25、图 7.26。

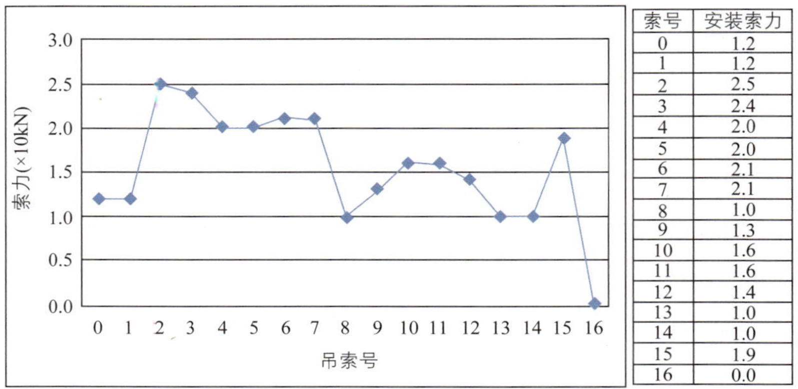

索号	安装索力
0	1.2
1	1.2
2	2.5
3	2.4
4	2.0
5	2.0
6	2.1
7	2.1
8	1.0
9	1.3
10	1.6
11	1.6
12	1.4
13	1.0
14	1.0
15	1.9
16	0.0

图 7.24　安装索力曲线

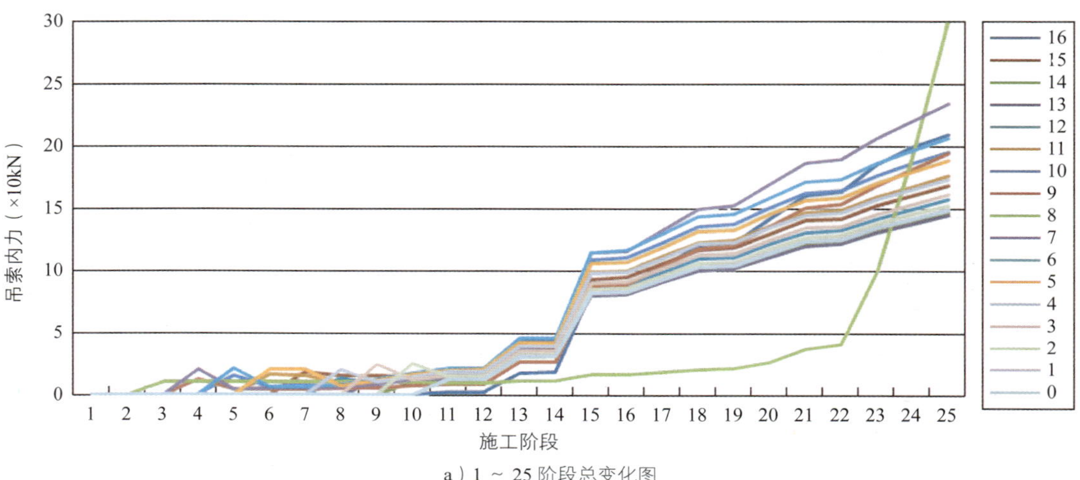

a）1 ～ 25 阶段总变化图

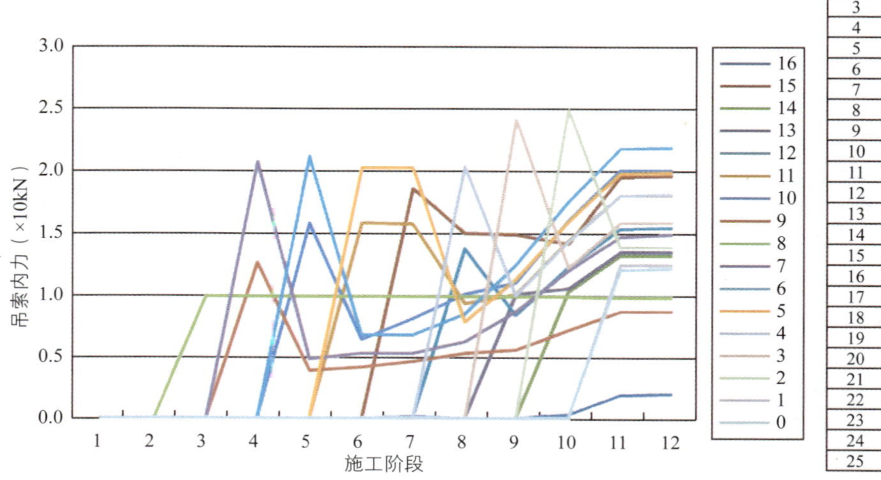

序号	阶段
1	安装主缆+背索
2	全桥顶升
3	安装8号吊索
4	安装7号、9号吊索
5	安装6号、10号吊索
6	安装5号、11号吊索
7	安装15号、16号吊索
8	安装4号、12号吊索
9	安装3号、13号吊索
10	安装2号、14号吊索
11	安装1号、0号吊索
12	张拉20%
13	落架6cm
14	张拉40%
15	落架16cm
16	张拉60%
17	落架18cm
18	落架20cm
19	张拉80%
20	落架22cm
21	落架24cm
22	张拉100%
23	落架26cm
24	成桥
25	二期恒载

b）1 ～ 12 阶段变化图

图 7.25　吊索力—施工阶段变化曲线

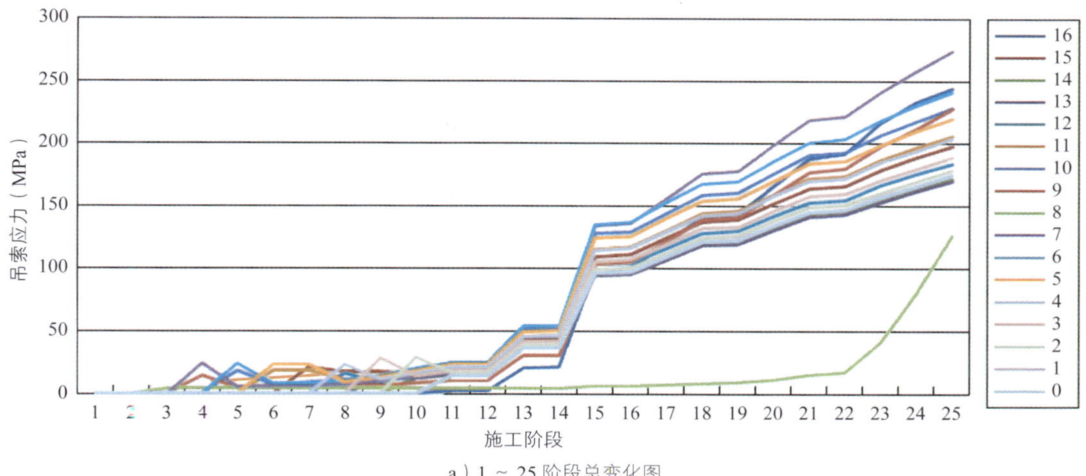

a）1 ~ 25 阶段总变化图

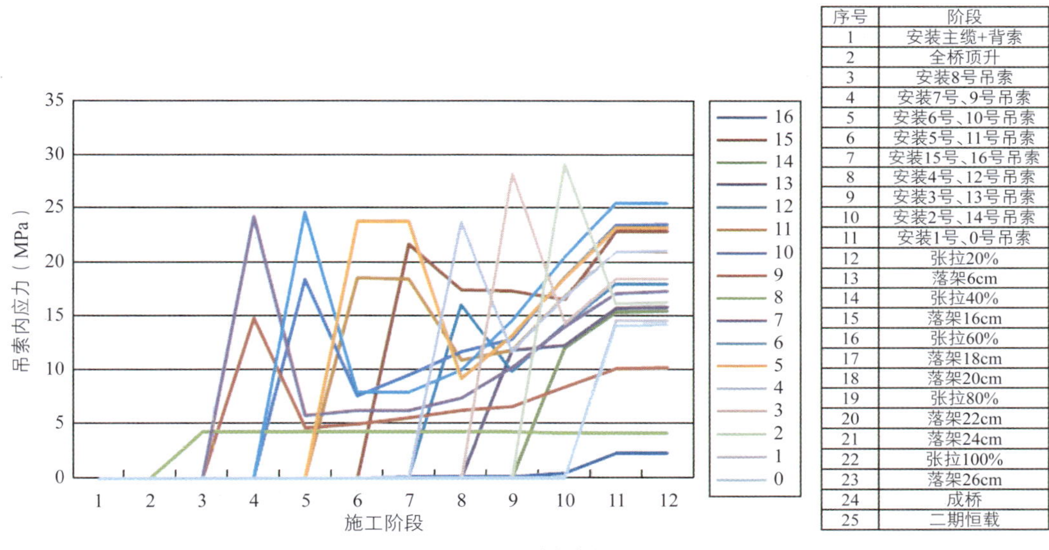

序号	阶段
1	安装主缆+背索
2	全桥顶升
3	安装8号吊索
4	安装7号、9号吊索
5	安装6号、10号吊索
6	安装5号、11号吊索
7	安装15号、16号吊索
8	安装4号、12号吊索
9	安装3号、13号吊索
10	安装2号、14号吊索
11	安装1号、0号吊索
12	张拉20%
13	落架6cm
14	张拉40%
15	落架16cm
16	张拉60%
17	落架18cm
18	落架20cm
19	张拉80%
20	落架22cm
21	落架24cm
22	张拉100%
23	落架26cm
24	成桥
25	二期恒载

b）1 ~ 12 阶段变化图

图 7.26　吊索应力—施工阶段曲线

（3）背索力

① 分级落架前，背索内力基本不变，背索内力基本处于 400 ~ 650kN，应力为 20 ~ 34MPa。

② 随着分级落架的进行，背索内力逐步增大至成桥内力 6 000kN 左右，应力大致为 316MPa。

施工过程中，背索内力 < 95% 理论最小破断力 12 635kN，应力 < 30% 钢丝抗拉强度 501MPa，背索内力与背索应力详见图 7.27、图 7.28。

2）变形

（1）主缆线形

我们选取三个关键阶段的主缆线形进行分析：安装主缆、吊索安装完成及成桥阶段，主缆坐标曲线详见图 7.29。

① 吊索安装完成阶段主缆 X 方向线形与成桥阶段接近，仅边跨主缆 X 方向相对成桥阶段往主桥外侧方向偏移。

② 成桥阶段，由于吊索受力张拉，中跨主缆 Y 向相对吊索安装完成阶段往主桥内侧方向偏移，偏移量为 0.4 ~ 0.5m。

③ 成桥阶段，中跨主缆 Z 向相对吊索安装完成阶段下降 0.1 ~ 0.2m。

（2）主、副桥变形

我们针对主、副桥在施工过程中的变形进行分析，选取主桥、副桥的跨中内、外缘的位移分析其施工过程中的变化趋势。跨中变形曲线详见图 7.30，其中 D_Z 为相对临时支架顶部的 Z 向变形，D_X 为切向变形，D_Y 为径向变形（负值向主桥圆心偏移）。

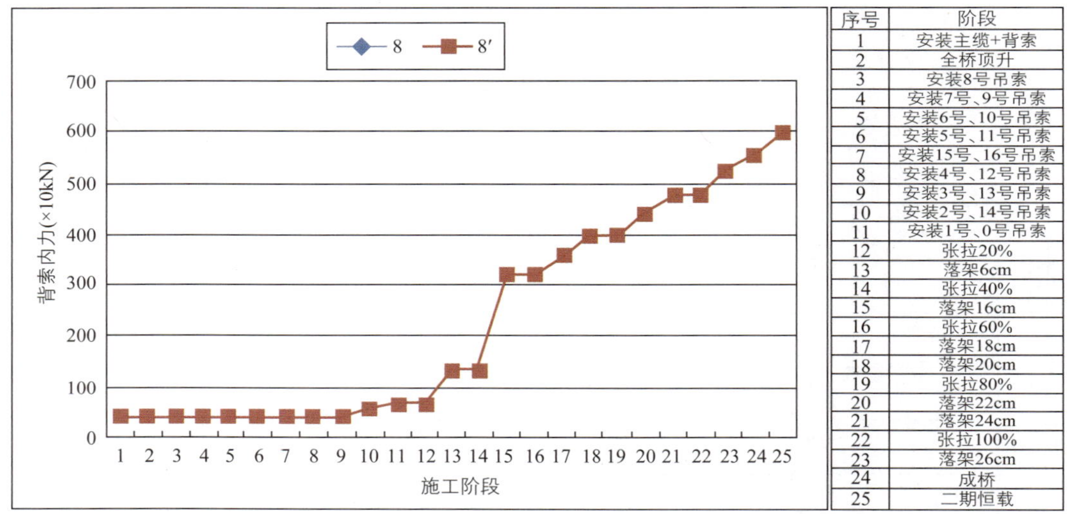

序号	阶段
1	安装主缆+背索
2	全桥顶升
3	安装8号吊索
4	安装7号、9号吊索
5	安装6号、10号吊索
6	安装5号、11号吊索
7	安装15号、16号吊索
8	安装4号、12号吊索
9	安装3号、13号吊索
10	安装2号、14号吊索
11	安装1号、0号吊索
12	张拉20%
13	落架6cm
14	张拉40%
15	落架16cm
16	张拉60%
17	落架18cm
18	落架20cm
19	张拉80%
20	落架22cm
21	落架24cm
22	张拉100%
23	落架26cm
24	成桥
25	二期恒载

图 7.27　背索内力—施工阶段曲线图

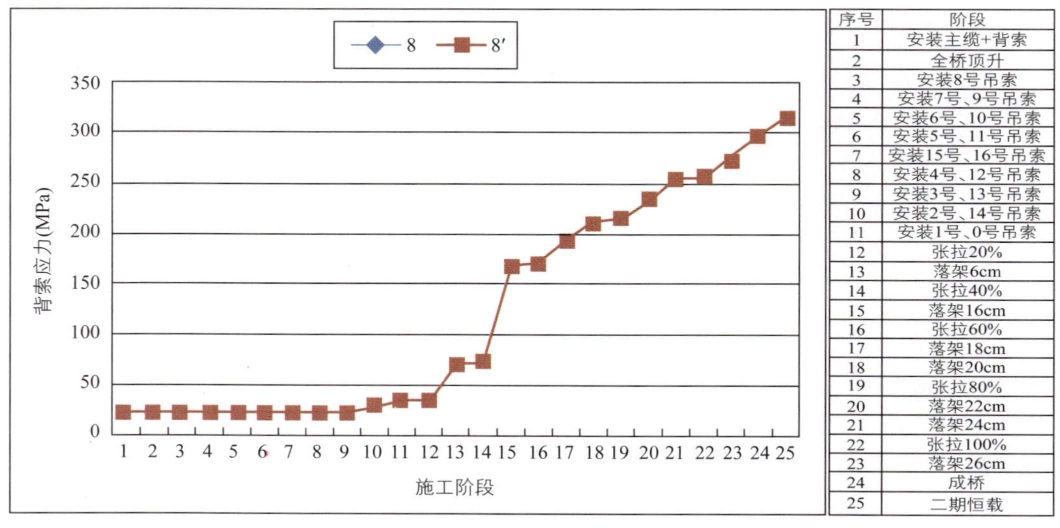

序号	阶段
1	安装主缆+背索
2	全桥顶升
3	安装8号吊索
4	安装7号、9号吊索
5	安装6号、10号吊索
6	安装5号、11号吊索
7	安装15号、16号吊索
8	安装4号、12号吊索
9	安装3号、13号吊索
10	安装2号、14号吊索
11	安装1号、0号吊索
12	张拉20%
13	落架6cm
14	张拉40%
15	落架16cm
16	张拉60%
17	落架18cm
18	落架20cm
19	张拉80%
20	落架22cm
21	落架24cm
22	张拉100%
23	落架26cm
24	成桥
25	二期恒载

图 7.28　背索应力—施工阶段曲线图

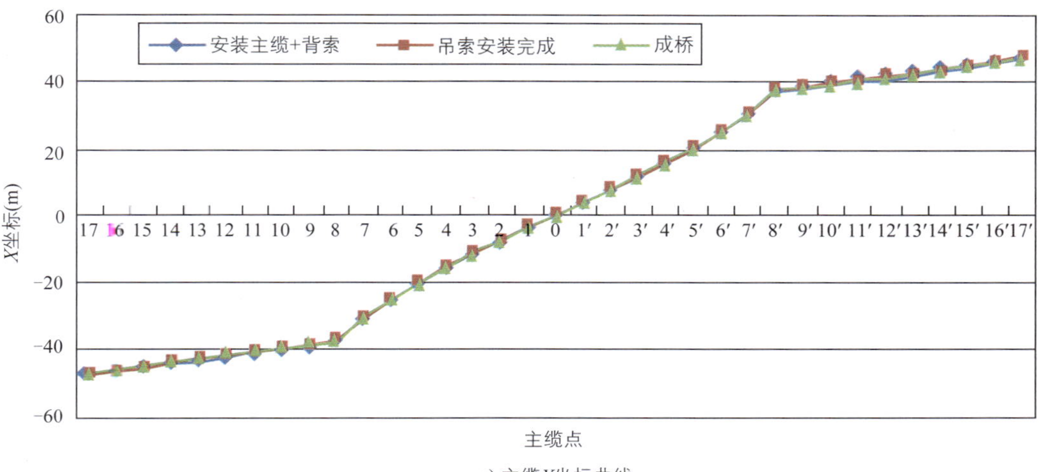

a) 主缆X坐标曲线

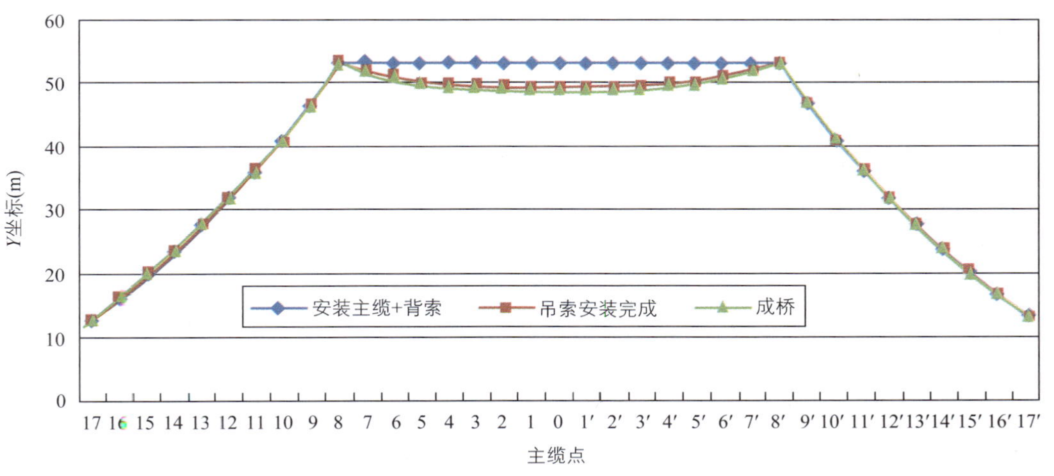

b) 主缆Y坐标曲线

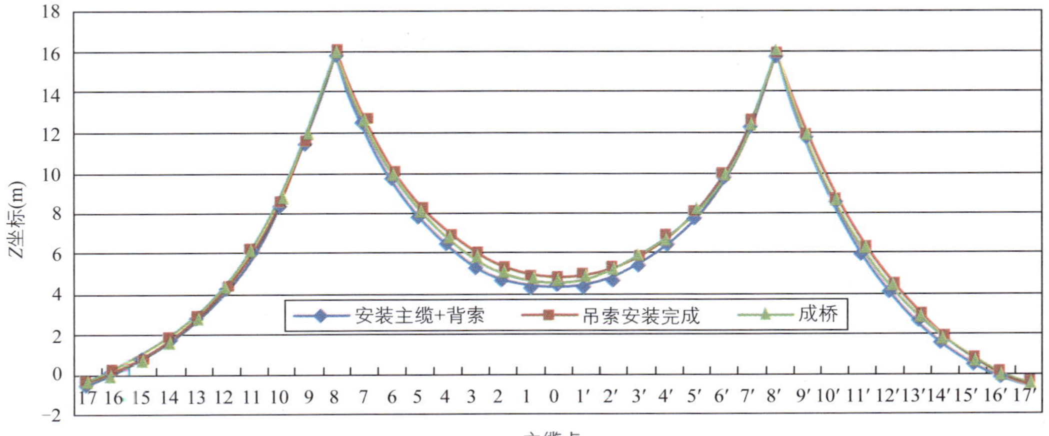

c) 主缆Z坐标曲线

图 7.29　主缆坐标曲线

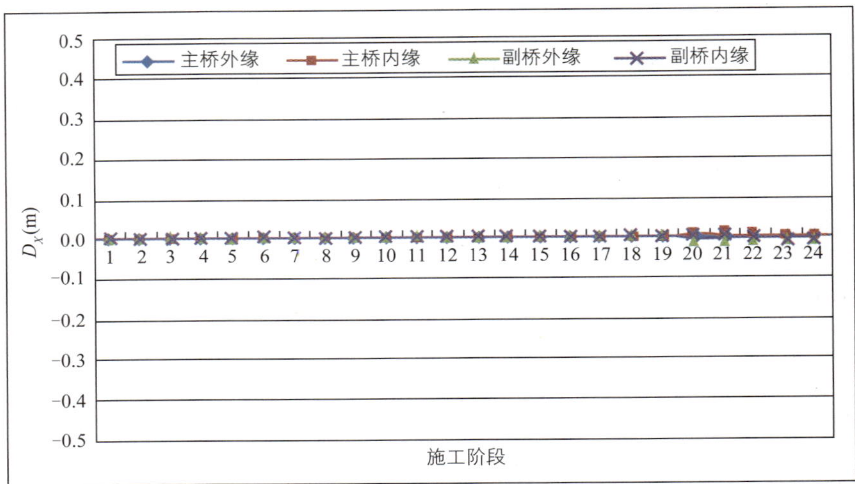

序号	阶段
1	全桥顶升
2	安装8号吊索
3	安装7号、9号吊索
4	安装6号、10号吊索
5	安装5号、11号吊索
6	安装15号、16号吊索
7	安装4号、12号吊索
8	安装3号、13号吊索
9	安装2号、14号吊索
10	安装1号、0号吊索
11	张拉20%
12	落架6cm
13	张拉40%
14	落架16cm
15	张拉60%
16	落架18cm
17	落架20cm
18	张拉80%
19	落架22cm
20	落架24cm
21	张拉100%
22	落架26cm
23	成桥
24	二期恒载

a) 跨中切向D_X变形曲线

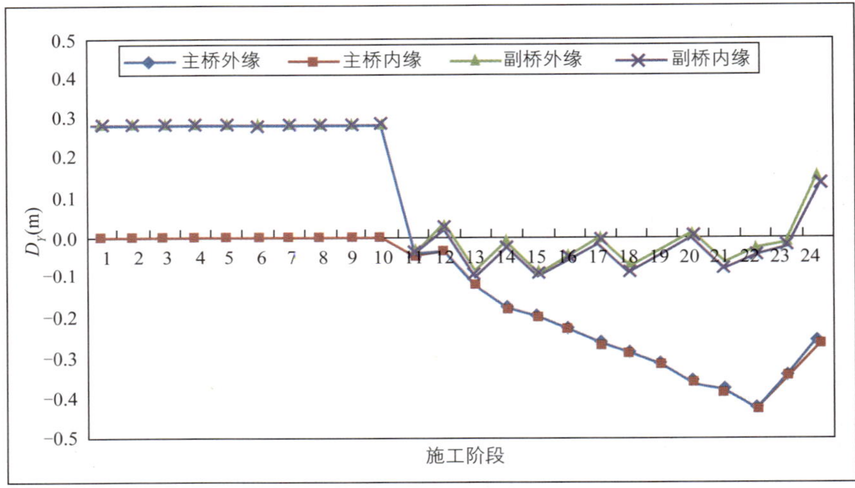

序号	阶段
1	全桥顶升
2	安装8号吊索
3	安装7号、9号吊索
4	安装6号、10号吊索
5	安装5号、11号吊索
6	安装15号、16号吊索
7	安装4号、12号吊索
8	安装3号、13号吊索
9	安装2号、14号吊索
10	安装1号、0号吊索
11	张拉20%
12	落架6cm
13	张拉40%
14	落架16cm
15	张拉60%
16	落架18cm
17	落架20cm
18	张拉80%
19	落架22cm
20	落架24cm
21	张拉100%
22	落架26cm
23	成桥
24	二期恒载

b) 跨中切向D_Y变形曲线

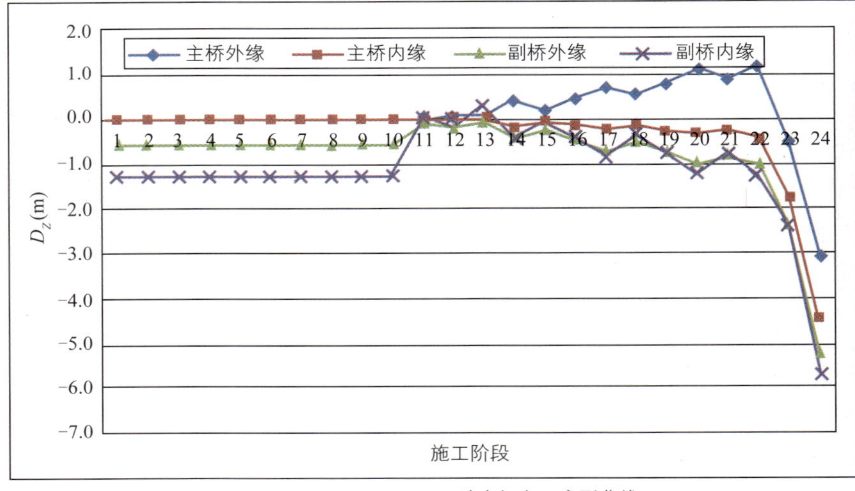

序号	阶段
1	全桥顶升
2	安装8号吊索
3	安装7号、9号吊索
4	安装6号、10号吊索
5	安装5号、11号吊索
6	安装15号、16号吊索
7	安装4号、12号吊索
8	安装3号、13号吊索
9	安装2号、14号吊索
10	安装1号、0号吊索
11	张拉20%
12	落架6cm
13	张拉40%
14	落架16cm
15	张拉60%
16	落架18cm
17	落架20cm
18	张拉80%
19	落架22cm
20	落架24cm
21	张拉100%
22	落架26cm
23	成桥
24	二期恒载

c) 跨中切向D_Z变形曲线

图 7.30　跨中变形—施工过程变化曲线

①整个施工过程中，跨中位置的切向变形基本为 0。

②安装吊索阶段，主桥跨中径向基本无变形，副桥跨中最大径向偏移量为 0.3cm。

③分级落架阶段，主桥由于环索张拉而逐步沿径向向主桥内侧偏移，最大径向偏移量为 -0.4cm 副桥在张拉环索时向副桥内侧偏移，而进行落架时由于环索松弛，会产生向副桥外侧的偏移，最大径向偏移量为 -0.1cm。

④安装吊索阶段，主、副桥竖向变形基本无变化；分级落架阶段，全桥落架引起吊索受拉，索力增大，导致主桥产生轴向扭矩，进而导致主桥外缘向上抬起，而主桥内缘向下变形。主桥外缘向上最大变形 1.2cm，相应内缘向下变形 -0.4cm。

⑤成桥后加设二期恒载，主、副桥跨中切向变形为 0；主桥跨中径向向主桥内侧偏移 -0.3cm、副桥向主桥外侧偏移 0.1cm；竖向向下变形为 -4.5cm（主桥）、-5.7cm（副桥）。

（3）主、副桥相邻阶段水平位移差

全桥落架过程中仅靠千斤顶支撑，施工过程中为避免千斤顶水平偏移过大，要求主、副桥相邻落架阶段前后的水平位移差值尽量在 1cm 范围内。主桥、副桥内外缘水平变形基本一致，并且变形具有对称性，我们仅选取主桥外缘、副桥外缘一侧（0 ~ 17 号轴）的水平变形进行分析。主、副桥相邻阶段水平位移差变化曲线见图 7.31、图 7.32。

①主、副桥外缘各点的阶段间水平位移差值的变化趋势基本一致，均随着分级落架的进行逐渐趋于 0。

②主桥外缘各相邻阶段间的水平位移差值均在 0.2cm 范围内，能避免千斤顶发生较大水平偏移。

③张拉 20% 阶段，副桥外缘边跨 1/2 位置的阶段间水平位移差值超过 1cm，其他相邻阶段水平位移差值均在 1cm 范围内。

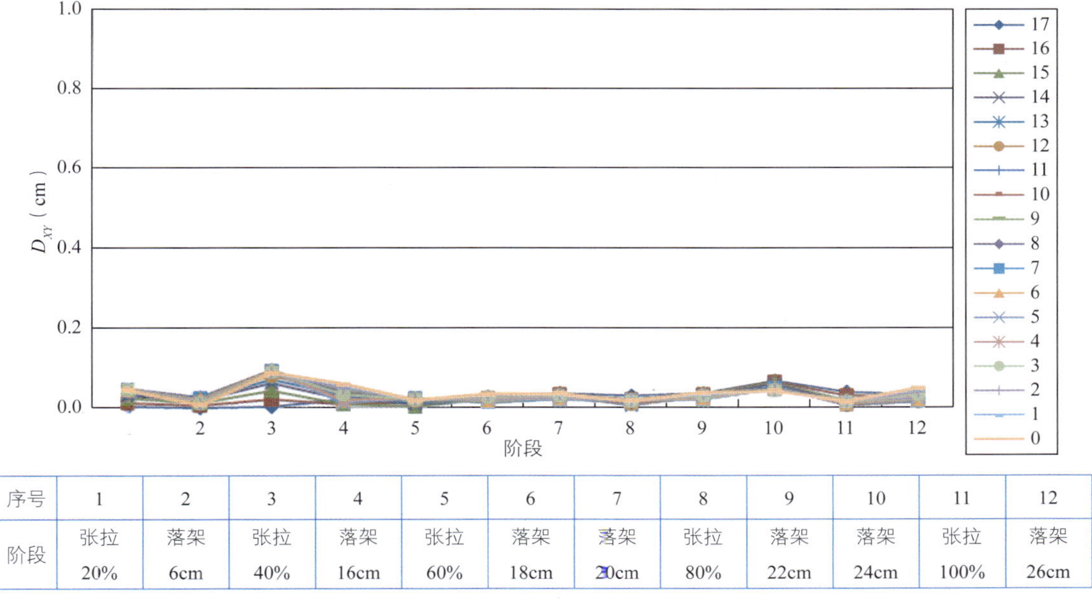

序号	1	2	3	4	5	6	7	8	9	10	11	12
阶段	张拉 20%	落架 6cm	张拉 40%	落架 16cm	张拉 60%	落架 18cm	落架 20cm	张拉 80%	落架 22cm	落架 24cm	张拉 100%	落架 26cm

图 7.31　主桥外缘施工阶段间水平位移差值 D_{XY} 图

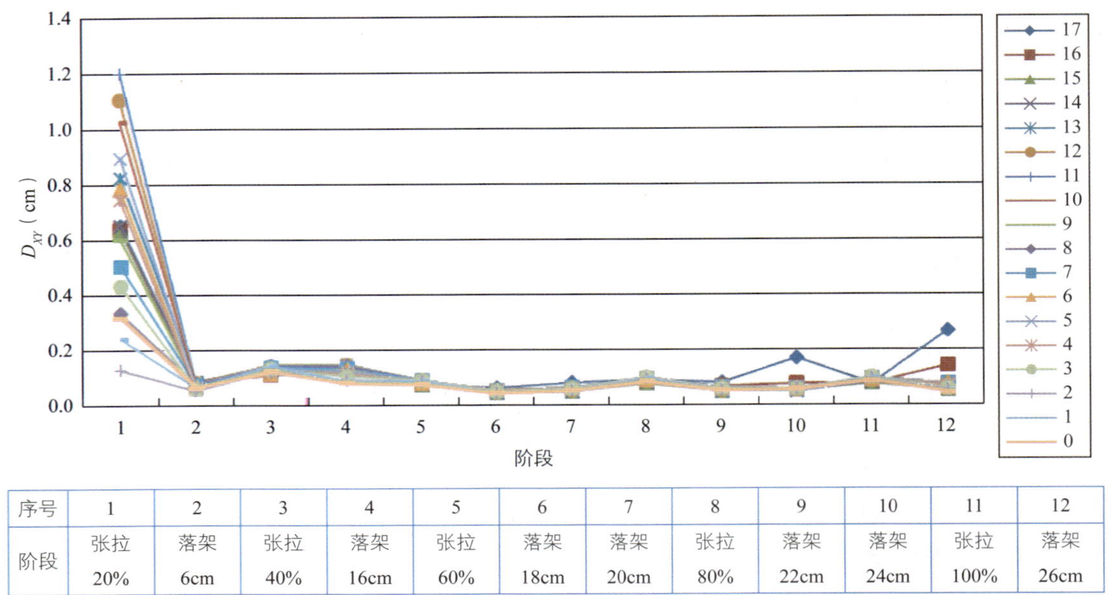

序号	1	2	3	4	5	6	7	8	9	10	11	12
阶段	张拉 20%	落架 6cm	张拉 40%	落架 16cm	张拉 60%	落架 18cm	落架 20cm	张拉 80%	落架 22cm	落架 24cm	张拉 100%	落架 26cm

图 7.32　副桥外缘施工阶段间水平位移差值 D_{XY} 图

（4）副桥桥台处位移

施工过程中，副桥桥台处未设置切向约束，因此，施工中应尽量保证副桥桥台处的切向位移不过大，我们针对副桥桥台处的切向位移进行分析。

通过计算分析可知，安装吊索过程中，副桥随吊索的安装逐渐沿切向向跨中偏移；当进入张拉环索阶段时，由于环索力引起的轴力使得副桥沿切向向桥台侧偏移。

整个施工过程中，副桥桥台位置的切向位移均小于 1cm。

（5）索塔塔顶位移

施工过程中，索塔的径向仅约束主桥外侧方向位移，允许索塔向主桥内侧的偏移；索塔的切向有 5cm 的偏移空间，当切向超过 5cm 时索塔切向将受到临时支架的约束。

因此，根据结构对称性，我们仅选取一侧索塔（8 轴）进行施工过程中的径向、切向位移及索塔临时支架反力进行分析。塔顶位移详见图 7.33、图 7.34，图中正值代表塔顶沿径向向桥面圆心偏移、沿切向向跨中偏移。

①完成吊索安装前，索塔径向位移基本为 0；因为张拉环索前，主缆、吊索内力处于较小水平，索塔因自重向主桥外侧偏移，而外侧径向偏移受到临时支架的约束；此时临时支架的最大反力为 164kN。

②在安装完 2 号、14 号吊索后，索塔由于吊索的牵引，逐步向主桥内侧偏移，此时临时支架径向不受力，直至成桥阶段塔顶偏移量达 7.8cm，超过设计塔顶位置 1cm（施工前，索塔向外侧倾斜 0.2°，塔顶径向偏移量为 -6.8cm），基本与设计位置吻合。

③完成吊索安装前，索塔受到主缆的牵引，向边跨切向偏移超过 5cm，由于受到临时支架的约束，张拉环索前一直保持 5cm 的偏移，即索塔一直顶靠于临时支架上；此状态的临时支架最大反力为 -23kN。

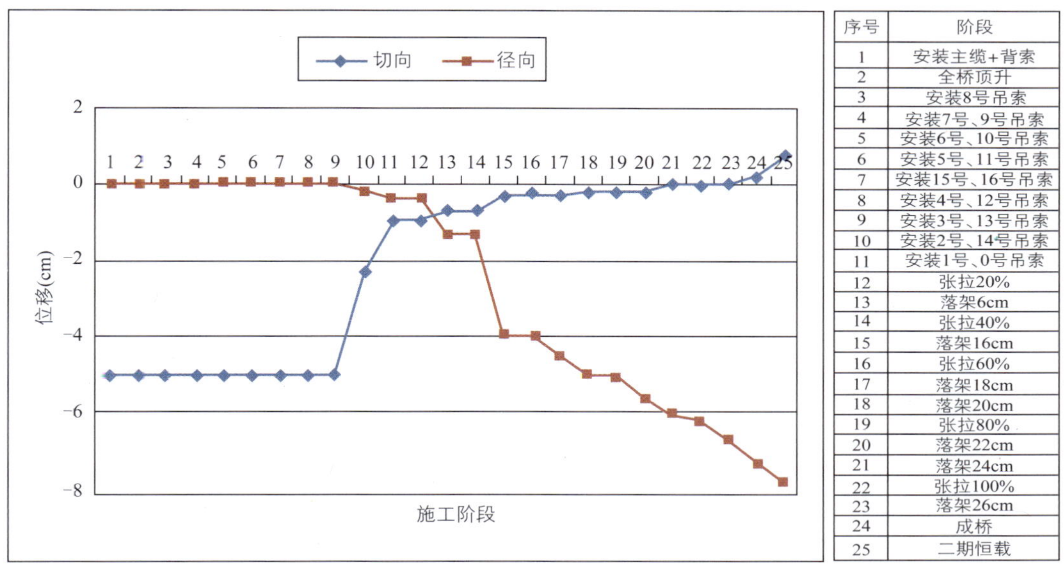

序号	阶段
1	安装主缆+背索
2	全桥顶升
3	安装8号吊索
4	安装7号、9号吊索
5	安装6号、10号吊索
6	安装5号、11号吊索
7	安装15号、16号吊索
8	安装4号、12号吊索
9	安装3号、13号吊索
10	安装2号、14号吊索
11	安装1号、0号吊索
12	张拉20%
13	落架6cm
14	张拉40%
15	落架16cm
16	张拉60%
17	落架18cm
18	落架20cm
19	张拉80%
20	落架22cm
21	落架24cm
22	张拉100%
23	落架26cm
24	成桥
25	二期恒载

图 7.33　索塔塔顶位移曲线图

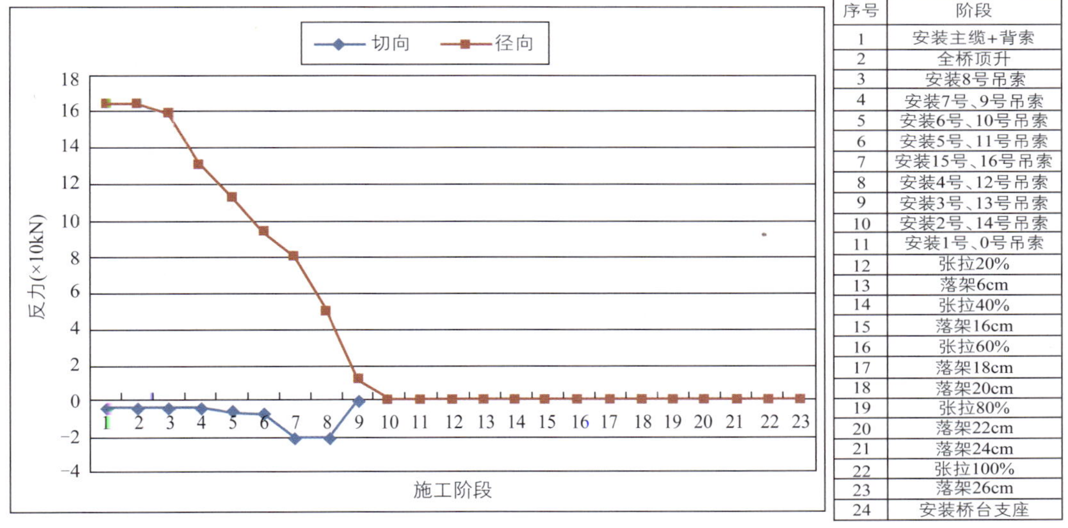

序号	阶段
1	安装主缆+背索
2	全桥顶升
3	安装8号吊索
4	安装7号、9号吊索
5	安装6号、10号吊索
6	安装5号、11号吊索
7	安装15号、16号吊索
8	安装4号、12号吊索
9	安装3号、13号吊索
10	安装2号、14号吊索
11	安装1号、0号吊索
12	张拉20%
13	落架6cm
14	张拉40%
15	落架16cm
16	张拉60%
17	落架18cm
18	落架20cm
19	张拉80%
20	落架22cm
21	落架24cm
22	张拉100%
23	落架26cm
24	安装桥台支座

图 7.34　索塔顶临时支架反力曲线图

④吊索安装完成后，索塔沿切向逐步被拉回设计位置，此时临时支架切向不受力，最终成桥阶段的索塔切向偏移量为 0.7cm，基本与设计位置吻合。

3）反力

（1）千斤顶反力

千斤顶各施工阶段中的反力见图 7.35，表中千斤顶标号“2-1”代表“第 2 组的 1 号千斤顶”，余同。

①千斤顶反力呈现由边跨向跨中增大（0 号→3 号）的分布规律，且各组千斤顶主要由 2 号千斤顶承重，各组千斤顶反力大小分布规律为：2 号＞1 号＞3 号。

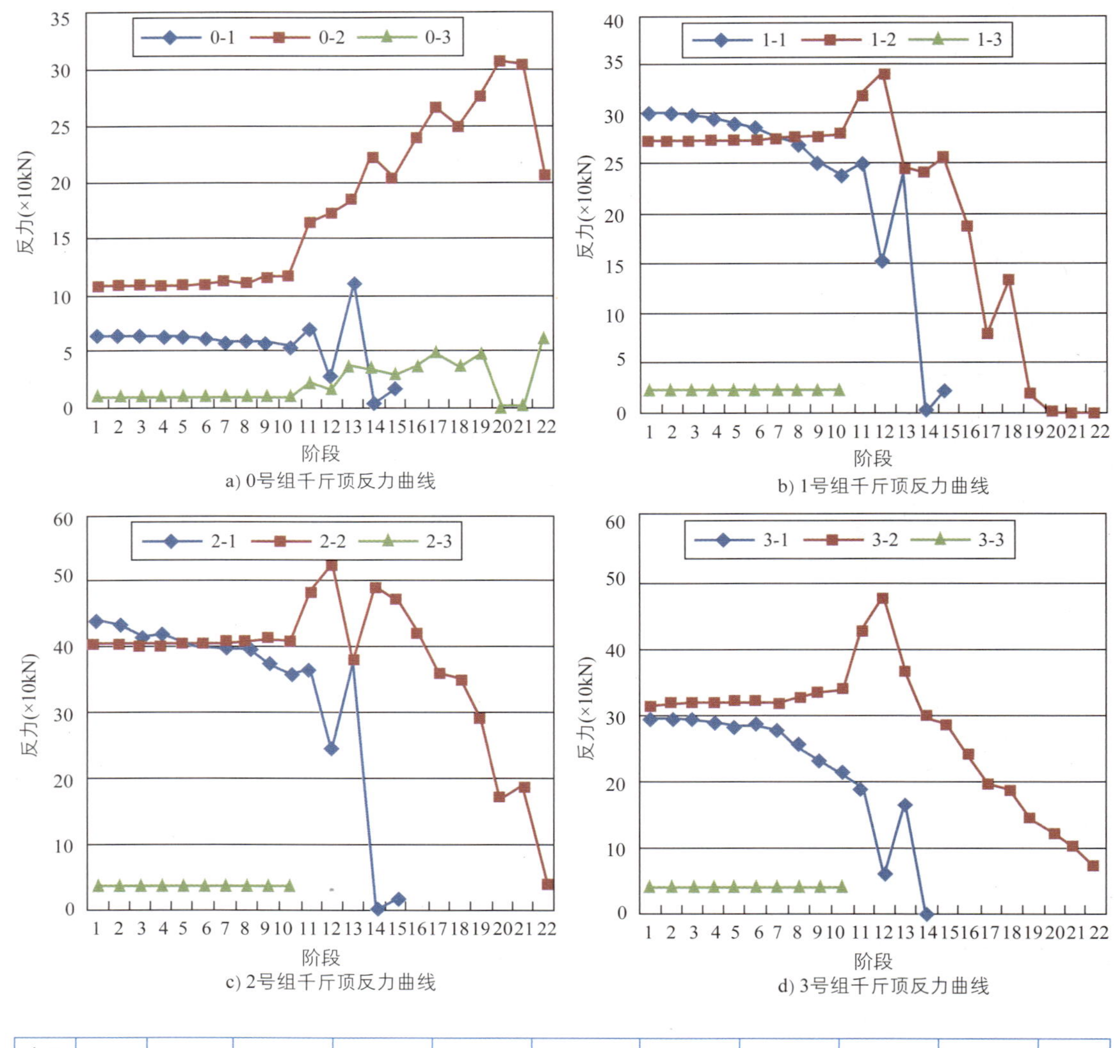

序号	1	2	3	4	5	6	7	8	9	10	11
阶段	全桥顶升	安装 8 号吊索	安装 7 号、9 号吊索	安装 6 号、10 号吊索	安装 5 号、11 号吊索	安装 15 号、16 号吊索	安装 4 号、12 号吊索	安装 3 号、13 号吊索	安装 2 号、14 号吊索	安装 1 号、0 号吊索	张拉 20%
序号	12	13	14	15	16	17	18	19	20	21	22
阶段	落架 6cm	张拉 40%	落架 16cm	张拉 60%	落架 18cm	落架 20cm	张拉 80%	落架 22cm	落架 24cm	张拉 100%	落架 26cm

图 7.35　千斤顶反力曲线图

②分级落架前，各千斤顶反力基本不变；落架 6cm 后，0 号组千斤顶反力随分级落架逐渐增大，而其余组千斤顶均逐步减小，其整个施工过程中千斤顶最大反力保持在 520kN 以内。

③1 ~ 3 组的 3 号位置在分级落架过程中不设千斤顶，可通过张拉环索使得副桥与主桥变形一致并同步落架。

④各组的 1 号千斤顶在落架 18cm 阶段开始脱空，该阶段可拆除各组的 1 号千斤顶。

（2）桥台反力

依据结构对称性，我们仅选取主、副桥一侧桥台水平约束支座的反力进行分析，计算结果见

图 7.36，图中径向正值指向桥面板圆心、切向正值指向跨中。

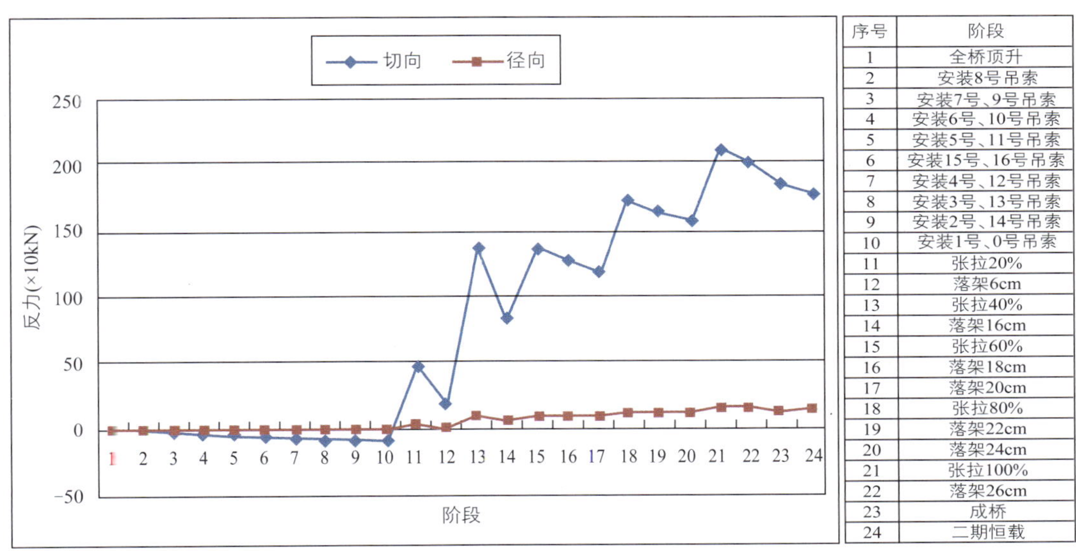

序号	阶段
1	全桥顶升
2	安装8号吊索
3	安装7号、9号吊索
4	安装6号、10号吊索
5	安装5号、11号吊索
6	安装15号、16号吊索
7	安装4号、12号吊索
8	安装3号、13号吊索
9	安装2号、14号吊索
10	安装1号、0号吊索
11	张拉20%
12	落架6cm
13	张拉40%
14	落架16cm
15	张拉60%
16	落架18cm
17	落架20cm
18	张拉80%
19	落架22cm
20	落架24cm
21	张拉100%
22	落架26cm
23	成桥
24	二期恒载

图 7.36　主桥桥台反力曲线图

①安装吊索阶段，由于吊索力的影响，主桥承受沿桥弧长分布的径向负向拉力，从而引起桥台径向及切向负反力增大；张拉环索后，主桥主要承受桥弧长分布的径向拉力，引起桥台径向及切向反力增大。

②施工过程中，主桥最大切向反力为 2 092kN、径向反力为 169kN；拉压支座承受的最大压力为 2 092kN、最大拉力为 110kN。

4）应力

通过计算分析，得出各施工阶段的主桥最大有效应力变化趋势：

①张拉环索前，主桥最大应力基本不变，最大有效应力均出现在索塔对应的箱梁截面。

②施工过程中的最大有效应力出现在落架 6cm 阶段，最大应力为 40.6MPa。施工过程中，主桥应力＜ Q345 钢材设计强度 260MPa，满足规范要求，详见图 7.37。

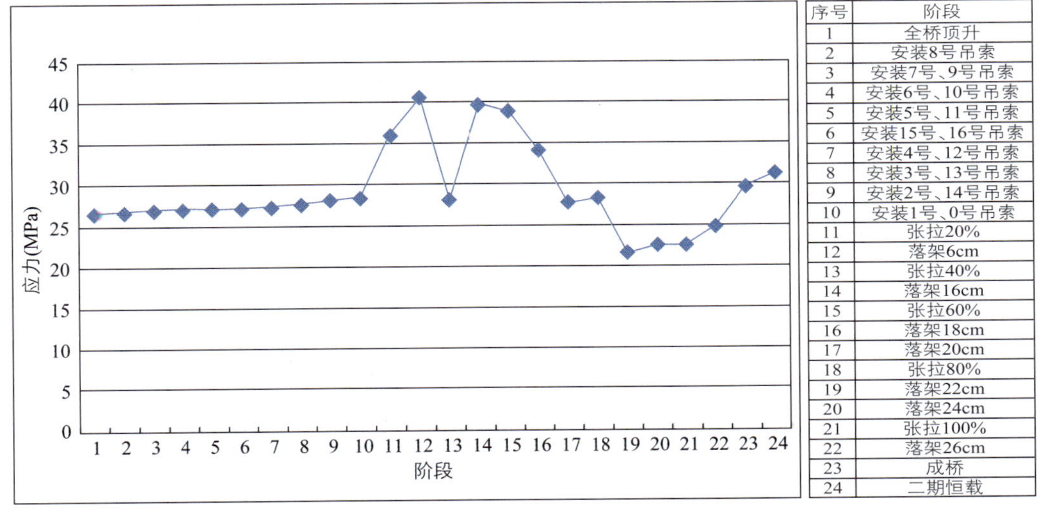

序号	阶段
1	全桥顶升
2	安装8号吊索
3	安装7号、9号吊索
4	安装6号、10号吊索
5	安装5号、11号吊索
6	安装15号、16号吊索
7	安装4号、12号吊索
8	安装3号、13号吊索
9	安装2号、14号吊索
10	安装1号、0号吊索
11	张拉20%
12	落架6cm
13	张拉40%
14	落架16cm
15	张拉60%
16	落架18cm
17	落架20cm
18	张拉80%
19	落架22cm
20	落架24cm
21	张拉100%
22	落架26cm
23	成桥
24	二期恒载

图 7.37　主桥最大应力—施工阶段曲线图

7.2.5 结论

(1)安装吊索阶段,各吊索安装索力均在 25kN 以内,应力均在 30MPa 以内。

(2)整个施工过程中,跨中位置的切向变形基本为 0;主桥径向偏移基本为 0,副桥径向向跨中侧最大偏移 0.3cm;主桥外缘向上最大位移为 1cm,相应内缘向下变形 −0.4cm。

(3)除张拉 20% 阶段,副桥外缘的阶段间水平位移差值超过 1cm 外,其他各相邻阶段间的主、副桥水平位移差值均在 1cm 范围内,能避免千斤顶发生较大水平偏移。

(4)整个施工过程中,副桥桥台位置的切向位移较小,均小于 1cm。

(5)完成吊索安装前,索塔顶靠于临时支架上,径向位移基本为 0,此时临时支架的最大反力为 164kN;安装外吊索 2-14 后,索塔逐步被拉回设计位置,最终成桥状态塔顶径向与设计位置偏差为 1cm,基本与设计位置吻合。

(6)完成吊索安装前,索塔向边跨侧顶靠于临时支架上,切向位移一直保持在 5cm,此状态的临时支架最大反力为 −7kN;安装完吊索 3-13 后,索塔逐步被拉回设计位置,最终成桥状态索塔切向偏移量为 0.7cm,基本与设计位置吻合。

(7)分级落架阶段, 1 ~ 3 组的 3 号位置可不设置千斤顶,直接通过张拉环索使副桥与主桥同步落架;各组的 1 号千斤顶在落架 18cm 阶段开始脱空,该阶段可拆除各组的 1 号千斤顶。

(8)施工过程中,主桥最大切向反力为 2 092kN、径向反力为 169kN;拉压支座承受的最大压力为 2 092kN、最大拉力为 110kN。

(9)落架 6cm 阶段,主桥索塔对应的箱梁截面出现最大有效应力,相应最大拉应力为 40.6MPa。

综上分析,本桥施工方案在确保吊索顺利安装的同时尽量减小全桥的顶升量;保证落架安全进行的同时尽量减少了千斤顶的使用套数;保证了全桥在整个施工过程中的受力安全。因此,本施工方案经济安全可行。

7.3 施工过程关键步骤的控制

7.3.1 环索张拉方案

环索张拉方案见表 7.5。如图 7.38 所示为三种环索张拉方案的示意图。

我们选择了固定间距的环索张拉方案(图 7.39)。

环索张拉方案 表 7.5

方案名称	具体方法	优劣分析
张拉法向索	将环索固定,张拉法向索	每根法向索都张拉,需要张拉器具较多。法向索较短不易安装张拉器具
索夹反向就位	张拉过程中拉索会伸长,缩短索夹间距,使得拉索伸长后索夹刚好处在对应的位置上	需要分级张拉且控制难度较大,风险较大
固定索夹间距	用脚手架固定索夹之间的距离	可以一次张拉到位

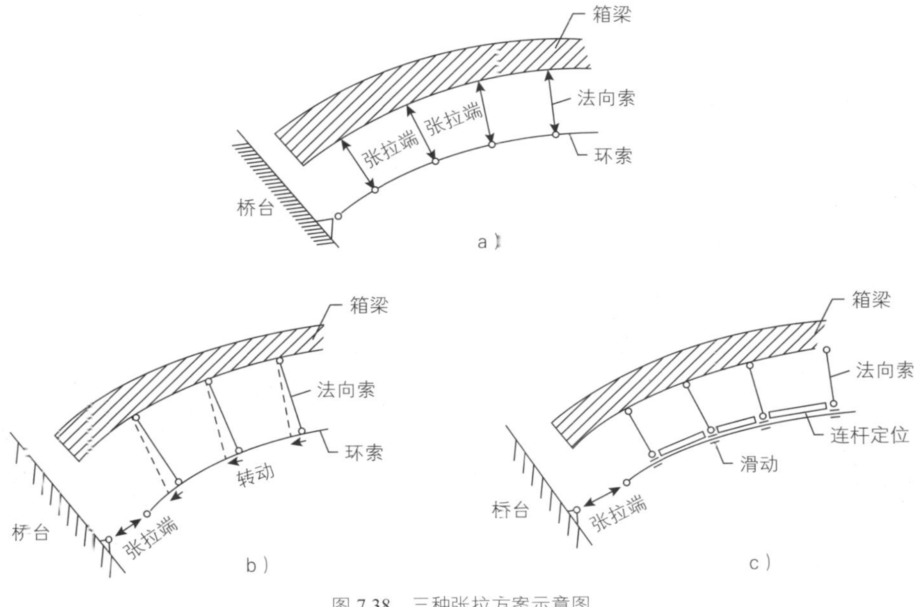

图 7.38　三种张拉方案示意图

图 7.39　固定索夹间距施工方法现场图

为了防止 Y 形臂顺桥向位移过大，导致 Y 形臂与钢箱梁连接部位弯矩过大，在 Y 形臂上肢与钢箱梁连接部位设置了可小角度偏转的销轴，使得 Y 形臂可以沿顺桥向转动，详见图 7.40、图 7.41。

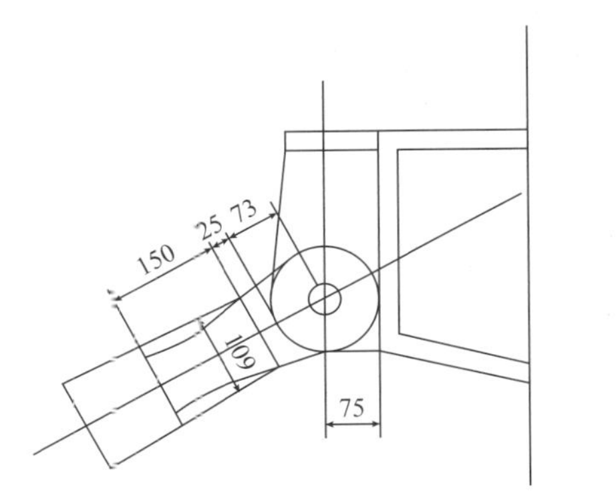

图 7.40　Y 形臂与钢箱梁连接主视图（尺寸单位：mm）

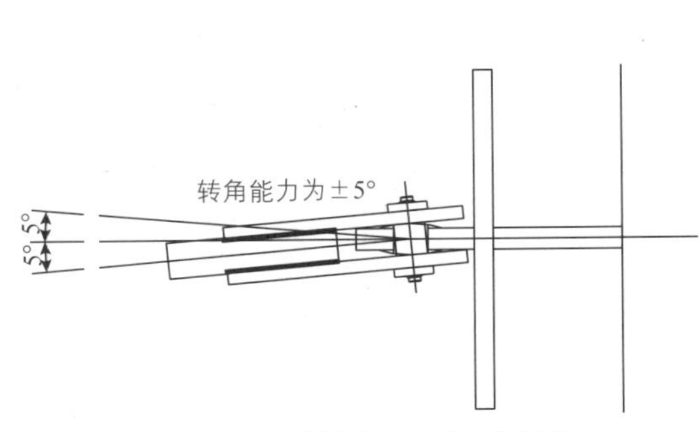

图 7.41　Y 形臂与钢箱梁连接俯视图

为了使索夹可以顺利滑移到位，索夹的表面采用 1mm 喷锌表面处理。由于索夹滑移面直接影响到环索张拉和索夹定位的精度，因此在施工过程中对其进行了检查，以免索夹预紧过程中损伤索体，详见图 7.42、图 7.43。

图 7.42　Y 形臂与钢箱梁连接部位

图 7.43　索夹滑移面的检查

7.3.2　环索转动与桥台端法向索的安装

桥梁施工方案中主桥箱梁抬高 260mm 就位，且箱梁的支座为竖向滑移支座。而环索在落架前直接和锚固点拉接，所以在张拉过程中由此 260mm 的高差产生折角，详见图 7.44、图 7.45。为适应此折角角度变化，并能同时受力，我们采用了双铰杆来解决这一问题。

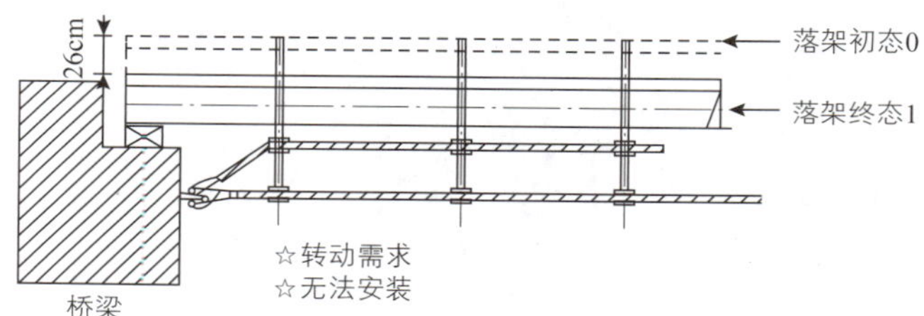

图 7.44　问题描述示意图

图 7.45　现场施工图

由于上述折角，桥台端法向索只能在环索张拉后安装。

7.3.3 桥梁支座竖向滑动的同步性

为了配合桥梁的落架施工，本项目在桥台处采用了可以上下滑动的滑动支座，如图 7.46 所示。为了防止支座竖向滑动不同步导致主梁受到扭转力矩而产生扭转变形，本项目在落架过程中，对主梁下面的三个千斤顶进行了同步控制。

a）支座起吊

b）支座安装

图 7.46 现场施工图

7.3.4 Y 形臂下肢与环索索夹的焊接

由于 Y 形臂下肢与索夹之间为现场焊接，需要对其焊接精度进行检查，防止由于焊接定位不准确而导致环索长度的变化以及在后期张拉过程中产生附加弯矩导致节点破坏。现场施工如图 7.47 所示。

图 7.47 Y 形臂下肢与环索索夹焊接现场施工图

7.4 突发事件应急预案

由于本项目空间曲梁双桥面单边悬索桥为世界第一、国内首创，为了保证成桥安全，本项目针对各种可能出现的情况，准备了详细的应急预案，以备不测。

1）索塔安装后背索长度不够无法安装

背索安装时，索塔已向背索方向倾斜了一定的角度，安装应不存在困难。如果出现背索长度而不够无法安装的现象，则针对不同情况采取相应措施。

（1）施工误差原因。

施工误差（背索支墩位置、索塔支座位置或背索无应力下料长度）过大，建议施工前对关键节点位置和拉索的下料长度进行核实，施工过程中出现无法安装的情况也应从施工误差来源上找原因，采取消除误差的措施，保证结构正常安装。

（2）由于索挠度过大造成无法安装。

在承台上挂手拉葫芦，通过手拉葫芦将索拉住，然后将索慢慢拉入销孔。

2）吊索安装过程中某几根索长度过短无法安装（或某几根过长）

本工程采用"落架法"，即先整体抬升桥面，在索系整体松弛的状态下安装主缆索和吊索，然后桥面落架至结构整体成型。因此，吊索在牵引索的辅助拉伸下一般是能够安装就位的。

出现索长偏差过大的情况，首先应复测吊耳定位情况，如偏差是由于吊耳位置偏差引起。在通过索端的调节螺杆进行放缩可满足设计要求的情况下，则通过调节索头螺杆，如通过螺杆调节无法满足要求，则需调整吊耳位置。

如索长偏差为索体系定位偏差，则需要调整索塔定位。

如索长偏差为索自身原因造成且无法通过索端螺杆调整，则需要厂家重新标定索长重新生产。

3）索夹定位及角度偏差过大

抬挂主缆前，应仔细复核缆索厂定位的正确性。索夹定位偏差过大时，应重新标定索夹主缆上的位置。索夹角度偏差过大导致拉索无法安装时，应联系厂家进行重新精加工。

4）施工过程中，索塔位移过大

在张拉吊索和整体落架的过程中，索塔会出现一定程度的刚体变形，其端部位移变化较大，当整个张拉和落架过程控制比较缓慢均匀的情况下，理论计算表明对索塔及其支座不会产生不利影响。

不过在张拉施工或落架过程中，整个索系（吊索＋缆索＋索塔）表现为机构变形，其中吊索、缆索位置控制比较容易，而索塔有一端自由，刚体位移较大，可在两个索塔上布置附加稳定索（钢丝绳），以便在出现索塔位移过大的情况时，通过调节稳定索的张拉力，调整索塔过大的位移，以保证结构张拉成型。

5）施工过程中索体出现异常情况

索系在吊索提升和桥本整体落架过程中可能出现的异常情况主要有：吊索在提升过程中可能有较大的弯曲或一定的扭曲；主缆索由于受力不均匀可能有一定的弯曲和扭曲。这两种情况均会导致吊索或主缆索索体局部产生一定的弯曲变形或出现"散丝"的现象。

实际施工的过程中，施工人员应该密切关注吊索或主缆索的局部变形情况，利用牵引索对吊索进行挂索和提升的时候应避免其产生过大的弯曲，吊索进行对称均匀牵引也能避免主缆索产生较大弯曲和扭曲。

需要了解的是，施工过程中索体出现一定的局部弯曲或"散丝"的现象是正常的，在体系最终成型时，由于索系整体张紧，这一现象可基本消除。如果由于施工不当或失误导致个别索体出现严重弯曲或"散丝"现象，应及时向项目部和监控小组报告，协商采取对策。

6）落架过程中箱梁端头无法下落

安装支座前与落架前，均应检查竖向滑移支座，确保其能正常工作。施工过程中密切关注落架过程中箱梁端头能否正常下落，如出现异常情况应立即停止落架，然后对箱梁与桥台接触部分做详细检查，保证箱梁端头能正常下落后再继续落架。

如因端部摩擦力过大引起的箱梁端头无法下降，则在端头进行堆重，堆重采用现场型钢或土袋，以克服端头的阻力使得箱梁能够正常下降，但堆重重量不得过大。

7)施工过程中千斤顶出现过大水平位移造成倾斜或脱空

施工过程中，宜对主箱梁设置一定的横向限位措施，并密切关注各千斤顶的工作状态。个别千斤顶工作不正常时（如倾斜或脱空），应立即停止落架。

落架停止后观察出现异常千斤顶的情况，针对千斤顶倾斜，在倾斜千斤顶附近重新设置千斤顶，并进行抬升，然后纠正倾斜千斤顶。针对千斤顶脱空现象，则将此千斤顶重新抬升，使之接触到箱梁结构并初步受力。

8)环索张拉过程中法向索索夹定位

环索在张拉前，索夹均被一定程度拧松。张拉过程中，环索可以在索夹内滑动，因而张拉完毕拧紧索夹时，应尽量保证索夹位于标定的位置上。

9)落架至设计量后千斤顶仍有较大支撑力

出现该情况时，其原因可能是：理论计算与实际出现误差；结构可能并未张拉成型。

出现上述情况后可适当增加下沉量，如通过下沉量可完成卸载，并通过计算分析，可认为结构达到稳定状态。如通过加大卸载量仍不能卸载，则需要将梁体重新抬升至初始位置，召开监控小组领导会议，确定下一步方案。

10)法向索内力均匀性偏差过大

理论上法向索总体受力比较均匀，如果监测得到局部法向索内力偏差较大，可通过局部对其长度进行调整，使其内力趋于均匀。

11)结构初始状态与设计差别过大，尤其是吊点位置偏差过大。

主缆索上吊点位置受直接与其相连接的吊索及邻近吊索影响较大，当实际施工中局部吊点位置偏差较大，可通过先整体抬升桥面，再调整吊点附近拉索长度（缩短或伸长），然后落架成型，反复几次可以消除局部吊点的位置偏差。

12)落架完成后吊索索力相差过大

落架完成后，吊索索力与设计值存在一定偏差是正常的。但如果个别吊索索力偏差非常大或非常小，则可通过调节索段螺杆再伸长或缩短吊索，最后达到稳定，反复几次调整，直到该吊索的索力接近设计值。

13)落架完成后箱梁纵横坐标与设计相差过大

环索的张拉力、法向索力及背索力对箱梁的平面坐标有一定的影响，但调节余地较小。因此，箱梁的纵横坐标主要依赖施工前期及施工过程中对误差的控制。

14)落架完成后箱梁内外高差过大

落架完成后，可测量得到每个轴系上箱梁的内外高差。对于局部轴系上箱梁内外高差较大的情况，可以通过调整这些轴系上及其附近吊索的长度来达到消除高差的效果。

15)副桥高程未达到设计标准或平整度不符合要求

施工前应检查副桥刚性构件的加工误差，务必保持其在允许范围之内。

另外，可对环索或局部法向索进行补张拉进行调节。

第8章 单边悬索桥施工监测

8.1 监测目的

施工监测是施工监控的重要组成部分，施工过程中需要对桥梁线形、空间坐标及内力进行监测，及时掌握结构实际状态，对施工步骤及控制要求作出调整，防止施工中的误差积累，为施工控制的指令提供精确、科学的参数，保证成桥线形与结构安全。

具体而言其目的主要有：

（1）及时发现不稳定因素。

由于施工工序的复杂带来的材料质量的不确定性、施工人员的素质差异等多种施工因素的存在，加上自然环境因素等的影响，工程实施过程中需要借助监测手段进行必要的补充，以便及时采取补救措施，确保工程施工中的构件安全、设备安全和人员安全，减少和避免不必要的损失。

（2）验证设计和指导施工。

通过动态的施工监测可以了解结构的实际变形、应力分布和线形特征，用于验证设计与实际的符合程度，并为施工控制提供实测数据和资料，以达到设计要求的线形和受力状态。

8.2 施工监测依据的技术规范

（1）《钢结构工程施工质量验收规范》（GB 50205—2001）。

（2）《公路桥涵施工技术规范》（JTG/T F50—2011）。

（3）《公路桥涵设计通用规范》（JTG D60—2004）。

（4）《公路悬索桥设计细则》（征求意见稿）。

（5）《公路悬索桥吊索》（JT/T 449—2001）。

（6）《工程测量规范》（GB 50026—2007）。

（7）设计图纸及施工单位的施工组织设计资料。

8.3 施工监测工作内容

根据桥梁结构特点，对空间曲梁双桥面单边悬索桥主副桥线形、主缆线形、索塔姿态、索夹坐标、吊索及背索索力、钢箱梁及 Y 形臂构件应力、索塔应力、索塔及桥台的沉降等在桥梁落架施工全过程中进行监测。本桥数据测量的内容主要包括主梁线形监测、主缆空间坐标监测、应力应变监测、吊索力监测、基础沉降观测、温度监测等几个方面。

基本测量流程及工作内容如表 8.1、表 8.2 所示。

施工阶段划分及相应监测内容　　表 8.1

阶　段	施工阶段	测试项目	测试方法	工　作　量
第 1 阶段	地基及支架预压	沉降测量	水准测量	桥梁 48 个测点，各按 6 次计
第 2 阶段	索塔施工，搭设钢箱梁支架	安装塔顶位移观测点	塔顶测点安装	桥梁 4 个测点

续上表

<table>
<tr><th>阶 段</th><th>施工阶段</th><th>测试项目</th><th>测试方法</th><th>工 作 量</th></tr>
<tr><td>第 3 阶段</td><td>外侧钢箱梁及内侧副桥面，安装焊接、进行缆索安装</td><td>①桥面线形测点；
②主缆线形测点；
③钢箱应变测点</td><td>①桥面线形测点布设；
②主缆采用棱镜 +3D 线形扫描两种方法相互校核；
③钢箱应变测点布设</td><td>①桥面线形，桥梁 92 个测点，各按 2 次计；
②主缆小棱镜，桥梁 9 个，各按 2 次计；
③主缆 3D 线形扫描，各按 2 次计；
④钢箱应变，桥梁 34 个测点，各按 2 次计</td></tr>
<tr><td>第 4 阶段</td><td>通过同步千斤顶进行落架，同时分级张拉环索，落架与环索张拉交替进行，直至完成体系转换</td><td>①桥面线形；
②主缆坐标；
③吊索内力；
④钢箱应变</td><td rowspan="2">①桥面线形水准仪 + 全站仪；
②主缆线形全站仪 +3D 扫描仪；
③索力频率法测试；
④钢箱应变采用钢弦式应变计</td><td>①桥面线形，桥梁 92 个测点，各按 5 次计；
②主缆小棱镜，桥梁 9 个，各按 5 次计；
主缆 3D 线形扫描，各按 5 次计；
③索力，桥梁 35 根，各按 5 次计；
④钢箱应变，桥梁 34 个测点，各按 5 次计</td></tr>
<tr><td>第 5 阶段</td><td>桥面系施工，全桥调索、最后拆除支架</td><td>①桥面线形；
②主缆坐标；
③吊索内力；
④钢箱应变</td><td>①桥面线形，桥梁 92 个测点，各按 3 次计；
②主缆小棱镜，桥梁 9 个，各按 3 次计；
③主缆 3D 线形扫描，各按 3 次计；
④索力，桥梁 35 根，各按 3 次计；
⑤钢箱应变，桥梁 34 个测点，各按 3 次计</td></tr>
</table>

施工落架期间(第 4 阶段)监测内容(桥梁) 表 8.2

<table>
<tr><th>序号</th><th>落架施工阶段划分</th><th>测 试 项 目</th><th>测 试 方 法</th></tr>
<tr><td>1</td><td>落架施工前</td><td>主副桥线形、应力、主缆线形等全部测点测读初始值</td><td>①桥面线形水准仪 + 全站仪；
②主缆线形全站仪 +3D 扫描仪；
③应力采用钢弦式应变计及读数仪</td></tr>
<tr><td rowspan="2">2</td><td rowspan="2">环索张拉 20%</td><td>主副桥线形：0、4、8、11、14、17 及对称轴监测断面的主、副桥监测点的坐标</td><td>桥面线形水准仪 + 全站仪</td></tr>
<tr><td>主副桥应力：跨中、四分点及 Y 形臂，重点关注 0、8 及对称轴箱梁及 Y 形臂</td><td>采用钢弦式应变计及读数仪</td></tr>
<tr><td rowspan="5">3</td><td rowspan="5">总落架 8cm</td><td>主副桥线形：0、4、8、11、14、17 及对称轴监测断面的主、副桥监测点的坐标</td><td>桥面线形水准仪 + 全站仪</td></tr>
<tr><td>桥台及塔柱沉降观测</td><td>桥面线形水准仪 + 全站仪</td></tr>
<tr><td>主缆线形：0、4、8、11、14、17 及对称轴监测点坐标</td><td>主缆线形全站仪 +3D 扫描仪</td></tr>
<tr><td>索力：4、7、8、9、12 号吊索；背索</td><td>索力频率法测试</td></tr>
<tr><td>主副桥应力：跨中、四分点及 Y 形臂，重点关注 0、8 及对称轴箱梁及 Y 形臂</td><td>应力采用钢弦式应变计及读数仪</td></tr>
<tr><td rowspan="2">4</td><td rowspan="2">环索张拉 30%</td><td>主副桥线形：0、4、8、11、14、17 及对称轴监测断面的主、副桥监测点的坐标</td><td>桥面线形水准仪 + 全站仪</td></tr>
<tr><td>主副桥应力：跨中、四分点及 Y 形臂，重点关注 0、8 及对称轴箱梁及 Y 形臂</td><td>采用钢弦式应变计及读数仪</td></tr>
</table>

续上表

序号	落架施工阶段划分	测试项目	测试方法
5	总落架 14cm	主副桥线形：0、4、8、11、14、17 及对称轴监测断面的主、副桥监测点的坐标	桥面线形水准仪 + 全站仪
		桥台及塔柱沉降观测	桥面线形水准仪 + 全站仪
		主缆线形：0、4、8、11、14、17 及对称轴监测点坐标	主缆线形全站仪 +3D 扫描仪
		索力：4、7、8、9、12 号吊索；背索	索力频率法测试
		主副桥应力：跨中、四分点及 Y 形臂，重点关注 0、8 及对称轴箱梁及 Y 形臂	应力采用钢弦式应变计及读数仪
6	环索张拉 40%	主副桥线形：0、4、8、11、14、17 及对称轴监测断面的主、副桥监测点的坐标	桥面线形水准仪 + 全站仪
		主副桥应力：跨中、四分点及 Y 形臂，重点关注 0、8 及对称轴箱梁及 Y 形臂	采用钢弦式应变计及读数仪
7	总落架 18cm	主副桥线形：0、4、8、11、14、17 及对称轴监测断面的主、副桥监测点的坐标	桥面线形水准仪 + 全站仪
		桥台及塔柱沉降观测	桥面线形水准仪 + 全站仪
		主缆线形：0、4、8、11、14、17 及对称轴监测点坐标	主缆线形全站仪 +3D 扫描仪
		索力：4、7、8、9、12 号吊索；背索	索力频率法测试
		主副桥应力：跨中、四分点及 Y 形臂，重点关注 0、8 及对称轴箱梁及 Y 形臂	应力采用钢弦式应变计及读数仪
8	环索张拉 60%	主副桥线形：0、4、8、11、14、17 及对称轴监测断面的主、副桥监测点的坐标	桥面线形水准仪 + 全站仪
		主副桥应力：跨中、四分点及 Y 形臂，重点关注 0、8 及对称轴箱梁及 Y 形臂	采用钢弦式应变计及读数仪
9	总落架 22cm	主副桥线形：0、4、8、11、14、17 及对称轴监测断面的主、副桥监测点的坐标	桥面线形水准仪 + 全站仪
		桥台及塔柱沉降观测	桥面线形水准仪 + 全站仪
		主缆线形：0、4、8、11、14、17 及对称轴监测点坐标	主缆线形全站仪 +3D 扫描仪
		索力：4、7、8、9、12 号吊索；背索	索力频率法测试
		主副桥应力：跨中、四分点及 Y 形臂，重点关注 0、8 及对称轴箱梁及 Y 形臂	应力采用钢弦式应变计及读数仪
10	环索张拉 80%	主副桥线形：0、4、8、11、14、17 及对称轴监测断面的主、副桥监测点的坐标	桥面线形水准仪 + 全站仪
		主副桥应力：跨中、四分点及 Y 形臂，重点关注 0、8 及对称轴箱梁及 Y 形臂	采用钢弦式应变计及读数仪
11	总落架 25cm	主副桥线形：0、4、8、11、14、17 及对称轴监测断面的主、副桥监测点的坐标	桥面线形水准仪 + 全站仪
		桥台及塔柱沉降观测	桥面线形水准仪 + 全站仪
		主缆线形：0、4、8、11、14、17 及对称轴监测点坐标	主缆线形全站仪 +3D 扫描仪
		索力：4、7、8、9、12 号吊索；背索	索力频率法测试
		主副桥应力：跨中、四分点及 Y 形臂，重点关注 0、8 及对称轴箱梁及 Y 形臂	应力采用钢弦式应变计及读数仪

序号	落架施工阶段划分	测 试 项 目	测 试 方 法
12	环索张拉100%	主副桥线形：0、4、8、11、14、17 及对称轴监测断面的主、副桥监测点的坐标	桥面线形水准仪 + 全站仪
		主副桥应力：跨中、四分点及 Y 形臂，重点关注 0、8 及对称轴箱梁及 Y 形臂	采用钢弦式应变计及读数仪
13	总落架26cm	主副桥线形：0、4、8、11、14、17 及对称轴监测断面的主、副桥监测点的坐标	桥面线形水准仪 + 全站仪
		桥台及塔柱沉降观测	桥面线形水准仪 + 全站仪
		主缆线形：0、4、8、11、14、17 及对称轴监测点坐标	主缆线形全站仪 +3D 扫描仪
		索力：4、7、8、9、12 号吊索；背索	索力频率法测试
		主副桥应力：跨中、四分点及 Y 形臂，重点关注 0、8 及对称轴箱梁及 Y 形臂	应力采用钢弦式应变计及读数仪

8.4 监测结果

8.4.1 线形测量监测结果

1）主梁变形监测结果

为保证施工监控测量的精确及达到复核的目的，便于测量结果比较及应用，监控测量按与施工测量同网、同基准点的原则进行。

主梁线形监测包括主梁立面和水平面内的轴线测量，以及纵、横坡测量，原则上每个断面 4 个测点（其中副桥最外侧测点视通视情况而布置），采用画线布点。主梁测点布置如图 8.1 所示。

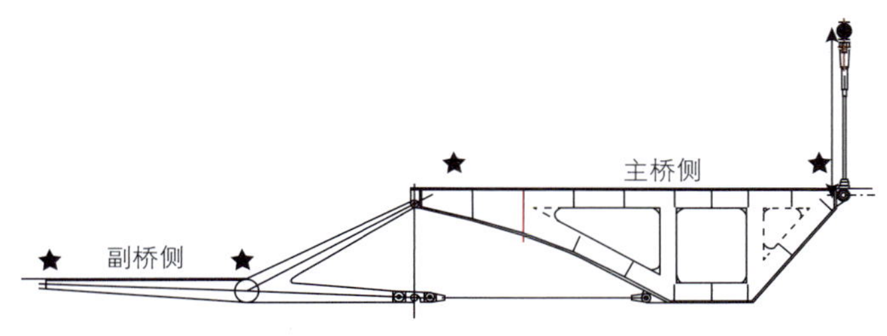

图 8.1　主梁测点布置图（★标为测点）

桥梁测试断面：17 轴、14 轴、11 轴、8 轴、4 轴、0 轴、4′ 轴、8′ 轴、11′ 轴、14′ 轴、17′ 轴。

由于测量结果较多，仅给出箱梁外侧测点坐标部分测量结果作为参考，测量结果如表 8.3 所示。由测量结果可知，主梁变形满足规范要求。

2）主缆及主塔坐标监测结果

考虑到桥梁落架施工过程时间控制因素，主缆及主塔坐标监测分别采用小棱镜（图 8.2）、3D 整体线形扫描两种做法对施工过程中的线形变化进行测量。

小棱镜安装断面：14 轴、11 轴、8 轴、4 轴、0 轴、4′ 轴、8′ 轴、11′ 轴、14′ 轴。

表 8.3

箱梁外侧测点坐标实测结果(单位:m)

工况	落架前(2015.4.2)			落架前(2015.4.10)			初　始			落 架 10cm		
坐标	X	Y	Z	X	Y	Z	X	Y	Z	X	Y	Z
17′	−10 577.715	19 263.318	8.501	−10 577.708	19 263.311	8.249	−10 577.713	19 263.304	8.297	−10 577.713	19 263.304	8.198
14′	−10 578.041	19 275.314	8.945	−10 578.049	19 275.312	8.698	−10 578.040	19 275.299	8.732	−10 578.041	19 275.298	8.623
11′	−1 575.622	19 286.126	9.368	−10 575.627	19 286.128	9.119	−10 575.616	19 286.110	9.145	−10 575.611	19 286.112	9.024
8′	−10 570.830	19 296.186	9.783	−10 570.835	19 296.196	9.533	−10 570.826	19 296.168	9.557	−10 570.816	19 296.176	9.426
4′	−10 561.116	19 307.423	10.269	−10 561.121	19 307.434	10.017	−10 561.095	19 307.402	10.042	−10 561.108	19 307.404	9.909
0	−10 548.512	19 315.136	10.487	−10 548.504	19 315.144	10.235	−10 548.494	19 315.105	10.264	−10 548.493	19 315.114	10.132
4	−10 534.217	19 318.683	10.266	−10 534.217	19 318.692	10.016	−10 534.197	19 318.653	10.038	−10 534.212	19 318.662	9.909
8	−10 519.429	19 317.764	9.792	−10 519.432	19 317.770	9.538	—	—	—	—	—	—
11	−10 508.908	19 314.163	9.376	−10 508.906	19 314.162	9.125	−10 508.901	19 314.156	9.147	−10 508.904	19 314.139	9.032
14	−10 499.478	19 308.223	8.947	−10 499.473	19 308.217	8.700	−10 499.455	19 308.253	8.727	−10 499.463	19 308.207	8.618
17	−10 491.184	19 299.582	8.507	−10 491.177	19 299.577	8.260	−10 491.176	19 299.575	8.296	−10 491.179	19 299.573	8.185

(1)主缆主塔坐标测量结果

由于测量结果较多，仅给出桥梁主缆坐标部分测量结果作为参考，测量结果如表 8.4 所示。由测量结果可知，主缆主塔坐标满足规范要求。

(2)主缆 3D 线形扫描

在桥梁落架过程中，采用 Leica ScanStation C10 系统对桥梁进行 3D 扫描。扫描仪如图 8.3 所示。

图 8.2　索夹上的小棱镜测点

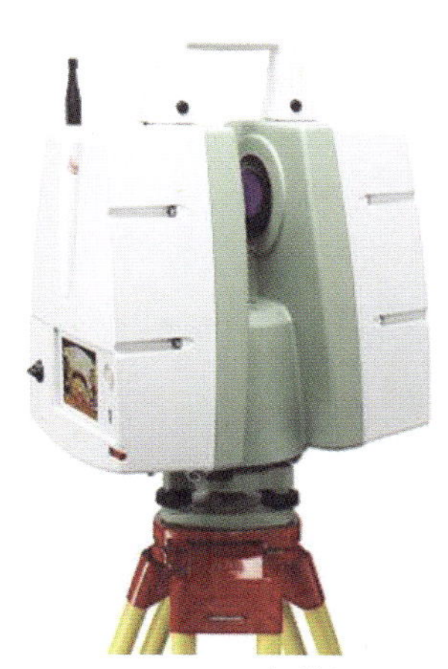

图 8.3　3D 扫描仪

捕捉桥梁主缆轴线等位置，通过现场扫描结果可以发现桥梁主缆线形平顺，姿态良好，与现场全站仪测量位置吻合较好。部分 3D 扫描线形图如图 8.4 ~ 图 8.7 所示。

3)索夹、销轴、球铰和锚固坐标监测结果

索夹坐标的监测指主缆上各吊索索夹中心处的坐标监测，实际测量中分别通过索夹向心面（面向箱梁中心）中心点和背心面（背离箱梁中心）中心点的坐标测量计算索夹结构中心点的空间坐标。

图 8.4　初始阶段桥梁主缆 3D 扫描线形图

图 8.5　落架 10cm 阶段桥梁主缆 3D 扫描线形图

桥梁主缆测点坐标实测结果(单位:m)　表 8.4

工况	落架前			初始			落架 10cm			落架 14cm		
坐标	X	Y	Z	X	Y	Z	X	Y	Z	X	Y	Z
14′	−10 579.174	19 275.296	10.011	−10 579.167	19 275.287	10.044	−10 579.088	19 275.302	9.991	−10 579.054	19 275.316	9.940
11′	−10 580.864	19 287.518	14.441	−10 580.854	19 287.514	14.459	−10 580.644	19 287.504	14.542	−10 580.558	19 287.513	14.540
8′	−10 583.813	19 304.274	23.310	−10 583.819	19 304.274	23.307	−10 583.801	19 304.278	23.310	−10 583.787	19 304.277	23.311
4′	−10 563.342	19 310.330	15.030	−10 563.330	19 310.297	15.055	−10 563.217	19 310.079	15.093	−10 563.182	19 310.001	15.067
0	−10 548.902	19 315.966	12.954	−10 548.892	19 315.931	12.982	−10 548.786	19 315.713	12.913	−10 548.751	19 315.644	12.849
4	−10 534.673	19 322.481	14.998	−10 534.667	19 322.448	15.020	−10 534.566	19 322.216	15.072	−10 534.526	19 322.134	15.054
8	−10 516.018	19 332.764	23.305	−10 516.027	19 332.770	23.300	−10 516.019	19 332.758	23.301	−10 516.019	19 332.746	23.302
11	−10 506.370	19 318.724	14.577	−10 506.385	19 318.713	14.398	−10 506.482	19 318.615	14.607	−10 506.527	19 318.579	14.591
14	−10 498.738	19 308.960	10.050	−10 498.745	19 308.952	10.079	−10 498.783	19 308.933	10.003	−10 498.810	19 308.922	9.939

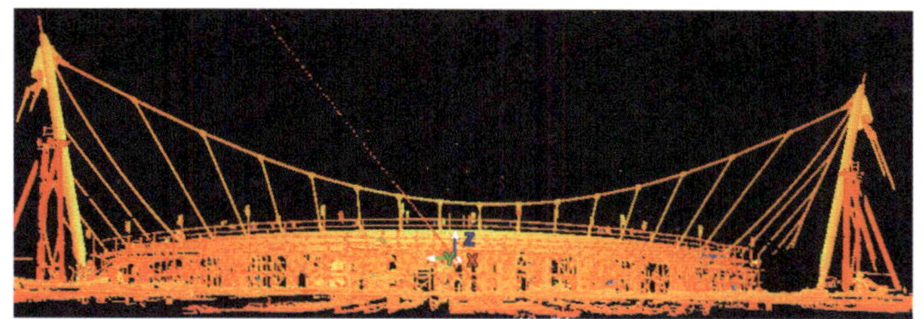

图 8.6　落架 14cm 阶段桥梁主缆 3D 扫描线形图

图 8.7　落架 22cm 阶段桥梁主缆 3D 扫描线形图

销轴中心坐标监测主要包括主塔上主缆销轴、主塔上吊索销轴、主塔上背索销轴和基础上背索销轴的测量，也是通过测量销轴两个外表面的中心点的坐标计算销轴结构中心点的坐标。

球铰坐标是测量球铰同一个平面四个方向的空间坐标值。

锚固坐标代表两侧桥台主缆锚固中心点处的空间坐标值。

由于测量结果较多，仅给出桥梁主缆索夹坐标部分测量结果作为参考，测量结果如表 8.5 所示。由测量结果可知，索夹、销轴、球铰和锚固坐标满足规范要求。

8.4.2 应力应变测量结果

在设计时，虽然可以采用各种方法来进行模拟结构计算，但实际施工中影响桥梁结构内力和变形的因素是众多和复杂的，因此实际结构中内力和变形往往不能与计算值相符，为了确保结构施工过程的安全，对某些关键截面进行应力监测是必需的。应力监测包括塔柱和主梁两部分（图 8.8、图 8.9）。

图 8.8　塔柱测点布置图

图 8.9　主梁测点布置图

桥梁主缆索夹坐标实测结果(单位:m)　　表 8.5

工况	落架前(2015.4.2)			落架前(2015.4.10)			落　架　前			落　架　后		
坐标	X	Y	Z	X	Y	Z	X	Y	Z	X	Y	Z
15′	—	—	—	−10 579.066	19 271.402	9.295	−10 578.885	19 271.646	8.932	−10 578.803	19 271.653	8.651
	—	—	—	−10 578.892	19 271.456	9.320	−10 578.726	19 271.681	9.000	−10 578.629	19 271.689	8.688
14′	−10 579.191	19 275.19 4	9.992	−10 579.294	19 275.177	10.152	−10 579.168	19 275.394	9.808	−10 578.980	19 275.412	9.578
	−10 579.014	19 275.175	10.052	−10 579.133	19 275.223	11.217	−10 579.027	19 275.432	9.909	−10 578.815	19 275.431	9.640
13′	−10 579.440	19 279.153	10.947	−10 579.570	19 279.137	11.163	−10 579.545	19 279.134	10.911	−10 579.241	19 279.215	10.740
	−10 579.275	19 279.132	11.067	−10 579.419	19 279.176	11.239	−10 579.409	19 279.162	11.008	−10 579.086	19 279.248	10.824
12′	−10 579.966	19 283.238	12.464	−10 580.105	19 283.220	12.614	−10 580.081	19 283.220	12.358	−10 579.681	19 283.289	12.275
	−10 579.817	19 283.188	12.562	−10 579.966	19 283.240	12.713	−10 579.964	19 283.226	12.480	−10 579.531	19 283.290	12.367
11′	−10 580.700	19 287.638	14.352	−10 580.834	19 287.624	14.487	−10 580.817	19 287.624	14.235	−10 580.340	19 287.687	14.213
	—	—	—	−10 580.704	19 287.653	14.604	−10 580.705	19 287.612	14.358	−10 580.211	19 287.700	14.345
10′	−10 581.729	19 292.507	16.783	−10 581.848	19 292.497	16.940	−10 581.832	19 292.505	16.685	−10 581.327	19 292.572	16.695
	−10 581.595	19 292.470	16.900	−10 581.718	19 292.484	17.051	−10 581.722	19 292.481	16.808	−10 581.203	19 292.575	16.832
9′	−10 583.116	19 298.113	19.932	−10 583.105	19 298.121	20.077	−10 583.097	19 298.131	19.830	−10 582.711	19 298.173	19.850
	−10 582.983	19 298.049	20.045	−10 582.995	19 298.087	20.202	−10 582.998	19 298.087	19.961	−10 582.592	19 298.152	19.985
7′	−10 578.098	19 306.317	20.567	−10 578.126	19 306.315	20.885	−10 578.148	19 306.311	20.642	−10 577.819	19 306.125	20.589
	−10 578.024	19 306.206	20.691	−10 577.971	19 306.234	20.960	−10 577.971	19 306.246	20.712	−10 577.813	19 305.973	20.682
6′	−10 572.476	19 307.665	18.049	−10 572.582	19 307.671	18.367	−10 572.597	19 307.660	18.112	−10 572.250	19 307.329	18.007
	−10 572.528	19 307.536	18.234	−10 572.415	19 307.594	18.440	−10 572.421	19 307.608	18.180	−10 572.225	19 307.176	18.091
5′	−10 567.733	19 309.008	16.223	−10 567.801	19 308.993	16.488	−10 567.782	19 309.024	16.228	−10 567.542	19 308.595	16.058
	−10 567.660	19 308.892	16.337	−10 567.636	19 308.925	16.565	−10 567.655	19 308.934	16.297	−10 567.450	19 308.467	16.155

各阶段截面应力测量的基本方法是采用振弦式应变计粘贴在结构表面进行测试。测点布置遵循“少而精”的原则。

1）塔柱应力应变监测结果

塔柱测点布设在塔根空心截面处，每个断面 2 个测点。入口处桥塔边跨侧测点为 1 号测点，正对内弧方向为 2 号测点，对应北侧的桥塔相应测点为 3 号、4 号测点，每座桥共 4 个测点，如图 8.10 所示。

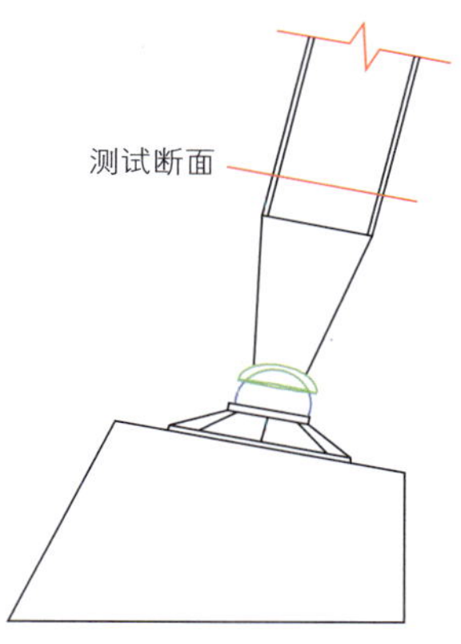

图 8.10　塔柱测点布置图

由于测量结果较多，仅给出塔柱应力部分测量结果作为参考，测量结果如表 8.6 所示。由测量结果可知，塔柱应力满足规范要求。

桥梁索塔应力测量表（单位：MPa）　　表 8.6

工况＼测点	落架过程中			
	1	2	3	4
阶段一（环索张拉至 20%）	-4.408	-5.776	-3.952	-7.828
阶段二（落架 10cm）	-4.864	-6.384	-6.080	-7.752
阶段四（落架 14 cm）	-9.956	-12.844	-11.096	-13.832
阶段七（环索张拉 60%）	-8.816	-9.652	-9.804	-12.008
阶段九（落架 22 cm）	-16.112	-18.012	-17.480	-19.835
阶段十（环索张拉 80%）	-19.759	-21.127	-19.987	-23.331
阶段十四（落架 26 cm）	-24.395	-27.815	-27.435	-31.539
工况	落架后			
测点	1	2	3	4
	-56.695	-44.991	-49.019	-23.787

2）钢箱梁及 Y 形臂应力应变监测结果

根据监控要求，选择受力最不利的几个断面进行监测。

桥梁 5 个测试断面，每个断面 3 个测点，每个测点布置 1 个应变计，桥梁两端再各布置一个 Y 形臂测点，共 17 个传感器，如图 8.11 所示。

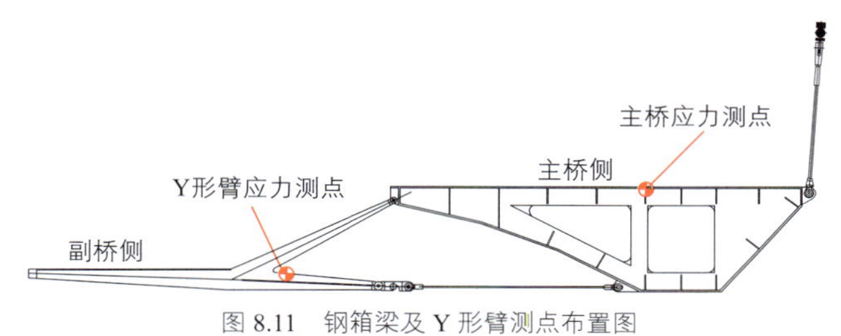

图 8.11　钢箱梁及 Y 形臂测点布置图

由于测量结果较多，仅给出钢箱梁及 Y 形臂应力部分测量结果作为参考，测量结果如表 8.7 所示。由测量结果可知，钢箱梁及 Y 形臂应力满足规范要求。

桥梁钢箱梁及 Y 形臂应力监测(单位:MPa)　　表 8.7

测点＼工况	落架过程中							落架后
	阶段一(环索张拉至 20%)	阶段二(落架 10cm)	阶段四(落架 14cm)	阶段七(环索张拉 60%)	阶段九(落架 22cm)	阶段十(环索张拉 80%)	阶段十四(落架 26cm)	—
1(Y 形臂)	8.939	21.566	10.168	-7.421	-21.68	-26.019	-42.319	-66.911
2	-5.679	-3.502	-10.662	-17.926	-15.202	-14.703	-1.789	-31.181
3	-5.732	-5.603	-8.153	-2.972	-2.446	-0.636	4.409	-9.127
4(Y 形臂)	0.461	0.12	-0.749	1.596	1.532	3.74	3.376	-16.439
5	-7.276	-13.263	-20.25	0.346	-5.092	-0.321	-18.361	-34.582
6	-1.418	-4.315	-9.546	6.53	6.892	7.101	1.26	-9.316
7(Y 形臂)	-5.413	1.336	45.866	51.782	51.063	54.828	55.84	60.077
8	2.091	2.434	-3.082	-3.393	-4.436	-2.903	3.542	-14.569
9	0.014	0.566	1.68	6.845	5.915	10.709	15.455	-23.064
10(Y 形臂)	-3.035	-3.038	-6.832	0.131	-0.658	0.099	1.469	8.459
11	-3.962	-3.441	-13.435	4.321	-0.205	-0.548	-6.852	-15.767
12	-2.669	-2.807	-9.795	1.37	-1.654	-0.333	-2.55	-15.415
13(Y 形臂)	-10.44	-9.865	11.33	19.115	18.839	20.032	22.018	17.855
14	-3.208	-2.869	-2.496	-11.495	-6.036	4.345	-2.243	-21.631
15	-3.286	-3.466	-4.628	-0.9	0.041	5.488	2.715	-3.283
16(Y 形臂)	3.156	2.531	0.552	-4.217	-3.519	-6.267	-9.15	-10.69
17(Y 形臂)	3.526	3.22	-12.379	-9.952	-14.835	-18.265	-24.756	-15.288

8.4.3 索力监测结果

1)测试对象

吊索是悬索桥中最主要的传力构件之一,吊索力直接关系到主梁线形和结构受力的合理性,因此在施工中必须保证吊杆力测试结果准确可靠。主梁梁底的环向水平拉索采用两端张拉,其内力的变化也是重要关注点。

本项目采用频率测试法,在落架、分阶段张拉环向索和调索过程中用频率测试法对所有的拉索内力进行测量,为控制方提供数据支持。

2)测试方法及设备

(1)东方所的 DASP 专业版平台软件

DASP 专业版针对具体工程,示波器中提供了单踪或多踪吊杆力实时测量、静载试验实时分析、时域在线监测和频域在线监测等,十分适用于桥梁索力监测。其中的频率计技术使得测量频率的精度能达到万分之一、幅值精度达到千分之一、相位精度在 1° 之内;阻尼计技术使得精度有数量级的提高。

(2)拾振器

拾振器采用了无源闭环伺服技术,以获得良好的超低频特性。设有加速度、小速度、中速度和大速度四档。仪器具有体积小、重量轻、使用方便、分辨率高、动态范围大及一机多用的特点,可直接与各种记录器及数据采集系统配接。每套 941B 型超低频测振仪包括 941B 型拾振器六台（四台水平向，两台铅垂向）和 941 型放大器（六线）一台。作为一种用于超低频或低频振动测量的多功能仪器，尤其适合斜拉索的低频测量。

3）索力监测结果

由于测量结果较多，仅给出桥梁索力部分测量结果作为参考，测量结果如表 8.8 所示。由测量结果可知，桥梁索力满足规范要求。

桥梁索力各工况监测结果表（单位：kN）　　表 8.8

对应工况	落架 10cm	落架 14cm	落架 22cm	落架后	落架后	落架后	落架后	落架后
对应日期	2015.4.14	2015.4.14	2015.4.14	2015.4.16	2015.4.17	2015.5.4	2015.5.23	2015.5.26
11′	—	—	—	—	191	—	202	—
10′	—	—	—	—	173	—	165	—
9′	7	16	38	133	167	187	192	—
8′	15	17	16	195	130	314	315	340
7′	7	15	34	124	178	190	183	—
6′	—	—	—	—	180	—	207	—
5′	—	—	—	—	190	—	195	—
4′	—	—	—	—	180	—	156	—
8′ 轴背索 -1	729	998	1 283	2 285	2 623	2 965	2 679	2 932
8′ 轴背索 -2	1 031	1 339	1 692	3 039	3 295	3 496	3 574	3 608
4	—	—	—	—	213	—	214	—
5	—	—	—	—	178	—	190	—
6	—	—	—	—	186	—	207	—
7	29	51	79	211	214	215	222	—
8	15	17	16	192	319	472	509	509
9	17	29	54	176	177	193	193	—
10	—	—	—	—	178	—	182	—
11	—	—	—	—	214	—	197	—
8 轴背索 -1	1 030	1 377	1 742	3 269	3 280	3 496	3 657	3 496
8 轴背索 -2	950	1 198	1 671	2 965	3 308	3 496	3 657	3 496

8.4.4　桥梁落架过程中基础沉降监测结果

在落架过程中，桥梁施工荷载及张拉水平拉索均会引起主梁两端位移。为保证施工安全，须在施工各阶段监测边墩位移的变化，使其控制在设计范围内。

每个边墩上各布置 2 个测点，每个塔柱根部布置 1 个测点，用于沉降观测。桥梁 6 个测点，西桥 6 个测点。测点布设采用道钉固定在监测构件上。

在桥梁和西桥施工落架的过程中，对桥台基础和主塔基础进行了沉降监测，测点布置图如图 8.12 所示。

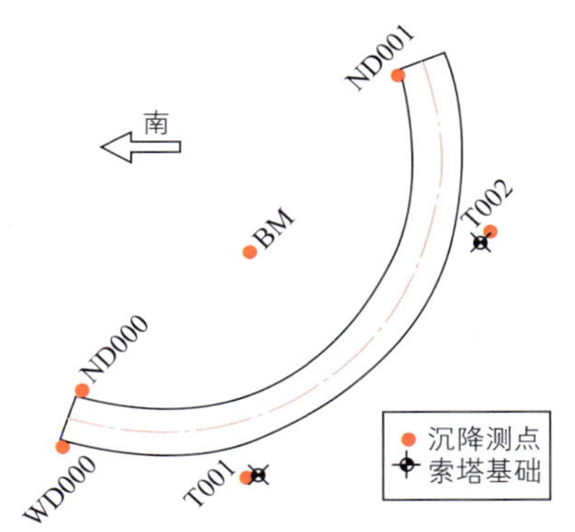

图 8.12　沉降测点布置图

桥梁落架过程中基础沉降测量结果如表 8.9 所示。由测量结果可知，桥梁在落架过程中，桥台基础最大沉降值为 2.00mm，主塔基础最大沉降值为 1.46mm，均符合规范的要求，在可控范围内。

桥梁基础沉降监测结果表　　表 8.9

测点号	桥　梁　工　况			
	落架 10cm 基础沉降（mm）	落架 14cm 基础沉降（mm）	落架 24cm 基础沉降（mm）	落架 26cm 基础沉降（mm）
WD000	-0.08	1.57	0.24	-2.00
T001	0.18	0.41	-0.37	-1.46
T002	0.03	0.24	0.15	0.02
ND001	0.73	0.92	0.16	0.93
ND000	1.24	1.41	1.29	1.77

8.4.5　其他监测结果

（1）落架前沉降测量结果

在桥梁钢箱梁安装过程中，为防止地基不均匀沉降的发生，在落架前，对钢管临时支撑的条形基础及桥台基础进行了沉降监测。根据沉降监测结果可知，在桥梁落架施工前沉降有所发展，但是整体沉降相对较小。桥梁测点布设见图 8.13。

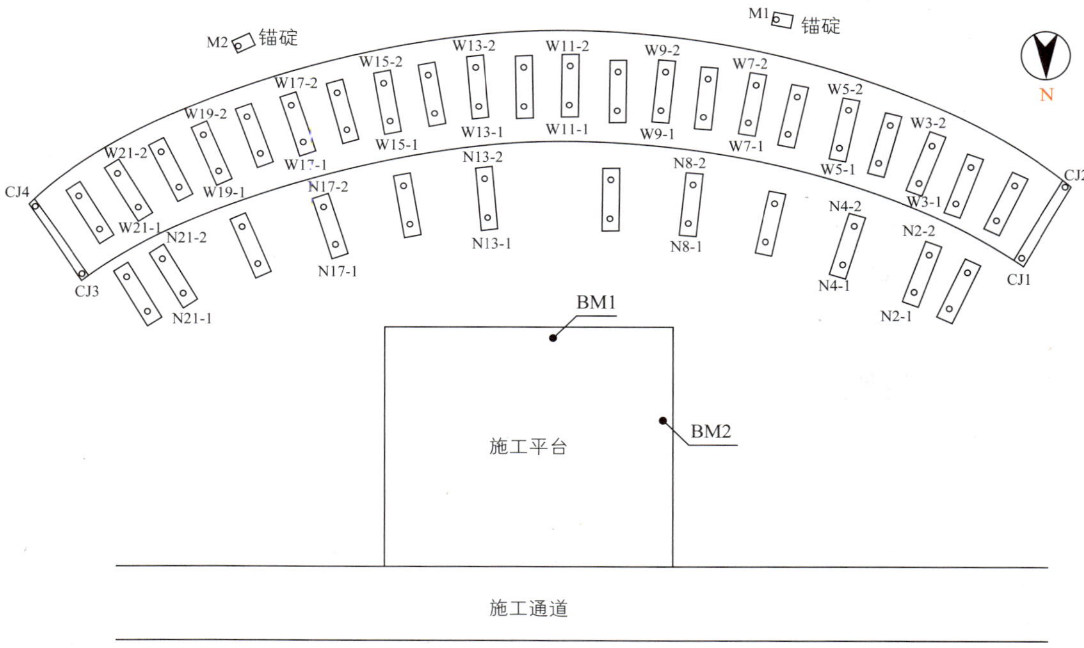

图 8.13　沉降测点布置图

（2）桥梁背索基础测量结果

落架后对桥梁的背索基础四个面的测点进行了测量，测量结果满足要求。

(3)桥梁桥台锚固点及主塔球铰处测量结果

对主缆在桥台的锚固点和主塔的球铰进行了测量，测量结果满足要求。

8.5 建议

本桥结构受力较复杂，结构安全运营及持久服务受众多因素影响和控制。建议在运行过程中严格按现行桥梁管理养护规范加强对桥梁的日常巡查与定期检查工作，注重桥梁结构运营期的管理与养护，对关键参数(索力、塔墩基础位置、箱梁坐标)加强监测与分析评估，确保设计基准期内桥梁运行状态下结构的安全与耐久。

第 9 章 单边悬索桥静力荷载试验

9.1 静力荷载试验目的及内容

9.1.1 试验目的

桥梁静力荷载试验，主要是通过测量桥梁结构在静力试验荷载作用下的变形和内力，用以确定桥梁结构的实际工作状态与设计期望值是否相符。它是检验桥梁结构实际工作性能，如结构的强度、刚度等的最直接和最有效的手段和方法。

本试验旨在通过测量背索索力、吊索索力、桥面测点坐标、塔顶测点坐标、主副桥截面和主塔截面的应力值来反映桥梁的实际工作状态。

9.1.2 测试内容及工况

按设计要求，本次静载试验的测量内容为主、副桥桥面测点3维坐标、索塔塔顶3维坐标、背索索力、吊索索力、钢箱梁应力、索塔塔身应力。桥梁测试内容如表9.1所示。桥梁监测工况如表9.2所示，其中加载工况5、6加载示意如图9.1、图9.2所示。

桥梁测试内容　　表9.1

索力测量			位移测量		
测点位置	测点数量	测点类型	测点位置	测点数量	测点类型
背索	4	背索力	8轴	4	3维坐标
10轴	1	吊索力	0轴	4	3维坐标
9轴	1	吊索力	8′轴	4	3维坐标
8轴	1	吊索力	索塔塔顶	2	3维坐标
7轴	1	吊索力	应力测量		
6轴	1	吊索力	索塔塔身	2	索塔应力
6′轴	1	吊索力	8轴	4	钢箱梁应力
7′轴	1	吊索力	0轴	4	钢箱梁应力
8′轴	1	吊索力	8′轴	4	钢箱梁应力
9′轴	1	吊索力			
10′轴	1	吊索力			

注：1. 背索力测量中，4根背索各布置一个测点。

2. 坐标测点分别布置在主桥外侧、主桥内侧、副桥外侧、副桥内侧4处。

3. 应力测点布置在钢梁底面与侧面，方向为正桥向和横桥向。

桥梁监测工况表　　表9.2

阶段	指　令	测量内容	工况说明
1	主桥:0，副桥:0	所有测点	初始值
2	主桥:0，副桥:1.865kN/m^2（副桥休息区对应部位:2.38kN/m^2）	所有位移测点、8号/8′号吊索索力	主桥空载 副桥半载
3	主桥:0，副桥:3.73kN/m^2（副桥休息区对应部位:4.76kN/m^2）	所有测点	主桥空载 副桥满载

续上表

阶段	指　　令	测 量 内 容	工况说明
4	主桥：1.33kN/m²，副桥：3.73kN/m²（休息区对应部位：主桥 1.55kN/m²，副桥 4.76kN/m²）	所有位移测点、8 号/8′号吊索索力	主桥半载 副桥满载
5	主桥：2.66kN/m²，副桥：3.73kN/m²（休息区对应部位：主桥 3.10kN/m²，副桥 4.76kN/m²）	所有测点	背索最不利
6	主桥：3.06kN/m²，副桥：4.33kN/m²（休息区对应部位：主桥 3.61kN/m²，副桥 5.62kN/m²）	所有测点	索塔连接处吊索最不利
7	主桥：2.66kN/m²，副桥：0（主桥休息区对应部位：3.1kN/m²）	所有测点	主桥满载 副桥空载
8	主桥：0，副桥：0	所有测点	卸载后

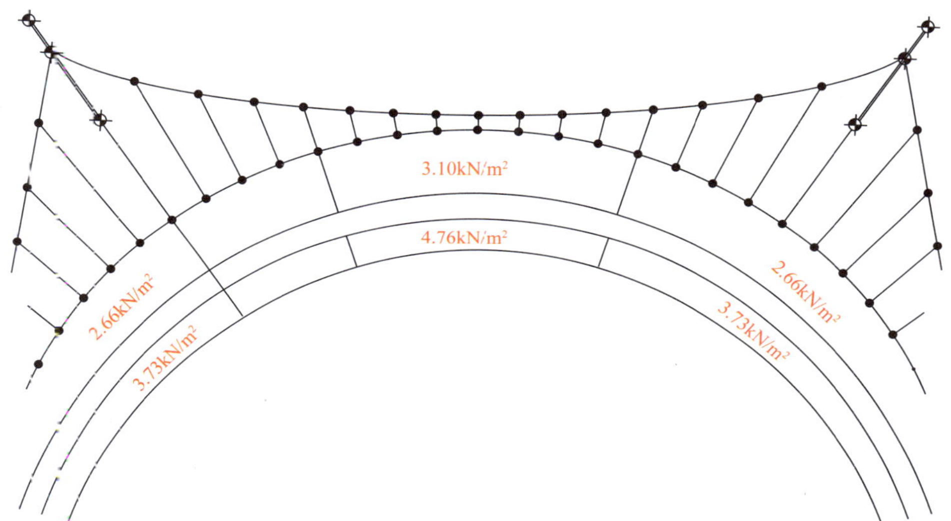

图 9.1　加载工况 5 加载示意图

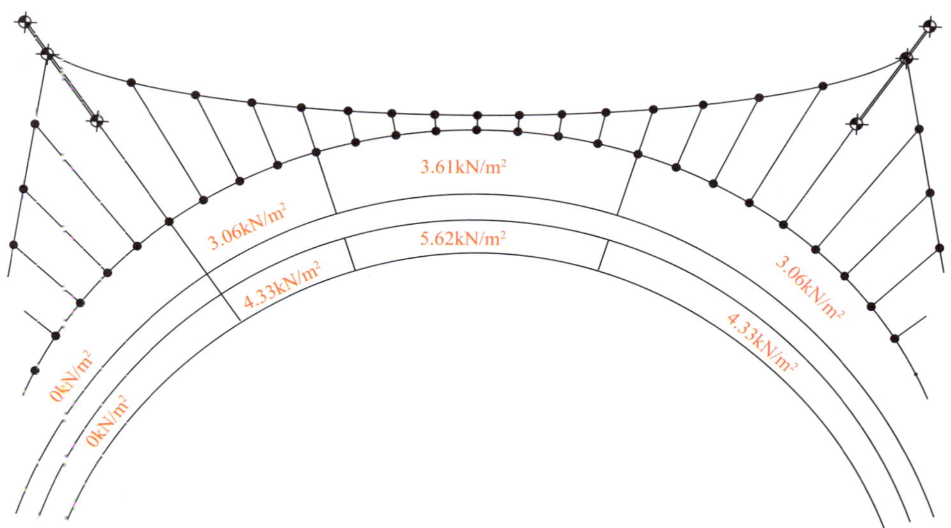

图 9.2　加载工况 6 加载示意图

9.2 试验依据

（1）《钢结构工程施工质量验收规范》（GB 50205—2001）。

（2）《公路桥涵施工技术规范》（JTG/T F50—2011）。

（3）《公路桥涵设计通用规范》（JTG D60—2004）。

（4）《工程测量规范》（GB 50026—2007）。

（5）《大跨径混凝土桥梁的试验方法》（1982 年）。

（6）《公路桥梁荷载试验规程》征求意见稿（2012 年）。

（7）《公路工程技术标准》（JTG B01—2003）。

（8）《公路工程质量检验评定标准》（JTG F80/1—2004）。

（9）《公路桥涵养护规范》（JTG H11—2004）。

（10）《迪斯尼乐园湖泊边缘景观人行桥——东 / 西桥设计图纸》。

（11）《上海迪斯尼景观桥——东 / 西桥施工方案》。

9.3 选用的仪器和设备

现场检测仪器和设备见表 9.3。

现场检测仪器和设备　　表 9.3

序号	仪器设备名称	单位	型号 / 精度	数量
1	全站仪	台	Leica TCA2003	1
2	小棱镜	只	—	13
3	弦式应变计	只	1με	19
4	静态应变测试系统	台	DH3815	4
5	INV 智能信号自动采集和处理分析系统	套	INV-306	2
6	拾振器	个	941B	14
7	钢卷尺	个	5m	2
8	测距仪	个	DISTO Classic5a	2
9	裂缝宽度观测仪	台	ZBL-F101	2
10	对讲机	台	—	5
11	现场常用工具等	—	—	—

采用 PE 材料的水袋进行静力加载，通过加设阀门与水表计量来控制水袋的重量，从而控制静力荷载大小。

9.4 静力荷载试验结果

9.4.1 位移测量结果

为保证荷载试验位移测量的精确及达到复核的目的，便于测量结果比较及应用，位移测量按与施工测量同网、同基准点的原则进行。

主梁位移测量断面位于 8 轴、0 轴、8′轴，共 3 个断面，每个断面 4 个测点（其中副桥最外侧测点视通视情况布置），采用画线布点及小棱镜相结合，如图 9.3 所示。

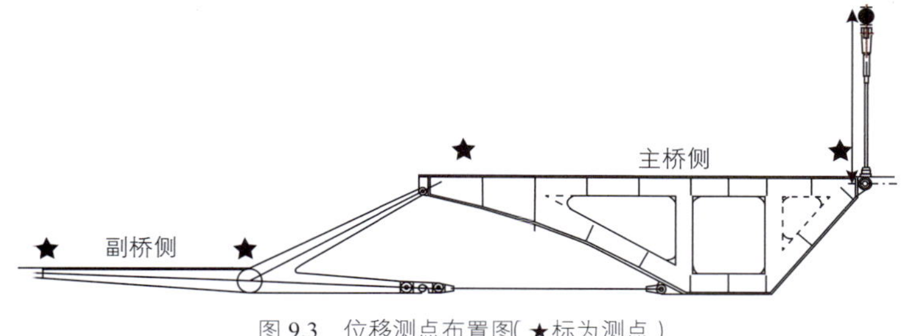

图 9.3 位移测点布置图（★标为测点）

主塔塔顶坐标通过测量主塔耳板销轴的中心点进行。在实际测量过程中，测站布置在东侧桥台，主塔测点分别选择主塔东侧耳板销轴的中心点进行测量。

通过对测量结果进行整理分析发现：主副桥和塔顶各工况各坐标测点实测高程的增量均小于理论高程的增量。跨中箱梁外缘和内缘测点、跨中副桥内缘测点三个关键测点的实测高程增量和理论高程增量的对比图如图 9.4 ~ 图 9.6 所示。

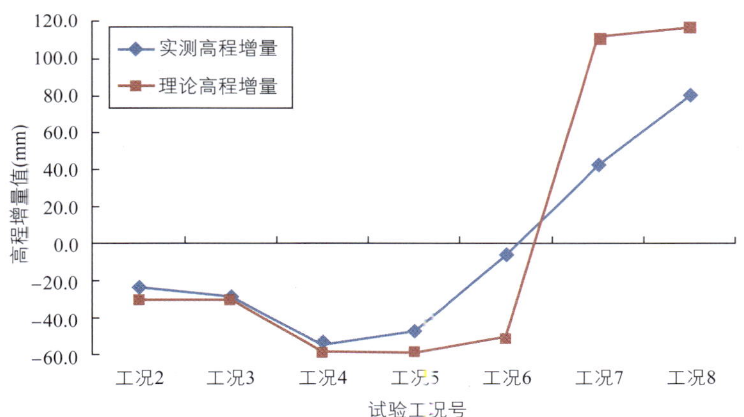

图 9.4 跨中箱梁外缘点各工况理论高程增量和实测高程增量对比图

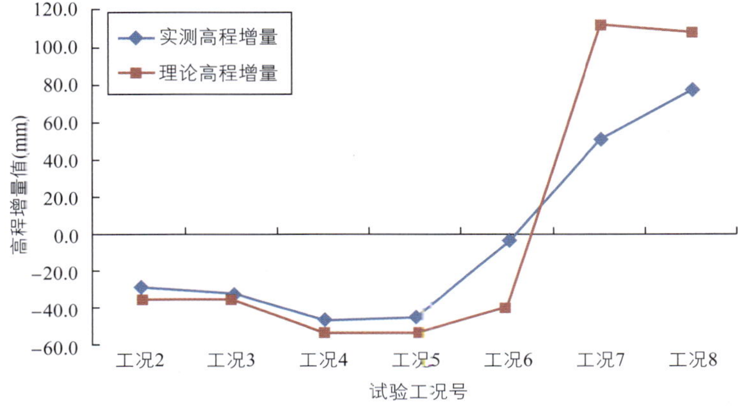

图 9.5 跨中箱梁内缘点各工况理论高程增量和实测高程增量对比图

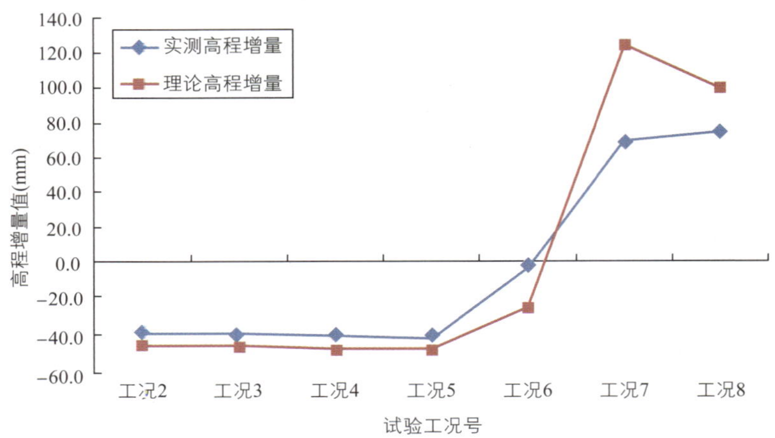

图 9.6 跨中副桥内缘点各工况理论高程增量和实测高程增量对比图

9.4.2 应力测量结果

1）测试方法及设备

根据对多种应力测试仪器的性能比较，选用GK4200 钢弦式表贴式应变计和配套的 GK-408 频率接收仪作为应力观测仪器。当结构受到外力作用后产生应变，其应变量通过钢弦式应变计的频率变化来测定，按预先标定的率定曲线，根据应变计频率推算出结构所受的力。测试设备示意如图 9.7 所示。

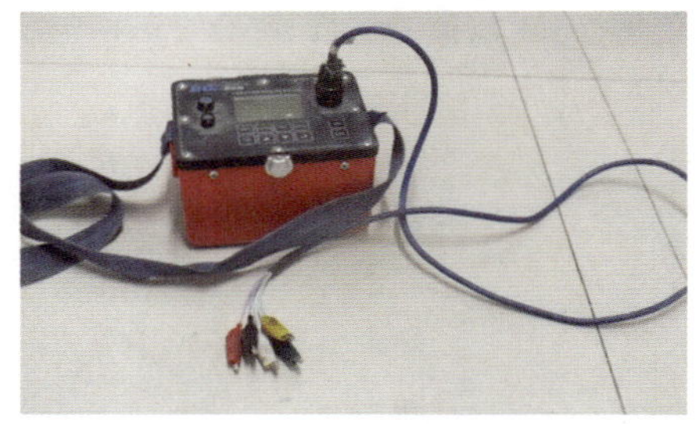
图 9.7 测试设备示意图

美国 Geokon 公司生产，GK-408 频率读数仪，激发范围 400 ~ 6 000Hz，分辨率 0.25μs/255，测量精度 0.01%。钢弦式系列应变计，量程 3 000με，灵敏度 1.0με，测量精度 ±0.1%F.S，非线性指标 <0.5%F.S，适合钢结构应力监测。弦式应变计现场安装如图 9.8 所示。

2）应力测试结果

塔柱测点布设在塔根空心截面处，测试方向沿塔柱轴线，每个断面 2 个测点，全桥共 4 个测点。主塔测点布置如图 9.9 所示。

图 9.8 弦式应变计现场安装示意图

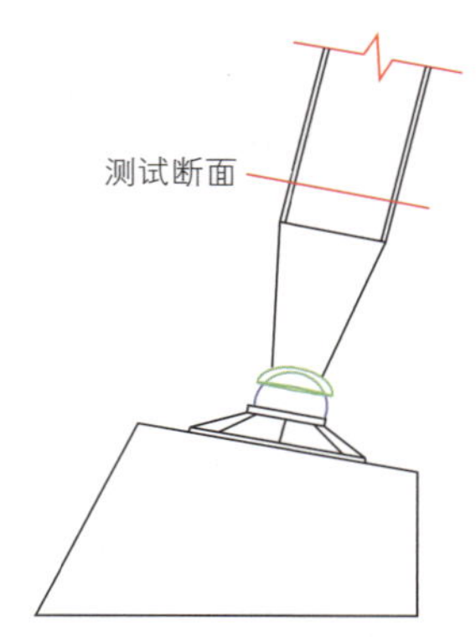

图 9.9 塔柱测点布置图

根据荷载试验要求，选择受力最不利的几个断面进行测试。箱梁3个测试断面，每个断面4个测点，每个测点布置1个应变计，合计12个传感器。副桥3个测试断面，每个断面1个测点，每个测点布置1个应变计，合计3个传感器。主副桥测点布置如图9.10～图9.12所示。

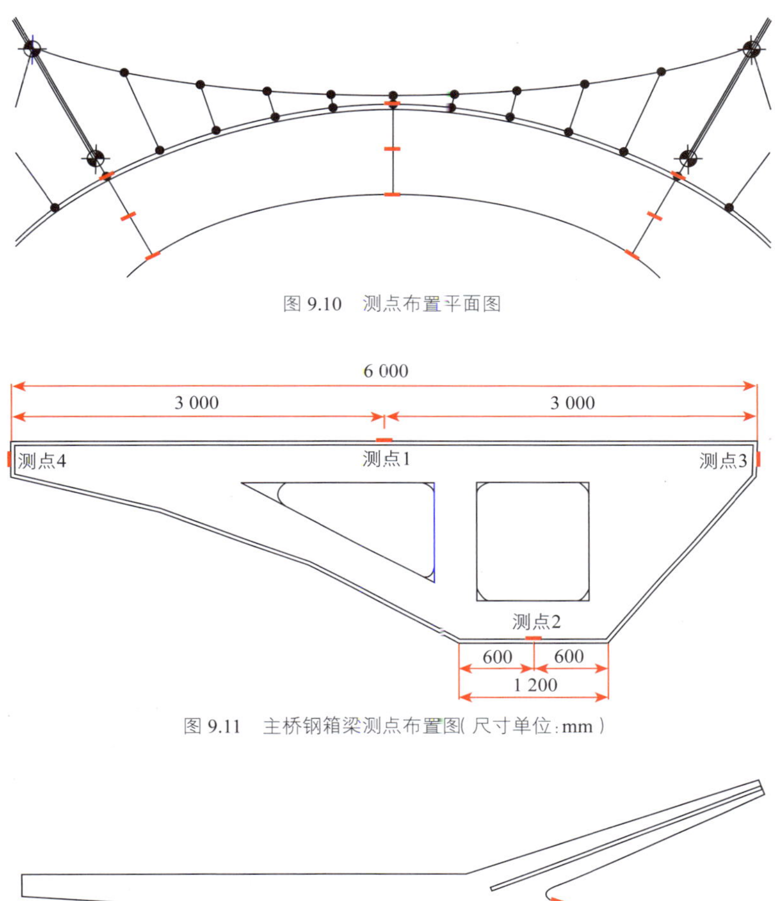

图9.10　测点布置平面图

图9.11　主桥钢箱梁测点布置图（尺寸单位：mm）

图9.12　副桥Y形臂测点布置图

在实际应变测量中，Y形臂0轴测点和主桥箱梁0轴下缘测点由于布置条件限制，取消了测点布置；在后续工况中，由于水袋施工，主桥桥面中心线测点数据部分缺失。由应变测量数据可知，实测数据均小于材料的承载极限，且和理论数据基本符合。

9.4.3　索力测量结果

1）测试对象

吊索（图9.13）是悬索桥中最主要的传力构件之一，吊索力直接关系到主梁线形和结构受力的合理性。本项目采用频率测试法，在荷载试验各工况中用频率测试法对所有的拉索内力进行测量。

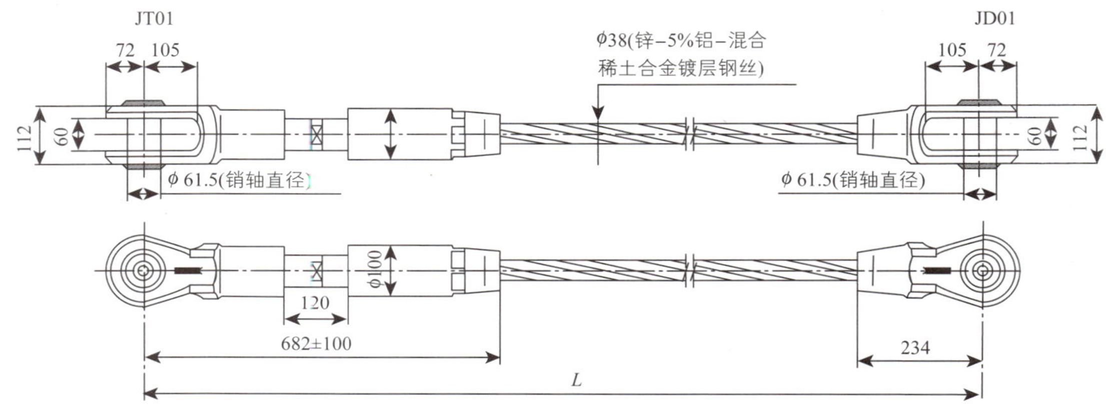

图 9.13 吊索示意图(尺寸单位:mm)

2)测试方法及设备

(1)东方所的 DASP 专业版平台软件 DASP 专业版针对具体工程,示波器中提供了单踪或多踪吊杆力实时测量、静载试验实时分析、时域在线监测和频域在线监测等,十分适用于桥梁索力测量。其中的频率计技术使得测量频率的精度能达到万分之一、幅值精度达到千分之一、相位精度在 1° 之内;阻尼计技术使得精度有数量级的提高。

(2)拾振器(图 9.14)采用了无源闭环伺服技术,以获得良好的超低频特性。设有加速度、小速度、中速度和大速度四挡。仪器具有体积小、重量轻、使用方便、分辨率高、动态范围大及一机多用的特点,可直接与各种记录器及数据采集系统配接。每套 941B 型超低频测振仪包括 941B 型拾振器六台(四台水平向,两台铅垂向)和 941 型放大器(六线)一台。实测现场如图 9.15 所示。

图 9.14 拾振器

图 9.15 频率法测索力

3）索力测量结果

吊索和背索的索力各工况实测的增量值与理论增量值的比较如图 9.16 ～ 图 9.23 所示。由各工况索力增量的对比可知，各工况的吊索和背索实测索力增量都小于理论索力增量；在卸载以后，桥梁对应主塔处吊索和背索索力均大于理论值，因此需要进行调索。

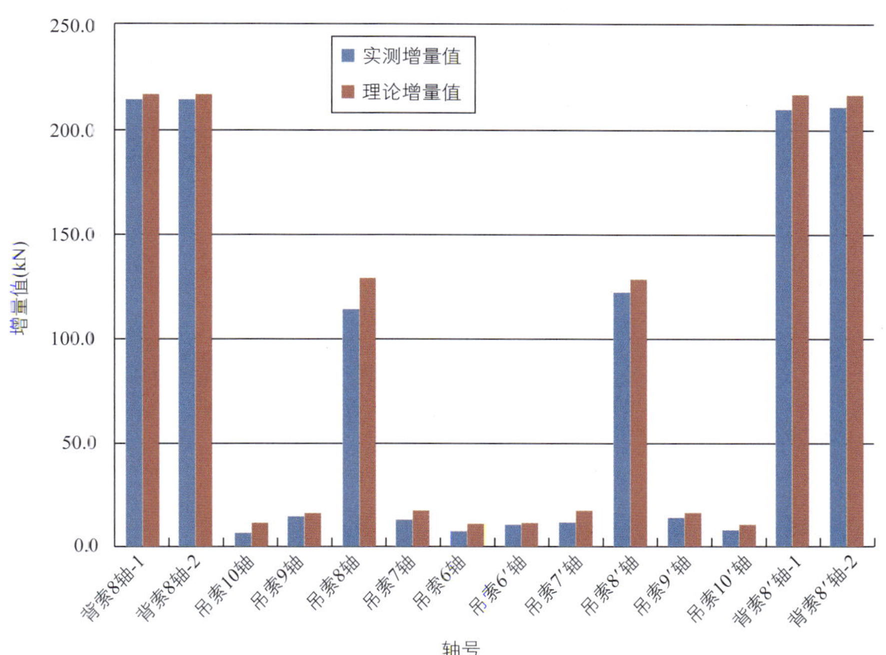

图 9.16　工况 1 索力实测增量和理论增量对比图

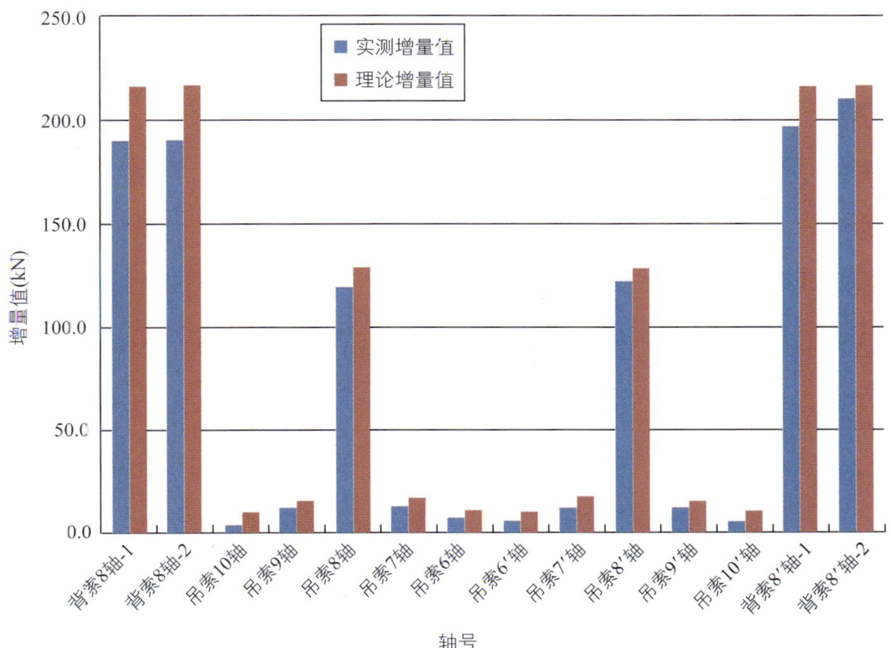

图 9.17　工况 2 索力实测增量和理论增量对比图

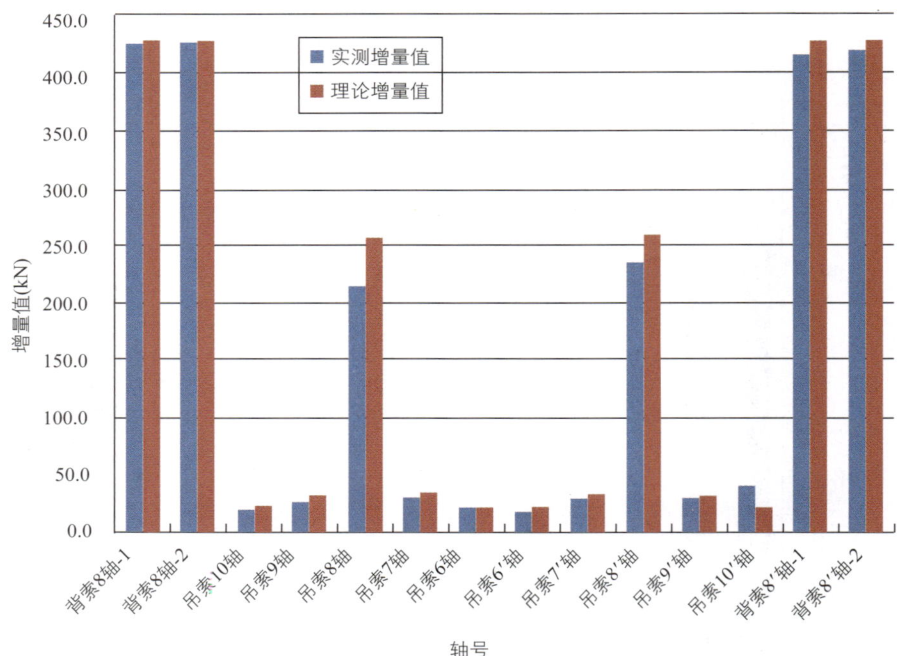

图 9.18　工况 3 索力实测增量和理论增量对比图

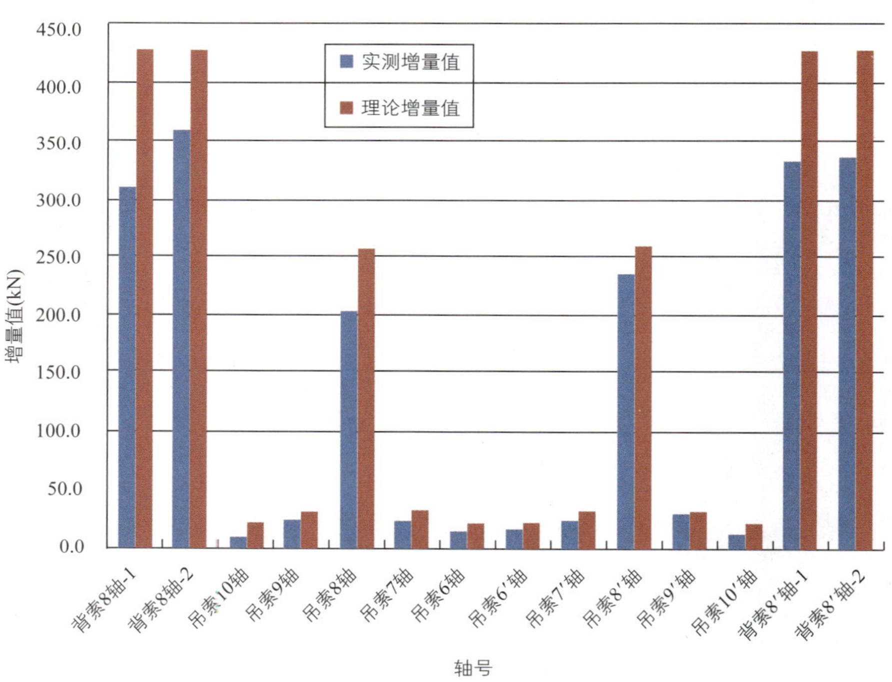

图 9.19　工况 4 索力实测增量和理论增量对比图

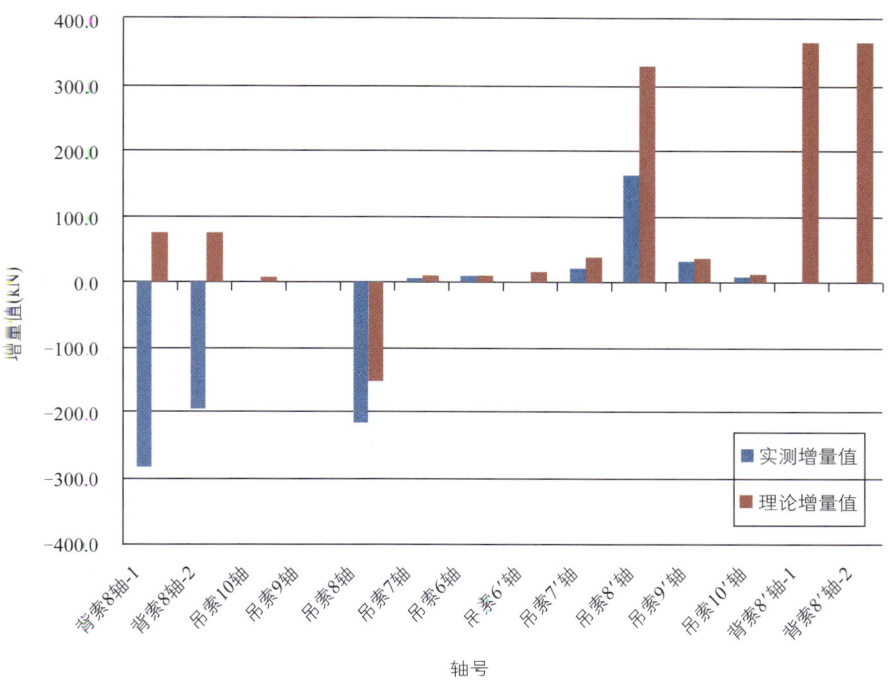

图 9.20　工况 5 索力实测增量和理论增量对比图

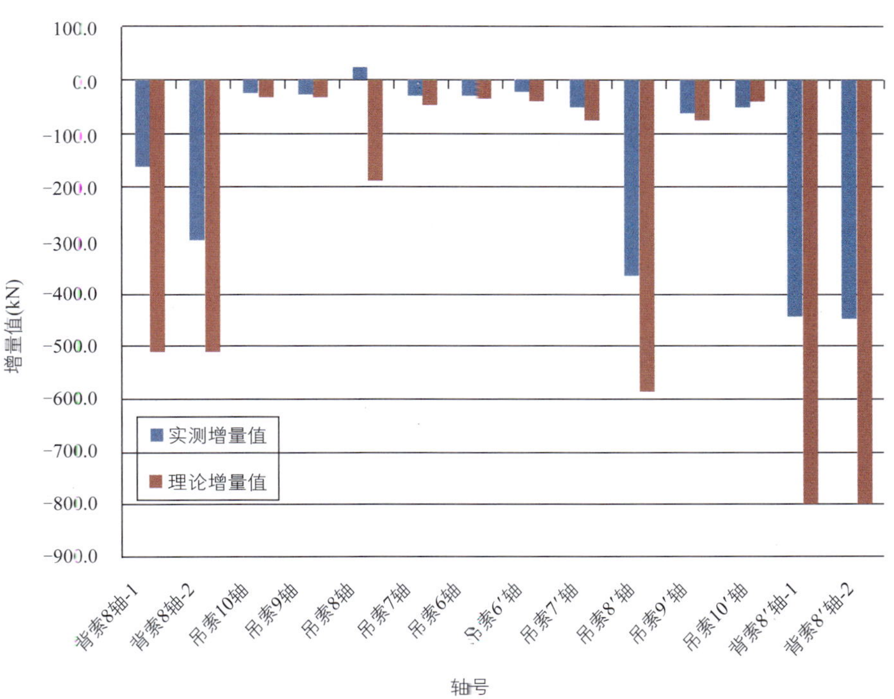

图 9.21　工况 6 索力实测增量和理论增量对比图

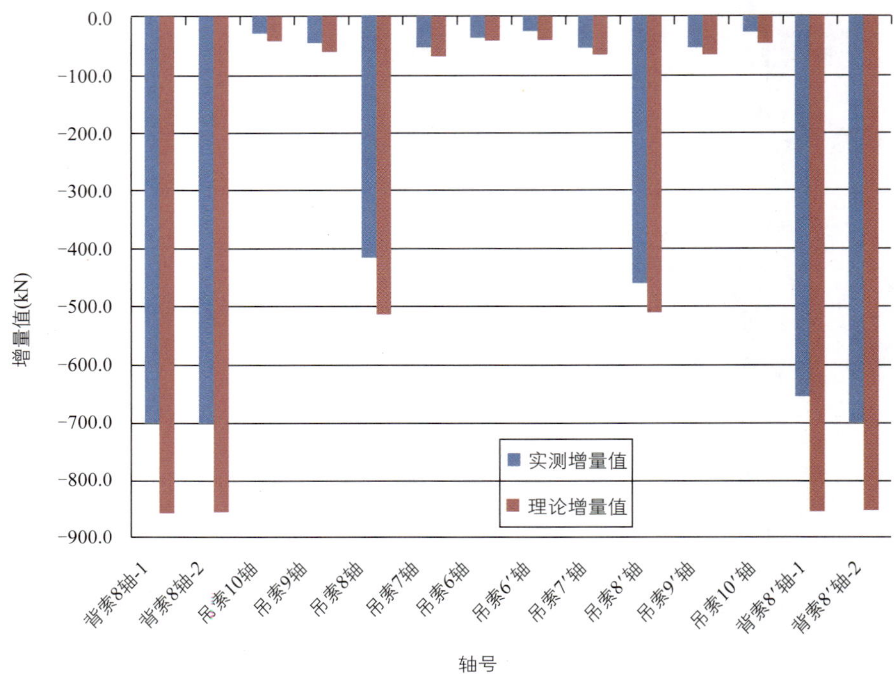

图 9.22 工况 7 索力实测增量和理论增量对比图

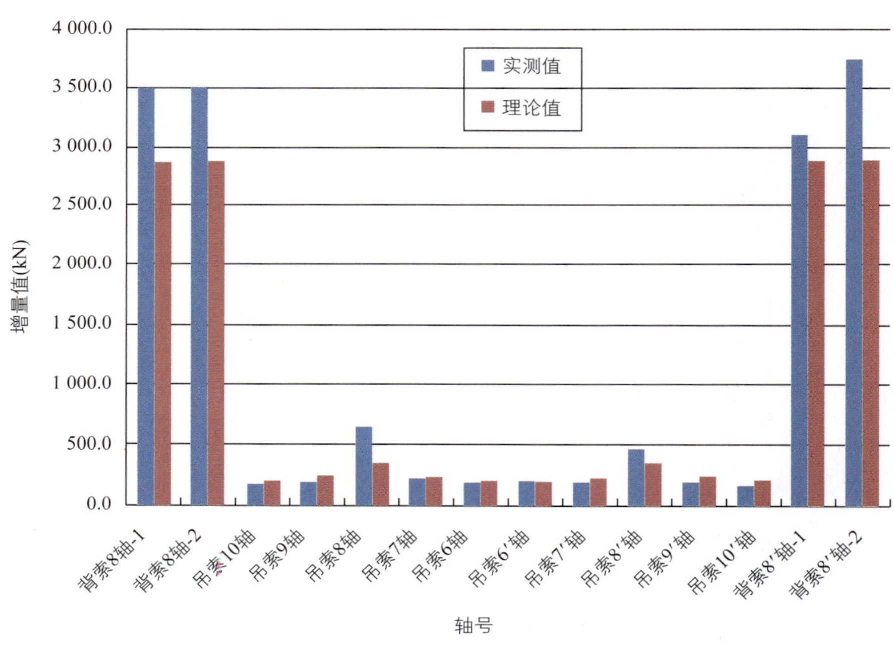

图 9.23 工况 8 索力实测增量和理论增量对比图

9.5 静力荷载试验结论

（1）由位移测量对比结果可知，各工况实测高程的增量均小于理论高程的增量。

（2）由应变测量数据可知，实测数据均小于材料的承载极限且和理论数据基本符合。

（3）由各工况索力增量的对比图可知，各工况的吊索和背索实测索力增量都小于理论索力增量；在卸载以后，桥梁对应主塔处吊索和背索索力均大于理论值，因此需要进行调索。

9.6 调索

9.6.1 调索工作流程

调索工作流程见表 9.4。现场施工如图 9.24 所示。

调索工作流程表　　表 9.4

阶段	工　作	备　注
1	测量索力初始值（所有测点） 标记 8 轴、8′轴索长初始值	将初始值交付施工、设计、咨询、监理单位审核，各方同意调索
2	8 轴吊索调长 8mm，8′轴吊索长度不变	
3	测量调索后索力（所有测点）	
4	参建各方分析测量数据	索力未达预期值，继续调索
5	8 轴吊索调长 4mm，8′轴吊索长度不变（累计调长 8 轴：12mm，8′轴：0mm）	
6	测量调索后索力（所有测点）	
7	参建各方分析测量数据	终止调索，调索工作结束

图 9.24　现场施工图

9.6.2 测量内容与测点布置

调索前后均需对吊索力与背索力进行监测：吊索测点布置在 6 轴～ 10 轴、6′轴～ 10′轴上，如图 9.25 所示红色标注区域；背索测点包括全部 4 根背索；测点共计 14 处。

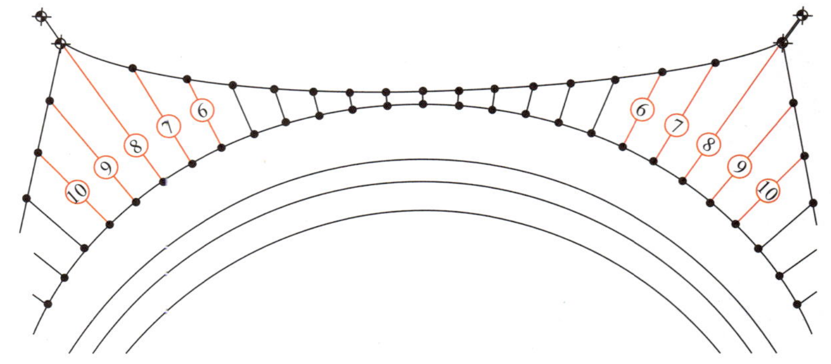

图 9.25　桥梁吊索力监测测点布置图

9.6.3　调索结果

桥梁经调索后，索力如表 9.5 所示，满足规范要求。

调 索 结 果　　表 9.5

<table>
<tr><td colspan="8">吊　索　(kN)</td></tr>
<tr><td colspan="2">轴号</td><td>调索前</td><td>调索后</td><td colspan="2">轴号</td><td>调索前</td><td>调索后</td></tr>
<tr><td colspan="2">10 轴</td><td>176.3</td><td>178.7</td><td colspan="2">10′ 轴</td><td>160.3</td><td>163.3</td></tr>
<tr><td colspan="2">9 轴</td><td>192.4</td><td>205.0</td><td colspan="2">9′ 轴</td><td>190.3</td><td>193.6</td></tr>
<tr><td colspan="2">8 轴</td><td>583.0</td><td>477.2</td><td colspan="2">8′ 轴</td><td>415.7</td><td>375.6</td></tr>
<tr><td colspan="2">7 轴</td><td>222.6</td><td>229.4</td><td colspan="2">7′ 轴</td><td>181.4</td><td>182.8</td></tr>
<tr><td colspan="2">6 轴</td><td>197.9</td><td>204.8</td><td colspan="2">6′ 轴</td><td>196.7</td><td>199.2</td></tr>
<tr><td colspan="8">背　索　(kN)</td></tr>
<tr><td>轴号</td><td>点位</td><td>调索前</td><td>调索后</td><td>轴号</td><td>点位</td><td>调索前</td><td>调索后</td></tr>
<tr><td rowspan="2">8 轴</td><td>1</td><td>3 404.4</td><td>3 423.3</td><td rowspan="2">8′ 轴</td><td>1</td><td>3 060.0</td><td>3 041.1</td></tr>
<tr><td>2</td><td>3 404.4</td><td>3 423.3</td><td>2</td><td>3 698.4</td><td>3 733.7</td></tr>
</table>

注：背索监测点位 1、2 分别代表两根 ϕ115 索。

第10章

单边悬索桥动力荷载试验

10.1 动载试验目的及依据

10.1.1 动载试验目的

(1)通过环境振动测试,测定桥梁在成桥状态下的动力特性,检验桥梁的工程质量,为桥梁竣工验收提供必要的技术数据。

(2)记录桥梁在建成初期、健康状态下的动力特性,为今后桥梁的健康监测提供初始数据,建立桥梁的原始档案。

(3)通过人行振动测试,测定桥梁在不同人行荷载工况下的振动响应,评估本桥在正常使用情况下的舒适性程度。

(4)根据实际成桥状态下桥梁的动力特性,确定调谐质量阻尼器(TMD)的弹簧参数和阻尼参数,以达到最优的减振效果。

(5)通过人行振动测试,测定安装了 TMD 后的桥梁在不同人行荷载工况下的振动响应,检验 TMD 的减振效果。

10.1.2 动载试验依据

(1)《公路桥涵养护规范》(JTG H11—2004)。

(2)法国人行桥设计规范 Setra。

(3)欧洲人行桥设计规范 HiVoSS。

(4)公路桥梁设计、施工有关规范、规程及标准。

(5)景区人行桥有关设计文件、施工图等技术资料。

(6)《上海迪斯尼乐园湖畔景观人行桥(桥梁)——人致振动舒适性评估报告》。

10.2 TMD 锁定状态试验

10.2.1 理论计算

在 TMD 处于锁定的状态下,与主梁有关的各阶模态及振动频率如表 10.1 所示。

成桥状态动力特性(不计活载)　　表 10.1

阶数	频率(Hz)	振 型 特 性
1	1.300	主梁一阶竖弯
4	1.610	主梁二阶竖弯 + 沿桥跨方向摆动
7	2.585	主梁三阶竖弯 + 外侧主缆同向一阶振动
9	2.735	主梁三阶竖弯 + 外侧主缆同向一阶振动(振动方向与第七阶相反)
12	4.335	主梁四阶竖弯
16	5.492	主梁一阶扭转

各阶振型如图 10.1 ～ 图 10.5 所示。

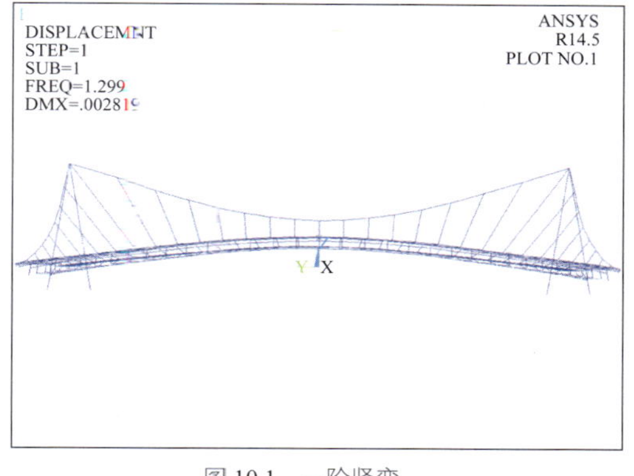

图 10.1　一阶竖弯

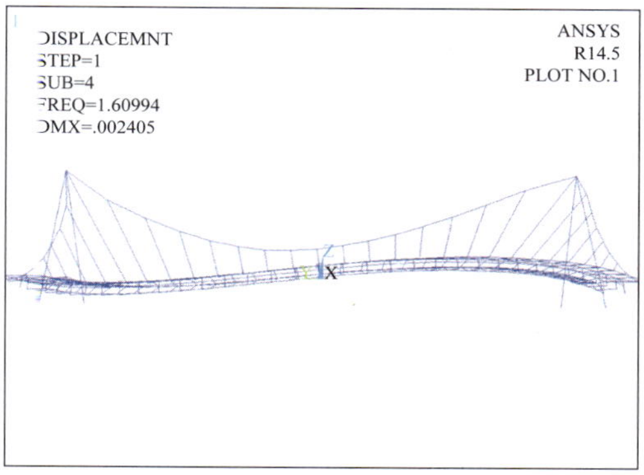

图 10.2　二阶竖弯

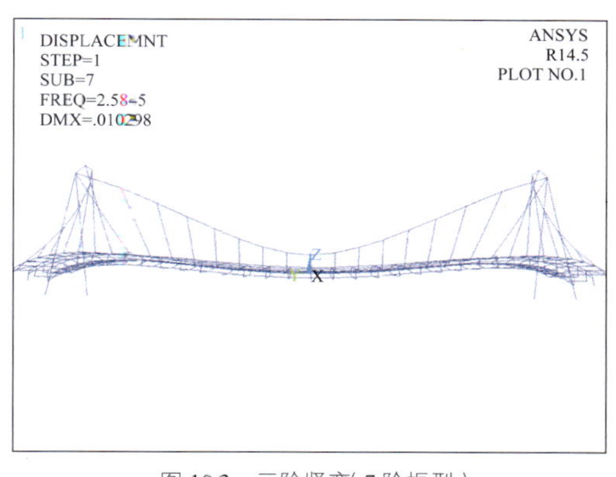

图 10.3　三阶竖弯(7 阶振型)

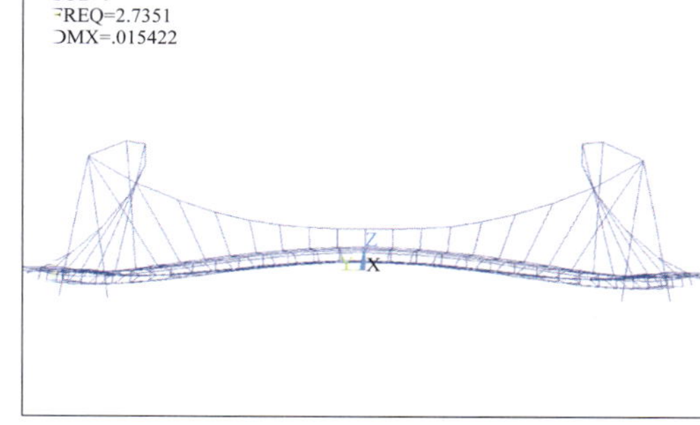

图 10.4　三阶竖弯(9 阶振型)

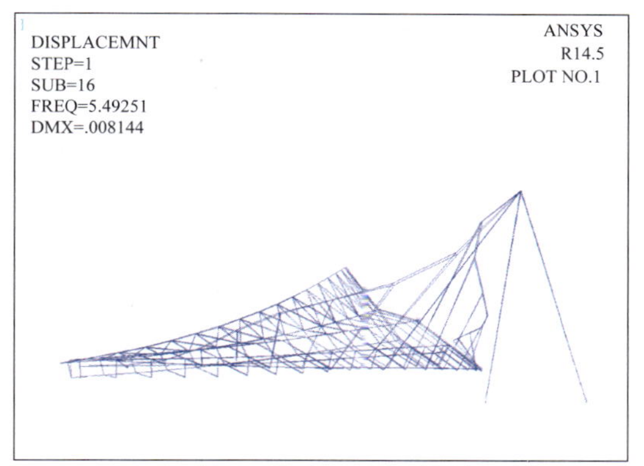

图 10.5　主梁一阶扭转(16 阶振型)

10.2.2　试验方案

1) 测点布置

本次动载试验在全桥共布置了 15 个加速度传感器，包括 12 个竖向加速度传感器、2 个横向加速度传感器、1 个纵向加速度传感器，布置位置及测点编号如图 10.6 所示。

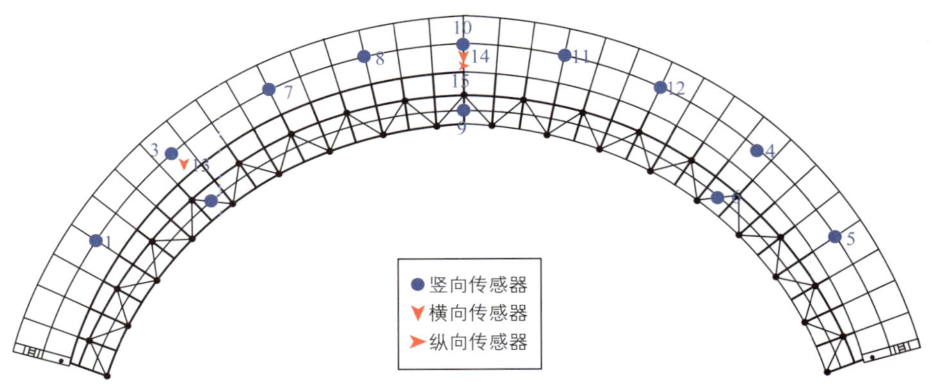

图 10.6　桥梁测点布置及编号

2）试验工况

对桥梁 TMD 锁定状态下的动载试验，共进行了 8 个试验工况，具体说明如表 10.2 所示。

桥梁 TMD 锁定动载试验工况　　表 10.2

工况编号	工况名称	持续时间（min）	开始时间	激励位置	说　明
1	环境激励	16.7	15:09	—	—
2	环境激励	8.5	15:19	—	—
3	踏步激励	13.8	15:47	1/4 跨	主桥 22 人，副桥 8 人
4	跳跃激励	6.6	15:55	1/4 跨	主桥 24 人，副桥 6 人
5	跳跃激励	7.9	16:02	1/4 跨	主桥 30 人
6	跳跃激励	5.5	16:10	1/2 跨	主桥 24 人
7	跳跃激励	5.8	16:17	1/2 跨	副桥 8 人 1 次，副桥 15 人 2 次
8	环境激励	13.6	16:30	—	—

桥梁踏步激励现场如图 10.7 所示。

图 10.7　桥梁踏步激励现场

10.2.3　试验结果

1）环境激励

环境激励主要用于分析结构的动力特性，识别敏感频率和振型。桥梁的动载试验过程中共进行了 3 次环境激励振动测试（表 10.2）。取 3 号和 2 号传感器的加速度时程数据，其对应的位置为主桥 1/4 跨与副桥 1/4 跨。环境激励下的三次振动测试分析结果如表 10.3 所示。

环境激励下结构动力特性（频率、振型）　　表 10.3

振动模态	振型特性	计算值(Hz)	工况 1（Hz）	工况 2（Hz）	工况 8（Hz）
1 阶	主梁一阶竖弯	1.30	1.11	1.11	1.11
4 阶	主梁二阶竖弯	1.61	1.61	1.61	1.61
7 阶	主梁三阶竖弯	2.58	2.40	2.40	2.40
9 阶	主梁三阶竖弯	2.74	2.52	2.52	2.51
16 阶	主梁一阶扭转	5.49	3.89	3.89	3.89

加速度时程及功率谱、振型如图 10.8 ~图 10.17 所示。

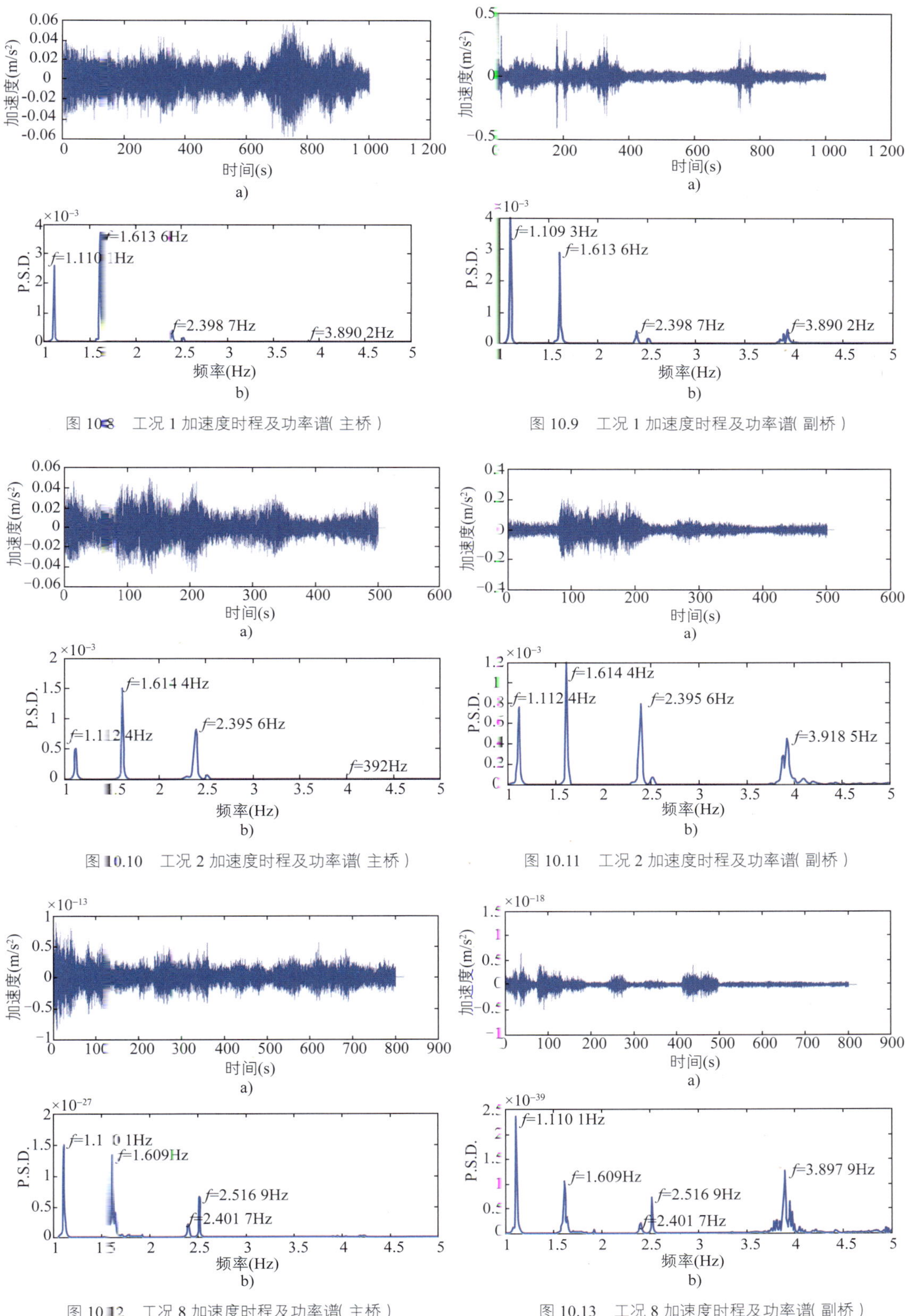

图 10.8　工况 1 加速度时程及功率谱（主桥）

图 10.9　工况 1 加速度时程及功率谱（副桥）

图 10.10　工况 2 加速度时程及功率谱（主桥）

图 10.11　工况 2 加速度时程及功率谱（副桥）

图 10.12　工况 8 加速度时程及功率谱（主桥）

图 10.13　工况 8 加速度时程及功率谱（副桥）

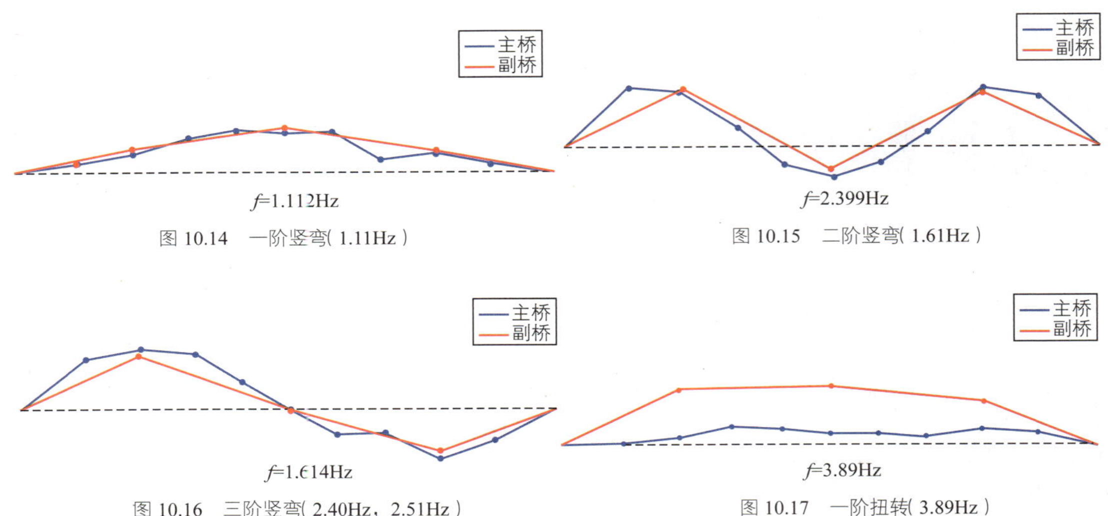

图 10.14　一阶竖弯(1.11Hz)

图 10.15　二阶竖弯(1.61Hz)

图 10.16　三阶竖弯(2.40Hz，2.51Hz)

图 10.17　一阶扭转(3.89Hz)

在环境激励振动测试过程中，现场风力较大，各阶模态激励明显。从主桥加速度自功率谱中可以看到有 4 阶模态被明显激励起来，分别是主梁一阶竖弯(1.11Hz)、主梁二阶竖弯(1.61Hz)、主梁三阶竖弯(2.40Hz，7 阶)、主梁三阶竖弯(2.51Hz，9 阶)；从副桥的加速度自功率谱中可以识别到主梁一阶扭转振型(3.89Hz)。三次环境激励振动测试中，副桥的振动加速度幅值均比主桥要大，且在第三次环境振动测试中副桥 1/4 跨的加速度响应最大幅值已超过 $0.5m/s^2$。

2)跳跃激励

通过人群在桥梁特定位置的跳跃，可以对桥梁形成类似于脉冲激励的效果，从而可通过实测的加速度衰减曲线算得结构该阶振动的阻尼。对桥梁的动载试验过程中共进行了 4 次跳跃激励工况，取 3 号和 2 号传感器的加速度时程数据，其对应的位置为主桥 1/4 跨与副桥 1/4 跨。跳跃激励下振动控制目标模态(二阶竖弯、一阶扭转模态)的动力特性如表 10.4、表 10.5 所示。

跳跃激励下结构的动力特性(频率、振型)　　表 10.4

振动模态	振型特性	计算值(Hz)	工况 4(Hz)	工况 5(Hz)	工况 6(Hz)	工况 7(Hz)
4 阶	二阶竖弯	1.61	1.61	1.61	1.62	—
16 阶	一阶扭转	5.49	3.89	—	3.89	3.88

跳跃激励下结构的动力特性(阻尼比)　　表 10.5

二　阶　竖　弯		一　阶　扭　转	
工况 4	工况 5	工况 6	工况 7
0.34%	0.34%	1.64%	1.71%

跳跃激励下的四次振动测试加速度时程、功率谱及目标模态的振型图如图 10.18～图 10.27 所示。

工况 4、工况 5 的激励位置为结构的 1/4 跨位置，目的是测量结构二阶竖弯的模态阻尼比，两次工况实测值的阻尼比平均值为 0.34%；工况 6、工况 7 的激励位置为结构的 1/2 跨位置，两次工况实测值的阻尼比平均值为 1.68%。

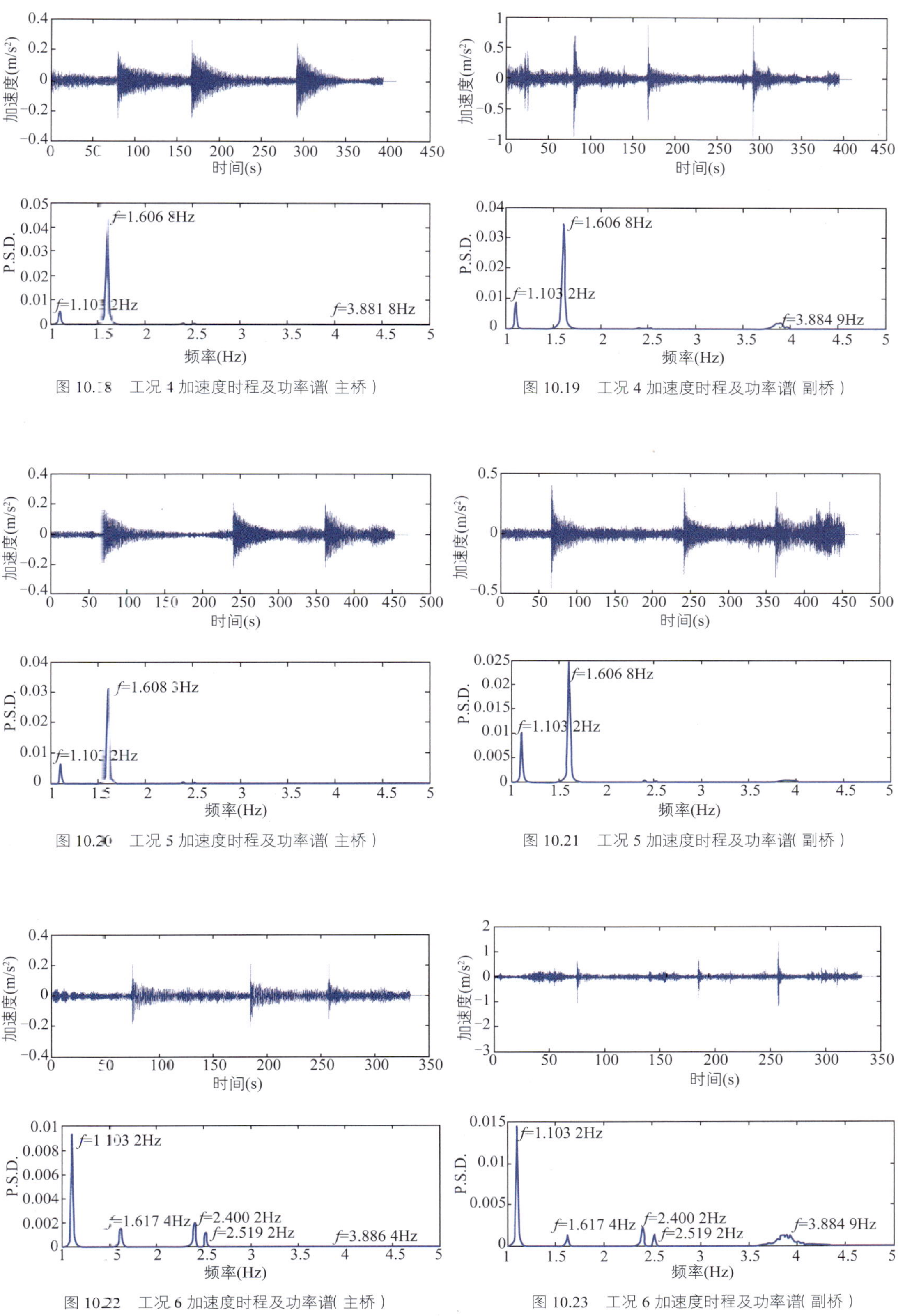

图 10.18 工况 4 加速度时程及功率谱(主桥)

图 10.19 工况 4 加速度时程及功率谱(副桥)

图 10.20 工况 5 加速度时程及功率谱(主桥)

图 10.21 工况 5 加速度时程及功率谱(副桥)

图 10.22 工况 6 加速度时程及功率谱(主桥)

图 10.23 工况 6 加速度时程及功率谱(副桥)

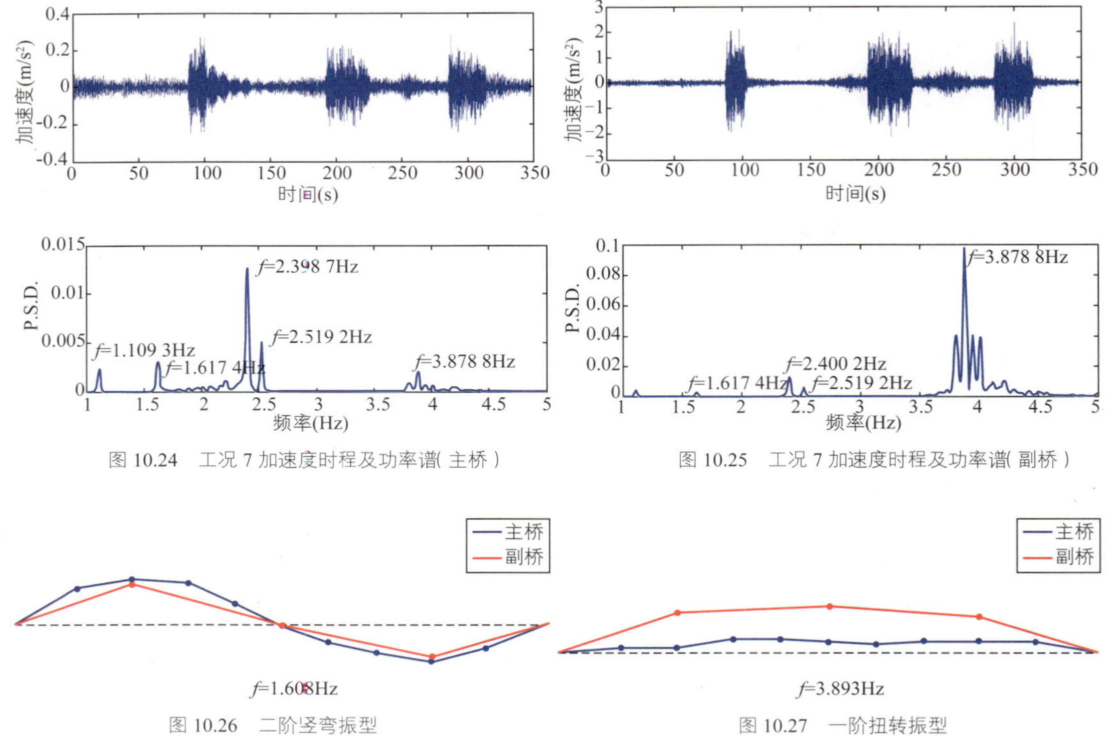

图 10.24 工况 7 加速度时程及功率谱(主桥)

图 10.25 工况 7 加速度时程及功率谱(副桥)

图 10.26 二阶竖弯振型

图 10.27 一阶扭转振型

10.3 TMD 解锁状态试验

TMD 解锁后开始进入工作状态，当结构受到明显的激励后，由于 TMD 对主结构的调谐作用，理论上从桥梁各测点的加速度功率谱上将很难识别到结构目标阶模态（桥梁为二阶竖弯及一阶扭转）的振动频率，取而代之的是在该阶振动频率附近一个较宽的频带。因此，在桥梁 TMD 解锁后的跳跃激励、随机人流激励动载试验工况中，对结构动力特性的分析仅给出此阶频率附近的频带范围。

10.3.1 理论计算

1）人致振动预测

现已知敏感频率（二阶竖弯，1.61Hz）和阻尼比，利用有限元模型对安装了 TMD 减振系统的桥梁进行人致振动预测，结果如图 10.28 所示。

图中横坐标表示 TMD 的频率，纵坐标表示预测的最大竖向加速度，图中绿色实线表示人群密度小于 1 人 /m^2 的情况，蓝色表示 1 ~ 1.5 人 /m^2，红色表示 1.5 ~ 3 人 /m^2。由该振动预测图可得到：

（1）人群密度增大，敏感频率逐渐减小，因此需要 TMD 设置的频率也逐渐减小。

（2）若设置 TMD 频率针对低密度人群进行减振，则对高密度人群的减振效果降低，反之亦然。

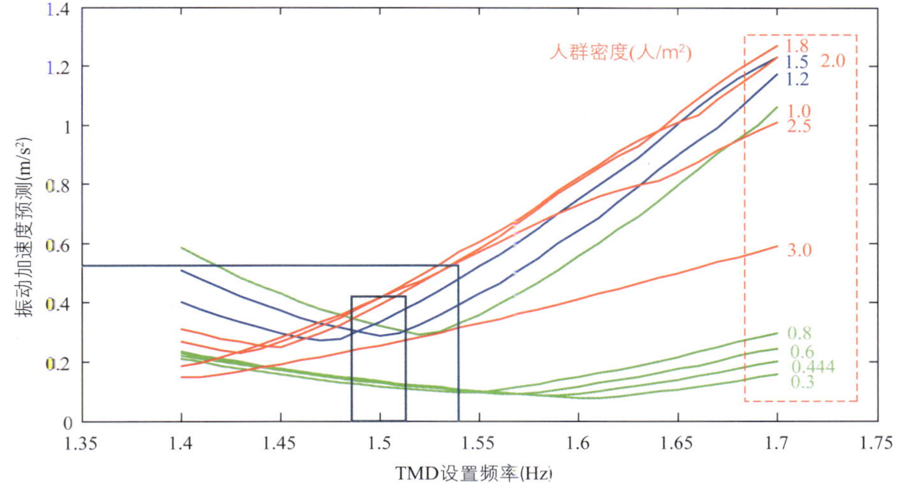

图 10.28　安装 TMD 的人行桥人致振动预测

2）TMD 频率调整

（1）1/4 跨及 3/4 跨 TMD 频率调整

综合考虑各种不同人群密度下对该桥人致振动的预测，最好应调整 TMD 频率至如图 10.28 所示的蓝色方框内，即调整 TMD 频率至 1.5Hz 附近。目前 TMD 的频率为 1.54Hz，该 TMD 频率对人行桥振动的控制已可以达到设计要求，故可以不用调整。

（2）跨中 TMD 频率

跨中安装的 TMD 是为了控制可能出现的副桥与主桥箱梁之间的跷跷板式振动，这种振动只在人群高度密集的情况下才有可能产生超过限值（0.5m/s^2）的加速度响应，因此暂时未对该 TMD 进行调整。

10.3.2　试验方案

1）测点布置

解锁后的动载试验在全桥共布置了 15 个加速度传感器，包括 12 个竖向加速度传感器、2 个横向加速度传感器、1 个纵向加速度传感器，其中 5 号测点因数据异常，在此次分析中将不考虑此测点。TMD 解锁后动载试验各测点布置位置及测点编号如图 10.29 所示。

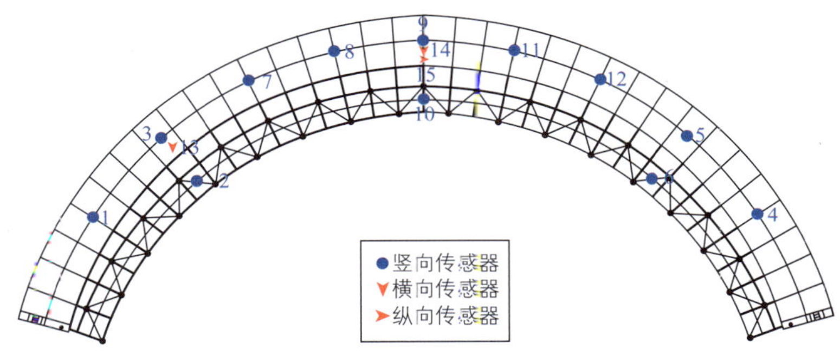

图 10.29　测点布置及编号

2）试验工况

对桥梁的 TMD 解锁后的动载试验共进行了 5 个试验工况，具体说明如表 10.6 所示。

桥梁 TMD 解锁动载试验工况　　表 10.6

工况编号	工况名称	时间(min)	开始时间	激励位置	说　明
1	环境激励	16.7	8:30	—	—
2	环境激励	8.8	8:41	—	—
3	跳跃激励	4.7	10:04	1/4 跨	主桥 10 人，副桥 5 人
4	踏步激励	3.7	10:17	1/4 跨	主桥 15 人
5	随机人流激励	12.2	10:44	—	主副桥共 300 余人

桥梁随机人流激励现场如图 10.30 所示。

图 10.30　桥梁随机人流激励

10.3.3　试验结果

1）环境激励

对桥梁 TMD 解锁后的动载试验过程中共进行了 2 次环境激励。取 3 号和 2 号传感器的加速度时程数据，其对应的位置为主桥 1/4 跨与副桥 1/4 跨。环境激励下的振动测试分析结果如表 10.7 所示。

环境激励下实测的动力特性　　表 10.7

振动模态	振型特性	TMD 锁住(Hz)	工况 1(Hz)	工况 2(Hz)
1 阶	主梁一阶竖弯	1.11	1.13	1.13
4 阶	主梁二阶竖弯	1.61	1.70	1.70
7 阶	主梁三阶竖弯	2.40	2.43	2.43
9 阶	主梁三阶竖弯	2.52	2.55	2.55
16 阶	一阶扭转	3.89	4.13 ~ 4.24	4.13 ~ 4.22

加速度时程、功率谱及目标阶模态(二阶竖弯、一阶扭转)的振型如图 10.31 ~ 图 10.36 所示。

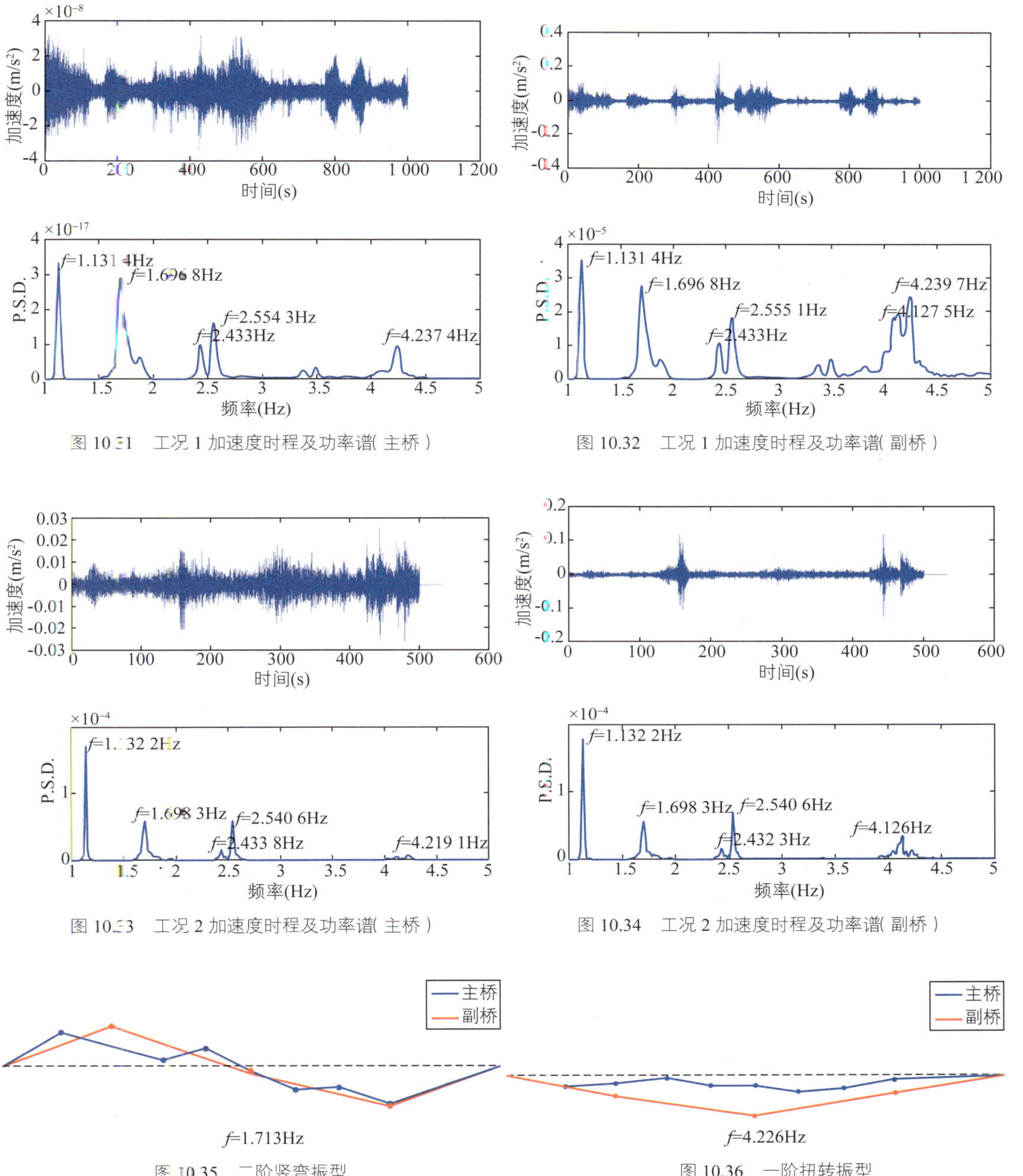

图 10.31 工况 1 加速度时程及功率谱(主桥)

图 10.32 工况 1 加速度时程及功率谱(副桥)

图 10.33 工况 2 加速度时程及功率谱(主桥)

图 10.34 工况 2 加速度时程及功率谱(副桥)

图 10.35 二阶竖弯振型

图 10.36 一阶扭转振型

从桥梁 TMD 解锁后两次环境激励测得的加速度功率谱中可以看到，仍有 5 阶模态（4 阶竖弯、1 阶扭转）被明显地激励起来，且前 4 阶竖弯振动模态可识别度较高。主梁二阶竖弯振动模态的频率仍可识别，这是因为在环境激励下结构的振幅不大，1/4、3/4 跨位置的 TMD 振动较小，从而对结构的调谐作用也较小，其频率实测值为 1.70Hz，但其振动频率附近的频带相比于 TMD 锁住的情况下变大。从副桥的加速度自功率谱中可以看出，一阶扭转模态频率附近的频带较宽，即在环境激励下，副桥跨中的 TMD 已经起振并对该阶模态产生调谐。

通过 TMD 锁住与 TMD 工作状态下各阶频率的对比可以看到，TMD 解锁后，各阶频率均有小幅上升，其原因有待于进一步的分析。

两次环境激励振动测试中，副桥的振动加速度幅值均比主桥要大，对比 1/4 跨截面，主桥的加速度幅值最大接近 0.003m/s^2，副桥加速度幅值最大超过 0.2m/s^2，说明副桥振动要比主桥剧烈。

2）跳跃激励

对桥梁 TMD 解锁后的动载试验过程中共进行了 1 次跳跃激励工况（表 10.6）。取 3 号和 2 号传感器的加速度时程数据，其对应的位置为主、副桥 1/4 跨。跳跃激励下结构的动力特性如表 10.8、表 10.9 所示。

跳跃激励下结构动力特性（频率、振型） 表 10.8

振动模态	振型特性	实测值（Hz）
二阶	二阶竖弯	1.55 ~ 1.70
四阶	一阶扭转	—

跳跃激励下结构动力特性（阻尼比） 表 10.9

二 阶 竖 弯		一 阶 扭 转	
TMD 解锁	TMD 锁住	TMD 解锁	TMD 锁住
4.71%	0.34%	2.42%	1.68%

跳跃激励下加速度时程及功率谱如图 10.37、图 10.38 所示。

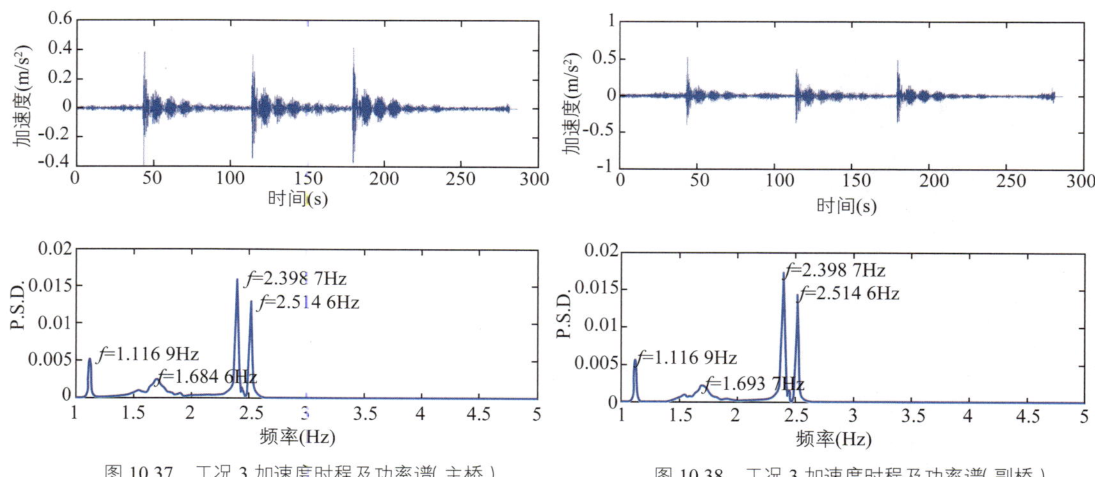

图 10.37 工况 3 加速度时程及功率谱（主桥）

图 10.38 工况 3 加速度时程及功率谱（副桥）

本次跳跃激励的位置在主、副桥 1/4 跨位置处，主要为激励二阶竖弯模态。由主、副桥加速度时程图可见，主、副桥受到跳跃激励产生的加速度响应快速衰减，经计算二阶竖弯模态阻尼比为 4.71%（表 10.9）。

3）随机人流激励

（1）竖向振动

对桥梁的动载试验过程中共进行了时长为 12.2min 的随机人流激励（表 10.6），参与随机人流激励的人数有300多人，行人的密度接近0.33人/m^2，各测点测得的加速度响应最大值如表10.10、表10.11所示。

主桥加速度幅值最大值　　表10.10

测点编号	1号	3号	5号	7号	8号	9号	11号	12号
加速度幅值（m/s^2）	0.098	0.094	0.096	0.038	0.076	0.068	0.064	0.095

副桥加速度幅值最大值　　表10.11

测点编号	2号	10号	16号
加速度幅值（m/s^2）	0.288	0.228	0.263

取3号和2号传感器的加速度时程数据，其对应的位置为主桥、副桥1/4跨，加速度时程及功率谱如图10.39、图10.40所示。

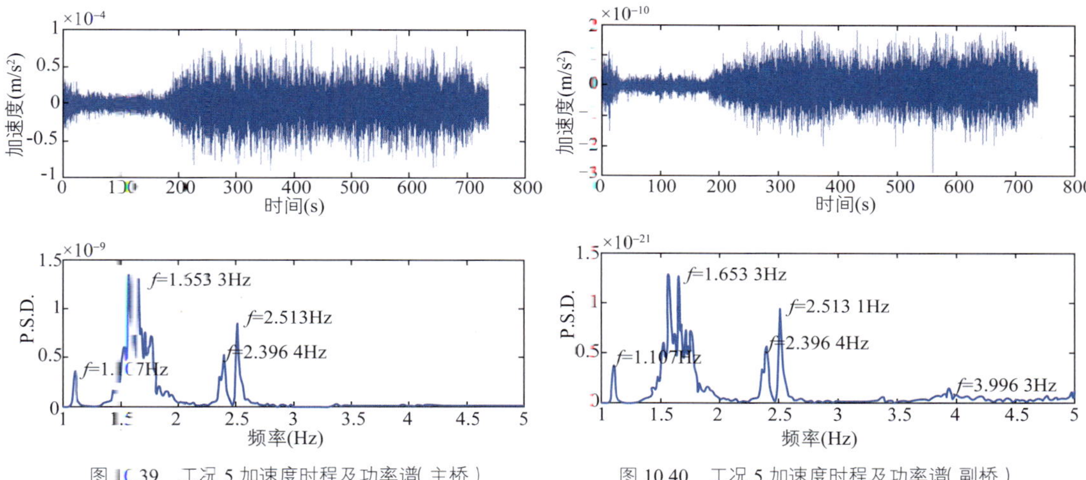

图10.39　工况5加速度时程及功率谱（主桥）　　图10.40　工况5加速度时程及功率谱（副桥）

由图10.39、图10.40可见，在约0.33人/m^{2}的人群密度下，主桥各测点传感器测得的最大加速度幅值均未超过0.1m/s^2，副桥最大加速度幅值均未超过0.3m/s^2，满足小于0.5m/s^{2}的要求。

由主、副桥的加速度功率谱可见，主桥在随机人流激励下可以明显地识别出4阶模态，除了受TMD影响难以识别振动频率的二阶竖弯模态外，其余三阶分别为一阶竖弯（1.11Hz）、三阶竖弯（2.40Hz，2.51Hz）；副桥除以上4阶模态外还可识别出一阶扭转对应的频带（3.99Hz左右），但其能量较低，表明在0.33人/m^{2}的人群密度下该阶振动的激励效果并不明显。

（2）横向振动

桥梁TMD解锁状态下的动载试验共布置了两个横向加速度传感器，在随机人流激励下两个测点的加速度幅值最大值如表10.12所示。

横向振动加速度幅值最大值（m/s^2）　　表10.12

工况编号	加速度幅值（13号）	加速度幅值（14号）
工况5	0.031	0.024

随机人流激励下两个横桥向加速度测点的加速度时程、功率谱及振型如图 10.41、图 10.42 所示。

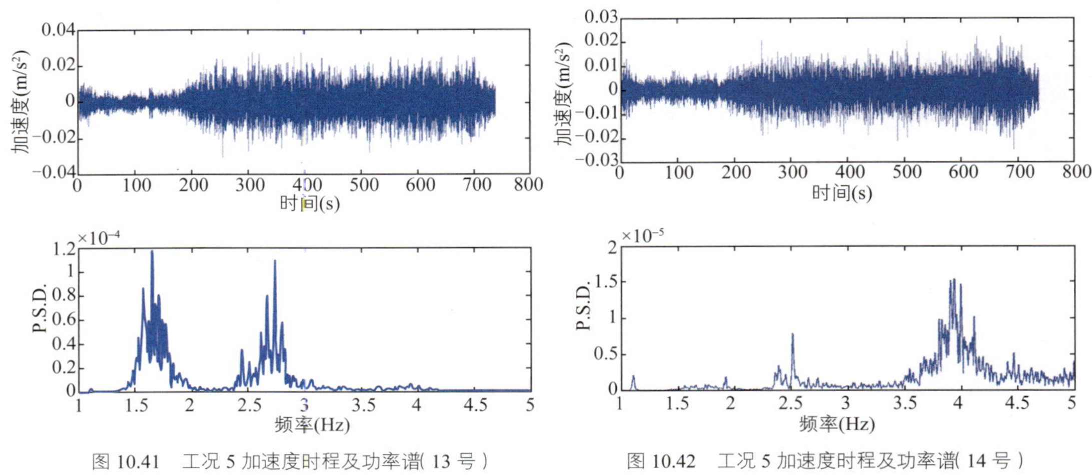

图 10.41 工况 5 加速度时程及功率谱(13 号)

图 10.42 工况 5 加速度时程及功率谱(14 号)

由随机人流下的加速度时程图可见，主桥两个横向加速度测点测得的最大加速度幅值为 0.031m/s^2，小于 0.1m/s^2。

10.3.4 试验结果分析

1)主桥 1/4、3/4 跨 TMD

被动调谐质量阻尼器(TMD)的制振效果主要通过 TMD 在工作状态下结构的等效附加阻尼来评价。TMD 在工作时，其自振频率应与主结构调谐，当满足最优频率比（ TMD 设定频率与结构振动频率之比)时，结构的等效附加阻尼将达到最大， TMD 的减振效果达到最佳。

由表 10.9 可见，桥梁在 TMD 解锁后通过跳跃激励测得的二阶竖弯模态的阻尼比为 4.71%，比较 TMD 锁住状态下阻尼比 (0.34%)，阻尼比提升幅度较大，表明在 1/4 跨位置安装的 TMD 耗能效果明显，振动控制效果较好。

目前桥梁跨中位置的 TMD 设置频率为 1.54Hz，桥梁实测一阶竖弯振动频率为 1.70Hz，当结构处于较高人群密度下时，结构的自振频率将会相应地减小，与 TMD 设定的频率也越接近，也即 TMD 与桥梁结构的频率比越接近于 1，实际的等效附加阻尼将会提升更大 。

2)副桥跨中 TMD

一阶扭转模态在高密度人群的行人荷载激励下(1.5 人 /m^2 以上)，其类似跷跷板式振动的加速度响应幅值将超过限值，副桥跨中位置的 TMD 即被设计用于高密度人群激励下该阶模态的减振。在桥梁 TMD 锁住的动载试验中，从环境激励振动测试的加速度功率谱中可识别出实测的一阶扭转模态频带为 3.9Hz 左右，在人致共振敏感频率范围(1.25 ~ 2.3Hz， 2.5 ~ 4.6 Hz)内，需要对该阶模态共振作进一步分析。

由于实际进行的动载试验工况中并没有进行高密度人群激励的工况，跨中副桥 TMD 对目标模态的实际减振效果难以评价。现从该阶模态的实测阻尼比与人致振动预测两个方面对其减振效果进行分析。

（1）实测阻尼比

对桥梁 TMD 解锁后进行的两次跳跃激励工况中，由于激励位置并不在一阶扭转振型的最大值处，跳跃激励对于该阶的激励效果有限，模态的可识别性较差，算出的阻尼精度也会受到限制，如表 10.13 所示的该阶模态阻尼比仅作参考。由这两次跳跃工况算得的 TMD 解锁后桥梁的模态阻尼比为 2.42%，相比 TMD 锁住的情况下，阻尼比提升幅度较小，TMD 减振效果有限。

一阶扭转阻尼比　　表 10.13

TMD 状态	TMD 锁住	TMD 解锁
阻尼比（%）	1.68	2.42

（2）人致振动预测

法国公路和高速公路研究所规范 SETRA 建议的竖向振动及侧向振动加速度界限如表 10.14 所示。室外人行桥的响应加速度一般采用如下舒适性控制指标：竖向加速度一般可按最好舒适性控制，即 0.5m/s^2；侧向为避免类似伦敦千禧桥的摇晃效应，侧向响应加速度一般需要按照 0.1m/s^2 控制。

法国公路和高速公路研究所规范 SETRA 规定　　表 10.14

舒适性类别	舒适性	竖向加速度限值（m/s^2）	侧向加速度限值（m/s^2）
CL1	最好	<0.50	<0.10
CL2	中等	0.50 ~ 1.00	0.10 ~ 0.30
CL3	差	1.00 ~ 2.50	0.30 ~ 0.80
CL4	不可接受	>2.50	>0.80

对桥梁的一阶扭转模态，阻尼比实测值为 1.6%，利用有限元模型分别对人群密度为 0.5 人/m^2、1.0 人/m^2 和 1.5 人/m^2 时的该阶模态共振最大加速度进行预测，计算结果（表 10.15）显示在这三种人群密度下，最大加速度可能分别会达到 0.41m/s^2、0.98m/s^2、1.20m/s^2。当人群密度较高（>1 人/m^2）时，副桥跨中部分的舒适性可能会较差。

不同人群密度下的最大加速度预测（单位：m/s^2）　　表 10.15

人群密度（人/m^2）	0.5	1.0	1.5
无 TMD	0.41	0.98	1.20
TMD（4.22Hz）	0.35	0.84	1.03
TMD（3.8Hz）	0.29	0.71	0.87

目前设置的 TMD 频率为 4.22Hz，预计可将最大加速度降低至 0.35m/s^2、0.84m/s^2、1.03m/s^2。可见，制振效果较差，这是由 TMD 频率与该阶扭转模态频率相差较大导致的。因此，在后续的使用过程中建议将 TMD 频率调低至 3.8Hz。此时预计可将最大加速度降低至 0.29m/s^2、0.71m/s^2、0.87m/s^2。图 10.43 为人群密度为 1.5 人/m^2 时副桥未安装及安装了 TMD 情况下加速度时程模拟。

由表 10.15、图 10.43 可见，在人群密度为 0.5 人 /m^2 时，副桥跨中位置在无 TMD 及设置 TMD 两种情况下，结构的最大加速度均没有超过限值 0.5m/s^2，满足行人舒适度的要求；当人群密度为 1.0 人 /m^2 以上时，结构的最大加速度将超过限值，副桥跨中的 TMD 虽不能将最大加速度降至限值 0.5m/s^2 以下，但是比起无 TMD 状态下的加速度幅值，TMD 可将行人舒适性由 1.0 人 / 时接近"差"（0.98m/s^2）、1.5 人 /m^2 时"差"（1.2m/s^2），调整至中等行人舒适性范围内（0.5 ~ 1.0m/s^2）。

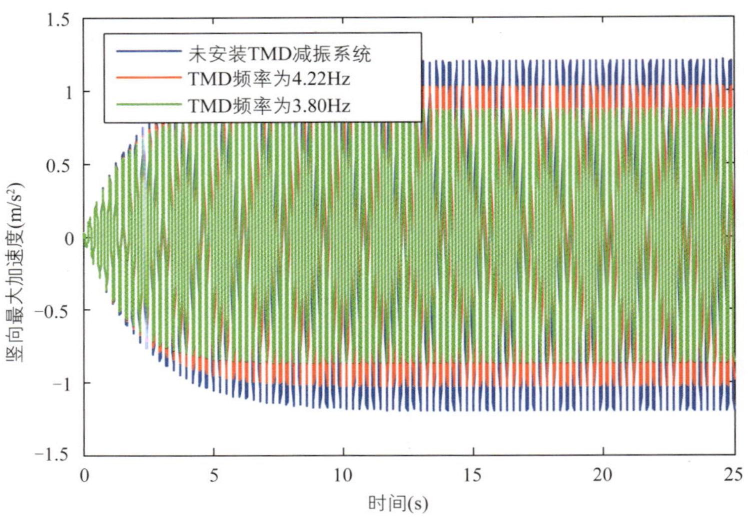

图 10.43　Simulink 模拟加速度时程图（1.5 人 /m^2）

3）小结

从 TMD 锁住及 TMD 解锁状态下各工况的加速度时程曲线来看，副桥的加速度响应均要大于主桥。副桥跨中安装的 TMD 被设计用于一阶扭转模态的减振，在按高密度人群算得的人致振动预测中，其可降低副桥的加速度响应，将行人舒适度由"差"调整至"中等"，对副桥具有减振效果。从实测分析得到的该阶并不精确的阻尼比可以看出，该 TMD 对于耗能效果的提升有限，但此结果仅供参考。

该位置 TMD 的真实减振效果需要在高密度人群激励下得到验证，建议暂时保留该 TMD，并将 TMD 频率调至 3.8Hz。

10.4　结论

对比有限元的计算结果及 TMD 锁住和解锁两种状态下各工况的试验结果，可以得出以下结论：

（1）桥梁主桥 1/4、3/4 跨位置的 TMD 目前设置频率为 1.54Hz，可将结构一阶竖弯模态的阻尼比由 0.34% 提升至 4.71%，对于二阶竖弯模态的阻尼比提升幅度较大，TMD 减振效果明显。

（2）桥梁副桥跨中位置 TMD 目前设置频率为 4.22Hz，主要针对 1.0 人 /m^2 以上人群密度下一阶扭转模态的振动控制，需要高密度人群荷载的激励才能对其实际的减振效果进行评价。

（3）经人致振动预测分析，若将桥梁副桥跨中位置 TMD 频率调至 3.8Hz，可以降低副桥的加速度响应，将行人舒适度由"差"调整至"中等"范围内。因此，根据试验结果已将该 TMD 频率调至 3.8Hz。

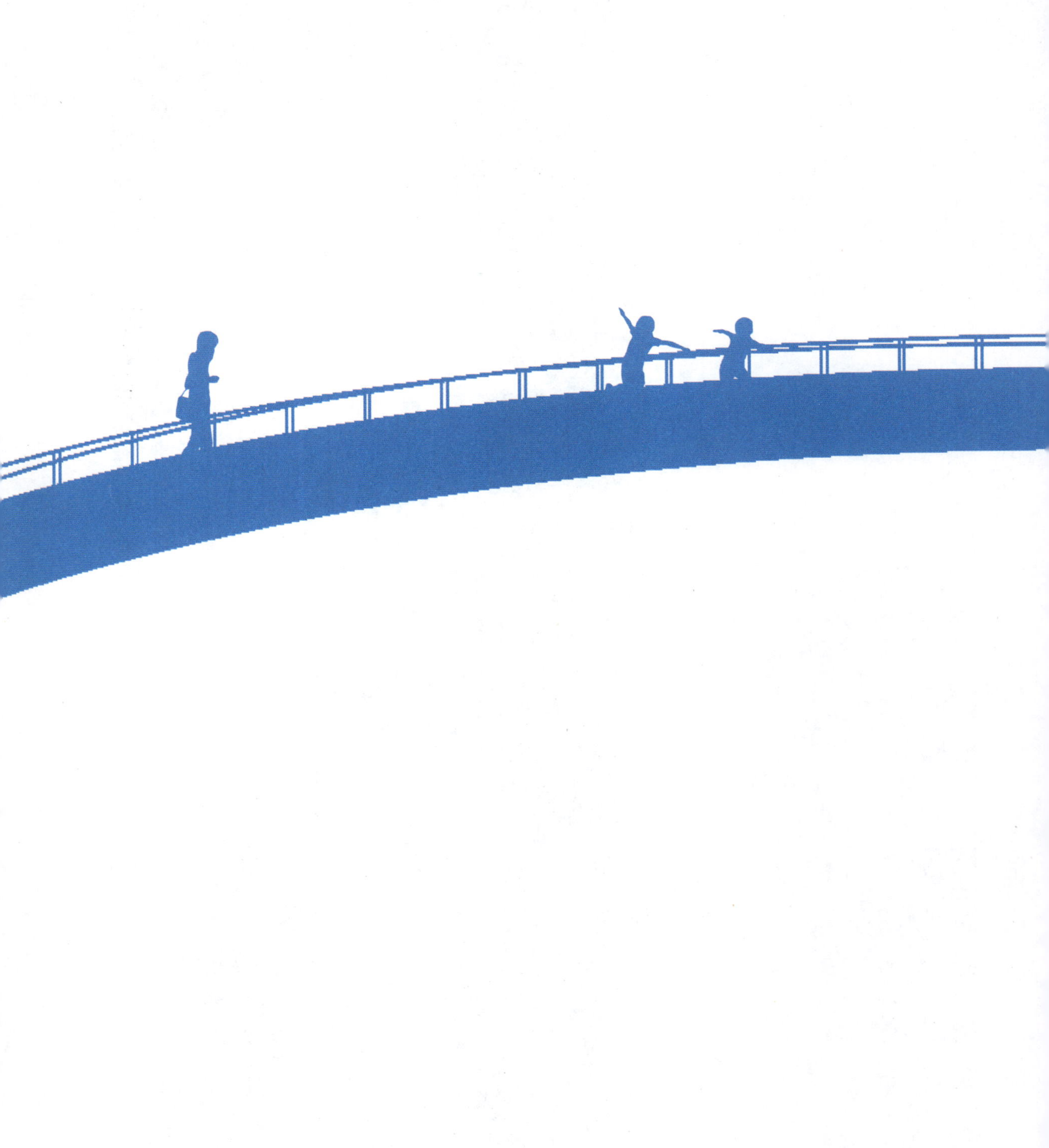

第 11 章

单边悬索桥验收标准

空间曲梁双桥面单边悬索桥以其美观的造型、合理的构造，在欧美日等发达国家的桥梁建设中占有一席之地。我国在空间曲梁双桥面单边悬索桥方面的研究与实践存在明显差距。为使空间曲梁双桥面单边悬索桥的验收符合技术先进、安全可靠、使用耐久、经济合理和有利环保的要求，制定本标准。本标准由两部分组成：

第一部分：通用性验收项目。参照现行标准、规范、设计要求实施。

第二部分：特殊验收项目。根据美观、安全、耐久等方面要求单独提出验收标准。

11.1 总则

（1）为了加强人行景观桥工程施工质量管理，统一人行景观桥工程施工质量验收，保证工程质量，制定本标准。

（2）本标准适用于新建、扩建、改建及大、中型维修的人行景观桥工程的施工质量验收。施工质量验收有特殊要求的景观桥工程以及本标准未涉及的新技术、新工艺、新设备、新材料，其施工质量的验收应另行制定补充标准。

（3）原材料、半成品或成品的质量应符合国家现行有关标准的规定。

（4）施工单位作为工程施工质量控制的主体，应对工程施工质量进行全过程控制；施工控制单位、建设单位、监理单位和勘察设计单位等各方应按有关规定的要求对施工阶段的工程质量进行控制。

（5）人行景观桥工程施工质量的检验、检测工作取得的质量数据应真实可靠，全面反映工程质量状况，所用方法和仪器设备应符合相关标准的规定。

（6）人行景观桥工程施工中采用的工程技术文件、承包合同文件对施工质量验收的要求不得低于本标准的规定。

（7）人行景观桥工程施工质量的验收除应符合本标准外，尚应符合国家现行有关标准的规定。

11.2 术语

略。

11.3 基本规定

（1）施工单位应具备相应的施工资质。施工现场质量管理应有相应的施工技术标准、质量管理体系、质量控制及检验制度。施工现场应有经过审批的施工组织设计、施工方案等技术文件。

（2）人行景观桥工程中市政桥梁工程中所需原材料、成品或预制构件的品种、规格、型号和强度等级应符合设计要求，并进行进场验收。凡涉及结构安全、使用功能的原材料、成品或预制构件应按本标准规定进行复验。

(3)工程施工中，质量检查、验收使用的计量器具和检测设备，必须经计量检定、校准合格后方可在规定的时间内使用。

(4)人行景观桥工程应严格按照设计文件施工。修改设计应由原设计单位出具设计变更。

(5)人行景观桥工程应按下列规定进行施工质量控制：

①工程采用的主要材料、构配件和设备，施工单位应对其外观、规格、型号和质量证明文件等进行验收，并经监理工程师检查认可；凡涉及结构安全和使用功能的，施工单位应进行检验，监理单位应按规定进行平行检验或见证取样检测。

②各工序应按施工技术标准进行质量控制，每道工序完成后，施工单位应进行检查并形成记录。

③工序之间应进行交接检验，上道工序应满足下道工序的施工条件和技术要求，相关专业工序之间的交接检验应经监理工程师检查认可，未经检查或经检查不合格的不得进行下道工序施工。

(6)本标准未涉及分项工程的施工质量，应按相关标准进行验收。分部工程的施工质量验收仍执行本标准。

(7)人行景观桥工程的测量放线精度应符合本标准第8章的要求。

(8)人行景观桥工程施工质量验收应在施工单位自检基础上，按照监理单位或建设单位所同意划分的检验批、分项工程、分部(子分部)工程、单位(子单位)工程顺序进行。

(9)单位工程有分包单位施工时，分包单位应对所承担的工程项目按本标准规定的程序进行检查评定，总包单位应派人参加。分包工程完成后，应将有关工程资料移交总包单位。

(10)桥梁工程范围内的排水设施、挡土墙、引道等工程施工及验收应符合国家现行标准《城镇道路工程施工与质量验收规范》(CJJ 1—2008)的有关规定。

(11)当参加验收各方对工程施工质量验收意见不一致时，可请行政主管部门或其委托的质量监督部门协调处理。

11.4 通用性验收项目

见附录3。

11.5 特殊验收项目

(1)桥面平整度满足设计要求。

(2)本工程缆索体系部分中，背索索力、吊杆索力在实测最不利工况条件下应保证2.5倍安全系数。竣工验收前应再次复测成桥状态下背索、吊杆索索力，并提交设计单位审核确认。

(3)本工程索塔部分中，设计要求全焊透的一、二级焊缝应采用超声波探伤进行内部缺陷的检验，超声波探伤不能对缺陷作出判断时，应采用射线探伤，其内部缺陷分级及探伤方法应符合现行国家标准《焊缝无损检测　超声检测技术、检测等级和评定》(GB/T 11345—2013)或《金属熔化焊焊接接头射线照相》(GB/T 3323—2005)的规定。

（4）本工程桥面玻璃部分中，桥面玻璃应进行干燥和湿润两种状态摩擦系数测试，摩擦系数需满足设计要求。测试数量宜为 5 ～ 10 处，且各测点应均匀分布。

（5）人行景观桥整体验收包括分部分项工程验收以及有关安全和功能的检验验收。

（6）工程竣工验收应由建设单位组织验收，验收组应由建设、勘察、设计、施工、监理与设施管理单位的有关负责人组成，亦可邀请有关方面专家参加。

（7）当设计规定进行桥梁功能、荷载试验时，应在荷载试验完成后验收。

（8）工程施工质量应按下列要求进行验收：

①工程施工质量应符合本规范和相关专业验收规范的规定。

②工程施工应符合工程勘察、设计文件的要求。

③检验批的质量应按主控项目和一般项目进行验收。

④对涉及结构安全和使用功能的分部工程应进行抽样检测。

⑤工程的外观质量应由验收人员通过现场检查共同确认。

（9）检验批合格质量应符合下列规定：

①主控项目的质量应经抽样检验合格。

②一般项目的质量应经抽样检验合格，当采用计数检验时，除有专门要求外，一般项目的合格率应达到 80% 以上且不合格点的最大偏差值不超过规定允许值的 1.5 倍。

③有完整的施工操作依据和质量检查记录。

（10）分项工程质量验收合格应符合下列规定：

①分项工程所含检验批均应符合合格质量的规定。

②分项工程所含检验批的质量验收记录应完整。

（11）分部工程质量验收合格应符合下列规定：

①分部工程所含分项工程的质量均验收合格。

②质量控制资料应完整。

③涉及结构安全和使用功能的质量应按规定验收合格。

④外观质量验收应符合要求。

（12）桥下净空应满足通航要求。

（13）单位工程所含分部工程有关安全和功能的检测资料应完整。

（14）成桥过程中索缆体系索力偏差率超过该工况下设计值 ±20% 时应分析原因，检定其整体安全储备是否满足设计要求。成桥后，缆索体系安全系数应满足设计要求，当设计无明确要求时，桥梁整体安全系数不小于 2.5，不满足上述指标时，应进行调索。

（15）桥面线形平顺，纵坡应满足设计要求，当设计无明确要求时应能满足桥面排水要求。

（16）满足安全和使用条件下，成桥实际高程与设计高程偏差不应大于 30cm。

（17）单侧支撑体系的人行景观桥梁，横坡需满足设计要求，设计无具体要求时，横坡不宜超过 4% 且应满足桥面排水要求。

（18）成桥后空载状态下测量桥梁几何位置和线形，将数据带入原始模型进行计算分析，结果应能满足设计各项指标要求。

（19）成桥后应进行荷载试验，荷载由设计单位确定，荷载试验应能反映桥梁使用过程中极端活荷载作用，荷载应不少于3级加载。

（20）荷载试验结果与设计值偏差超过 ±15% 时应分析原因，检定其整体安全储备是否满足设计要求。当安全系数不满足要求或实测值与设计值偏差超过 50% 时，应进行调索。

（21）运营期宜根据人行景观桥特点编制养护管理手册，对桥梁进行养护和管理，提高桥梁运营安全性。

（22）运营期宜进行健康监测，尤其对索缆体系应进行重点监控。

（23）全桥竣工验收前宜进行初始状态、全桥满载以及最不利荷载等各种情况下桥梁几何形状、位移、内力等资料收集整理，作为桥梁养护的基本资料。

本验收要求的编制及最终竣工验收应由以下单位参加：

①建设单位。

②施工单位。

③设计单位。

④监理单位。

（24）桥梁舒适性应满足设计要求，当设计无明确要求时，桥梁竖向加速度不大于 $0.5m/s^2$。

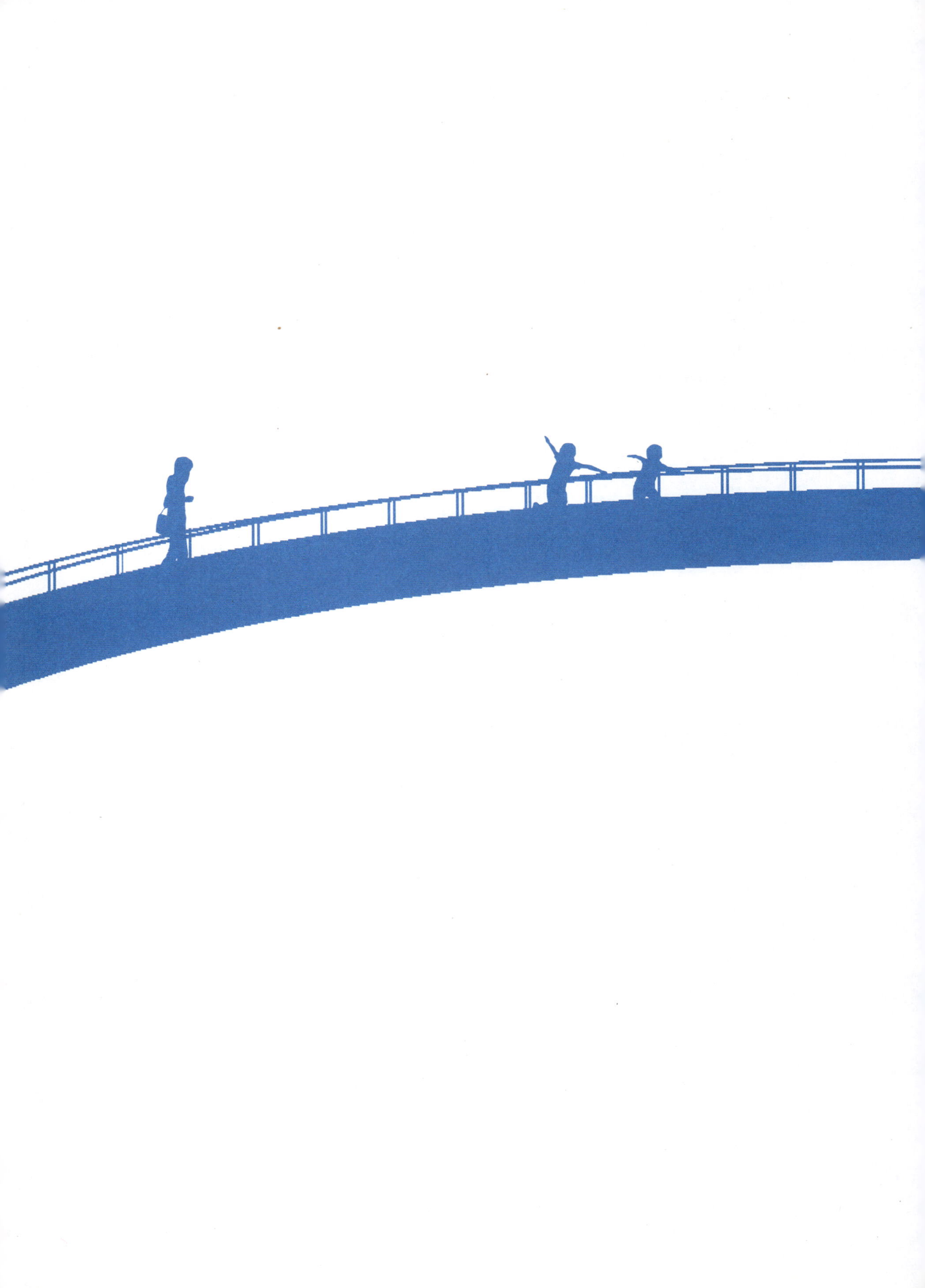

第 12 章

单边悬索桥 BIM 技术的应用

BIM 是建筑信息模型（ Building Information Modeling ）的简称，该技术是以三维数字化技术为基础，利用计算机对项目建立直观可视的数字化模型。BIM 模型和基于 BIM 技术的项目管理平台对项目的招投标、结构设计、施工管理、投资控制和运营维护都具有极强的辅助作用，完整地描述了项目全生命周期内各个不同阶段的情况，并将所有信息进行电子化集成应用与管理。

目前，在欧美国家正在迅速推广使用 BIM 技术，并发布了相应的 BIM 实施标准。国内 BIM 的应用主要在建筑领域，并已取得一定成效。BIM 技术的优势在于：

（ 1 ）模型信息比常规信息更完整、准确。BIM 模型对工程结构的 3D 几何信息和逻辑关系，包括构件名称、结构类型、建筑材料、构件之间的工程逻辑关系等描述十分精确，并可以随着模型的变化而实时更新，即时检查模型碰撞，减少设计失误以及常规图纸更新后容易产生的前后矛盾问题。

（ 2 ）简化了设计方案的讨论确定过程，使设计计算更便捷，深化设计更准确，可进行碰撞检查，便于施工方案、工序的模拟以及虚拟建造。BIM 技术的使用，使设计方案的选择更加简明、快速，并优化施工进度计划及现场管理工作。伴随着工程构配件加工制造的信息化的发展，将使工程建设更加产业化。

（ 3 ）协同管理。BIM 可形成项目信息枢纽，被授权人员随时随地获取最新最准确的数据，改变点对点沟通方式，实现一对多项目数据中心，减少彼此间沟通误解，提升协同效率。

（ 4 ）投资管理与控制。BIM 技术应用可大幅度提升预算精度、速度，可以快速地进行招投标、进度款审核、分包工程量的确认，也可以为各线精细管理提供数据支持，进行全过程成本控制。

因此，本章主要介绍本项目中 BIM 技术在施工图 BIM、建筑效果和项目管理方面的应用。

12.1 TEKLA 模型

空间曲梁双桥面单边悬索桥的设计与施工涉及三维空间的复杂模拟与分析，整个建设过程中采用 BIM 技术进行辅助建造，通过视觉模型的场景模拟，解决了桥型选择与环境配合问题，提高了决策效率。TEKLA 模型如图 12.1、图 12.2 所示。

图 12.1　TEKLA 模型整体图

图 12.2　TEKLA 模型局部图

在设计和施工方案讨论中，通过 TEKLA 软件建模，分析每个细部构造的合理性、与其他部件配合的合理性及方法的研究：

（ 1 ）塔柱底端支撑端“球”与“碗”的连接方式：“碗”倒扣在“球”上，且无销轴，可自动滑动。

如图 12.3 所示。

（2）主塔顶部焊接构造：为增加塔顶耳板焊接时的焊缝长度，增加了上下两端圆形钢板，如图 12.4 所示。

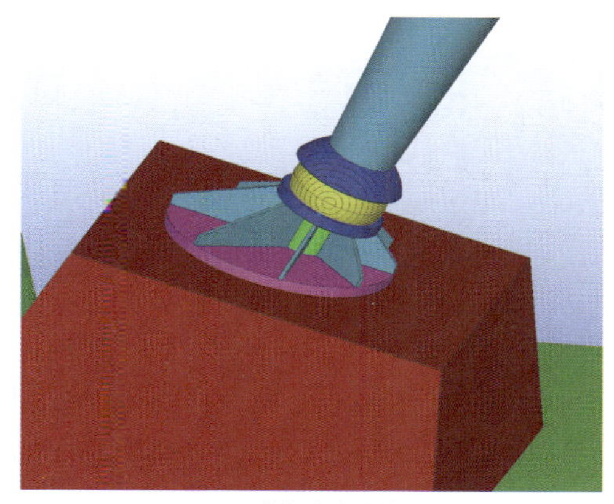

图 12.3 塔柱底端连接方式

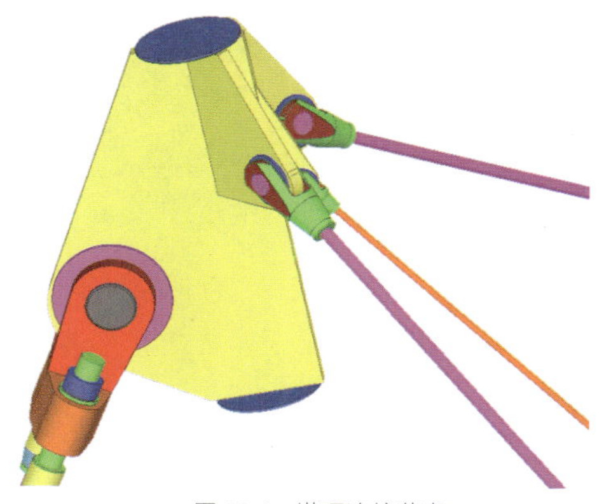

图 12.4 塔顶连接节点

（3）对于 15 号索，原设计为短索加索夹固定的连接方式。经过采用 BIM 建模分析，由于此短吊索与桥台锚固端距离较近，通过索夹与边缆固定后，会产生桥台锚固端前移的情形。桥台锚固端受力将由此短吊索分担，产生安全隐患。项目团队共同商定修改了原设计方案，采用类似"弯钩"的形式处理此连接节点，根据边缆曲线设计"弯钩"内壁曲线，使之相匹配，让"弯钩"可以沿着边缆产生相对滑动，有效地避免了此节点可能受力过大的情况。此节点连接示意如图 12.5 所示。

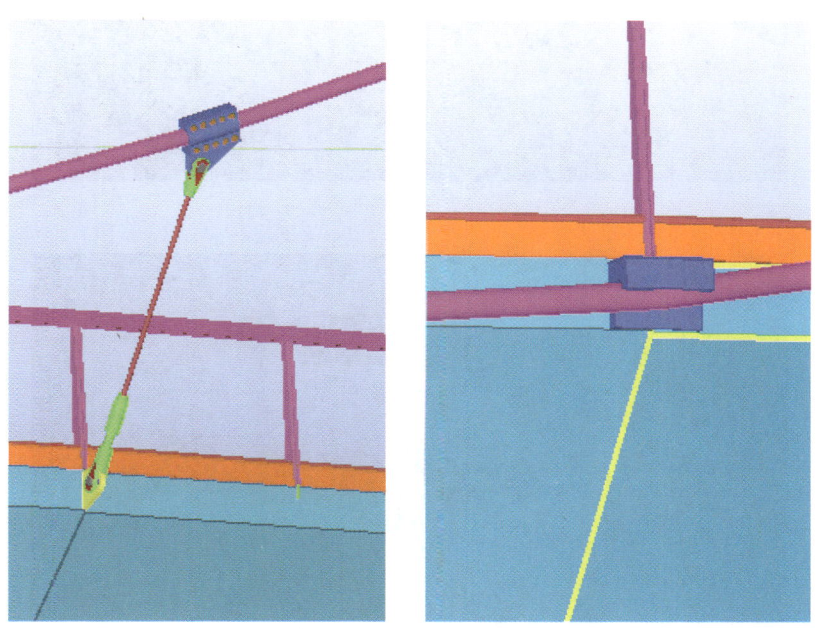

图 12.5 典型吊索节点与"弯钩"处理节点对比

（4）由于桥台钢筋为空间曲线，无法采用 CAD 平面图纸表达，故应用 BIM 模型并辅助钢筋算量表在现场直接进行电脑辅助钢筋放样，如图 12.6 所示。

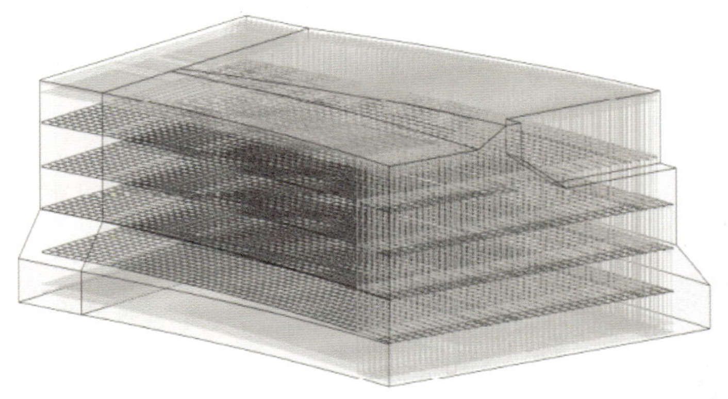
图 12.6 钢筋辅助放样

12.2 VDP 模型

为研究景观桥与周边环境的协调情况，确定涂装颜色等景观设计内容，本项目以 BIM 模型为基础，开发了 VDP 模型，如图 12.7、图 12.8 所示。

图 12.7 VDP 模型图 1

图 12.8 VDP 模型图 2

本桥在结构选形的过程中除了对桥梁的力学性能进行了考虑之外，还用 VDP 进行了视觉模型建模，从桥梁美学的角度对结构方案进行了比选。本项目主要对桥梁“6+3”的主副桥宽度和

"5+3"的主副桥宽度进行了对比，视觉模型效果如图 12.9 ～图 12.11 所示。

图 12.9 "5+3"主副桥宽度模型

图 12.10 "6+3"主副桥宽度模型

图 12.11 "6+3"、"5+3"主副桥宽度模型对比

通过视觉模型的分析对比，本项目确定了桥梁 "6+3" 的主副桥宽度，桥面铺装颜色，桥塔及索夹、索缆的涂装颜色，以及周边绿化种植分布，达到景观整体协调的结果。

12.3 项目管理平台

为使各参建管理人员可以实时掌控项目的建设情况，本项目开发了包含景观桥质量安全管理及计划与实际进度对比的 4D 进度模拟的项目管理平台。项目管理人员登录平台后，可进行项目资料管理，掌握现场施工质量、进度、施工人员信息，了解实时投资变化以及构配件的采购信息等内容，真正做到完全掌控项目进展。管理平台的部分功能如图 12.12 ～图 12.18 所示。

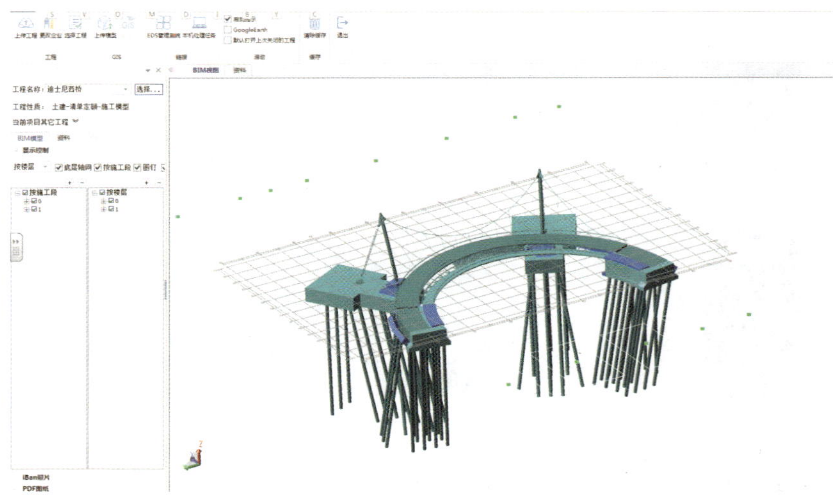

图 12.12　项目管理平台中模型展示

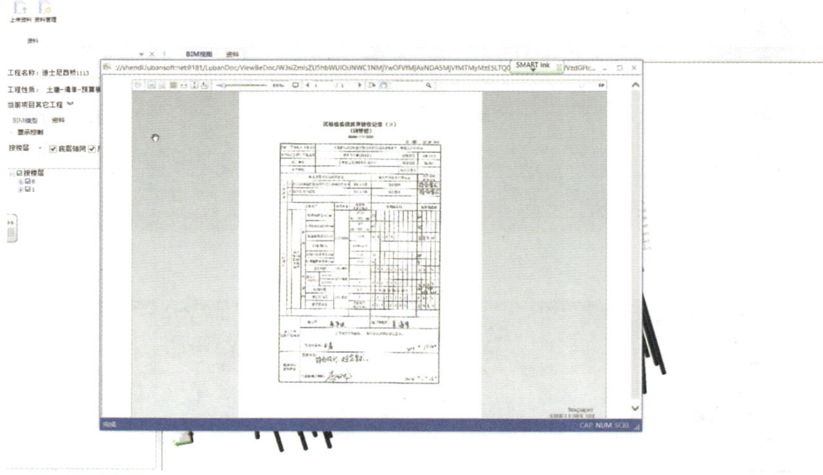

图 12.13　项目管理平台的施工报验资料单据查看功能

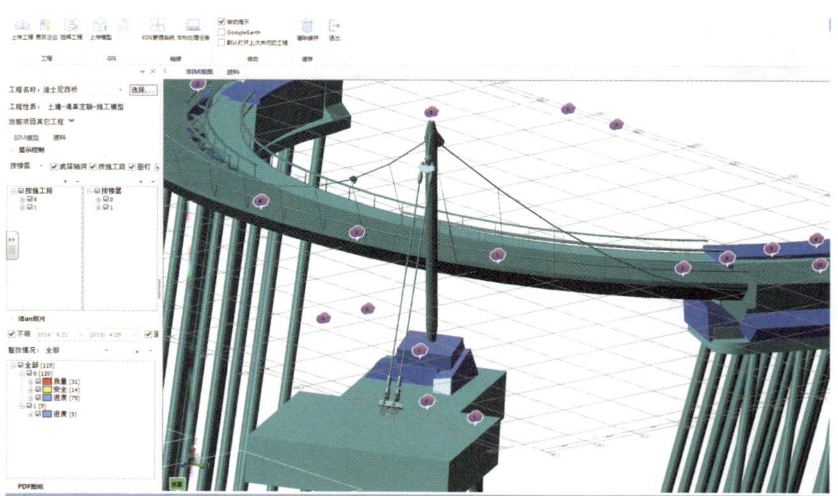

图 12.14　项目管理平台的施工现场管理功能(点击平台模型上的信息录入点可显示现场实拍照片，如图 12.15 所示)

图 12.15 项目管理平台的施工现场照片查看功能

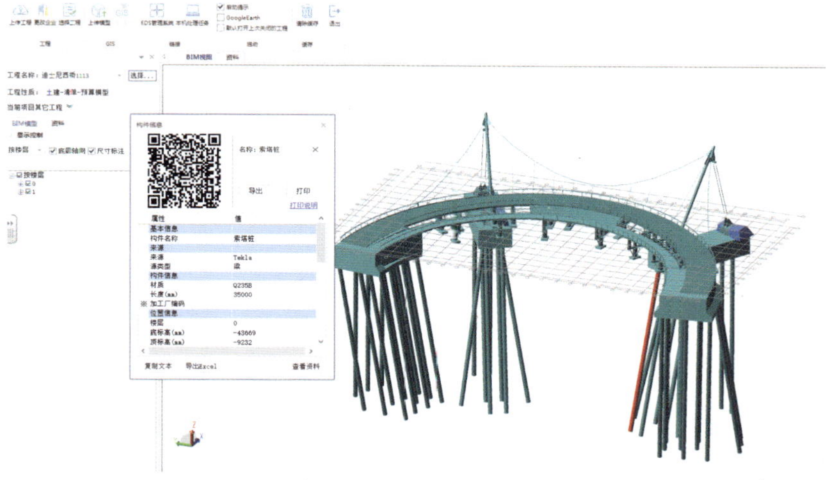

图 12.16 查看构件二维码，构配件信息管理功能

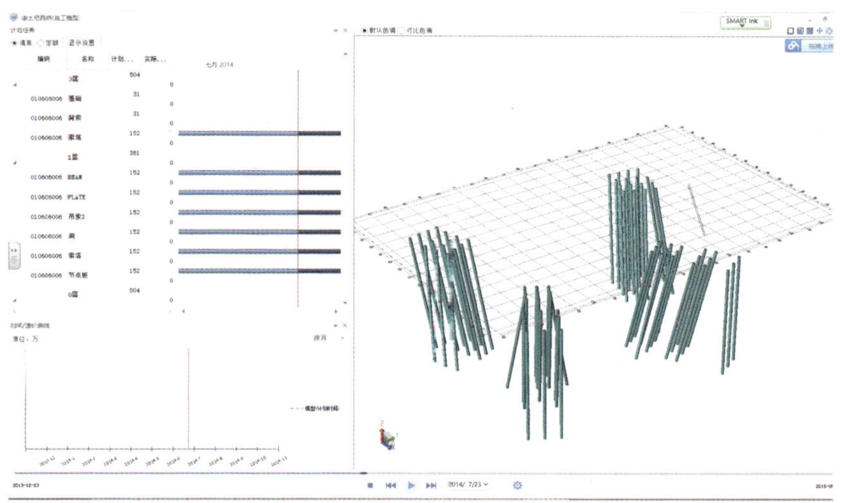

图 12.17 驾驶舱功能，实时掌握项目施工进度及投资变化

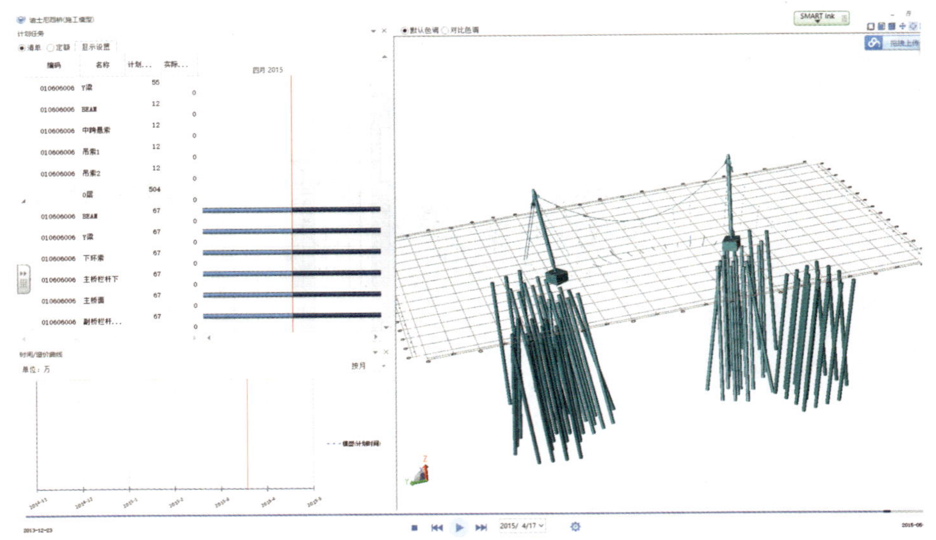

图 12.18　驾驶舱功能，实时掌握项目施工进度及投资变化

上述 BIM 技术的应用，提高了信息交流的准确性和及时性，解决了复杂桥梁结构通过 3D 可视化展示，提高了项目建设人员间交流的效率和理解的一致性，提高了决策效率和准确性，对于空间曲梁双桥面单边悬索桥的设计与施工都带来了极大的方便，如果没有 BIM 技术作为此项目的交流、管理与协同工具，本项目的建设将更加艰难。

附录 1

大事记

2013 年 7 月 4 日，东西桥数值风洞分析；

2013 年 8 月 5 日，Safetrack sc 彩色抗滑薄层铺装系统选定；

2013 年 8 月 8 日，斜桩基础定型及设计；

2013 年 9 月 27 日，东西桥钢箱梁技术要求确定；

2013 年 10 月 15 日，星愿湖管道通过桥塔基础方案分析；

2013 年 11 月 21 日，项目正式动工，开始桩基施工；

2014 年 1 月 7 日，东西桥索结构技术要求确定；

2014 年 4 月 9 日，开始桥台、承台施工；

2014 年 5 月 8 日，人致振动及 TMD 深化分析；

2014 年 9 月 19 日，下部结构施工完成；

2014 年 11 月 18 日，开始钢结构吊装施工；

2014 年 11 月 27 日，东西桥索长确定；

2014 年 12 月 28 日，东西桥边索末端节点形式定型；

2015 年 3 月 29 日，东桥全部安装完成；

2015 年 4 月 15 日，东桥落架施工；

2015 年 4 月 17 日，西桥全部安装完成；

2015 年 4 月 28 日，东桥落架数据分析；

2015 年 5 月 13 日，西桥落架施工；

2015 年 5 月 18 日，西桥落架数据分析；

2015 年 6 月 2 日，桥梁试验方案确定；

2015 年 7 月 30 日，开始静载试验；

2015 年 8 月 21 日，静载试验结束；

2016 年 1 月 26 日，动载试验；

2016 年 3 月 30 日，竣工；

2013 年 04 月 03 日，初步方案形成；

2013 年 05 月 16 日，第一次专家评审会；

2013 年 07 月 04 日，东西桥数值风洞分析；

2013 年 07 月 21 日，桥梁人致振动设计规范定稿；

2013 年 08 月 05 日，薄型耐磨桥面铺装选型；

2013 年 08 月 08 日，斜桩基础定型及设计；

2013 年 09 月 12 日，景观桥专家评审会；

2013 年 09 月 13 日，是明芳总裁、王庆国副总裁听取景观桥设计阶段性成果汇报；

2013 年 09 月 27 日，东西桥钢箱梁技术要求确定；

2013 年 10 月 15 日，中心湖泊管道通过桥塔基础方案分析；

2013 年 11 月 21 日，项目正式动工，开始桩基施工；

2013年11月23日，与德方交流确定Y形臂取消垂直拉杆，保留法向索的结构方案；

2013年12月13日，回复美方图纸审核意见；

2013年12月24日，景观桥初步设计批复；

2014年01月07日，东西桥索结构技术要求确定；

2014年01月26日，湖泊边缘(桥梁)工可批复；

2014年04月09日，开始桥台、承台施工；

2014年04月16日，索缆、索夹技术专题会；

2014年05月08日，人致振动及TMD深化方案确定；

2014年05月09日，向王庆国副总裁汇报桥梁建设进度；

2014年05月12日，基于BIM的桥梁节点专题技术讨论会；

2014年05月29日，桥梁落架方案专题讨论会；

2014年09月11日，钢结构制造验收规则定稿；

2014年09月19日，下部结构施工完成；

2014年11月18日，开始钢结构吊装施工；

2014年11月27日，东西桥索长确定；

2014年12月28日，东西桥边索末端节点形式定型；

2015年03月29日，东桥全部安装完成；

2015年04月15日，东桥落架成桥完成；

2015年04月17日，西桥全部安装完成；

2015年04月28日，东桥落架数据分析；

2015年05月13日，西桥落架成桥完成；

2015年05月18日，西桥落架数据分析；

2015年06月02日，桥梁试验方案确定；

2015年07月30日，开始静载试验；

2015年08月21日，静载试验结束；

2015年09月29日，向是明芳总裁、王庆国副总裁汇报桥梁副桥Y形臂十字梁偏差整改方案；

2016年01月25日，中外专家基于桥梁验收标准专题评审会；

2016年01月26日，动载试验；

2016年04月01日，王庆国副总裁参与中美双方竣工核查；

2016年04月05日，政府正式验收。

附录 2

施工过程图集

附图 2.1　桥台打桩

附图 2.2　桥台基坑开挖

附图 2.3　桥台基坑支护

附图 2.4　桥台基坑平整

附图 2.5　绑扎桥台基础钢筋

附图 2.6　浇筑桥台混凝土

附图 2.7　绑扎地锚钢筋

附图 2.8　绑扎桥台钢筋，浇筑承台、地锚混凝土

附图 2.9　绑扎桥台钢筋

附图 2.10　搭设主梁支架(一)

附图 2.11　搭设主梁支架浇筑桥台(二)

附图 2.12　搭设主梁支架(三)

附图 2.13　搭设主梁支架(四)

附图 2.14　主梁就位(一)

附图 2.15　主梁就位(二)

附图 2.16　主苔安装

附图 2.17　背索安装

附图 2.18　8 和 8′ 轴吊索的安装

附图 2.19　主缆的安装(一)

附图 2.20　主缆的安装(二)

附图 2.21　落架成桥

附图 2.22　拆除主梁支架

附图 2.23　主梁支架拆除完毕

附图 2.24　水域开挖(一)

附图 2.25　水域开挖(二)

附图 2.26　水域开挖完成

附图 2.27　桥梁竣工图(一)

附图 2.28　桥梁竣工图(二)

附录3

单边悬索桥通用性验收项目

附 3.1　一般规定

（1）桥梁主体结构施工单位应具备相应的桥梁工程施工资质，施工现场质量管理应有相应的施工技术标准、质量管理体系、质量控制及检验制度，施工现场应有项目技术负责人审批的施工组织设计、施工方案等技术文件。

（2）参考现行国家标准《建筑工程施工质量验收统一标准》（GB 50300—2013）的规定，人行景观桥主体结构宜作为分部工程验收，也可划分成若干个子分部工程进行竣工验收。

（3）人行景观桥主体结构质量合格标准应符合下列规定。

①各分项工程质量均应符合合格质量标准。

②质量控制资料和文件应完整。

③有关安全及功能的检验和见证监测结果应符合本验收标准相应合格质量标准的要求。

④有关观感质量应符合本规范相应合格质量标准的要求。

（4）人行景观桥主体结构竣工验收时，应提供下列文件和记录。

①结构工程竣工图纸及相关设计文件。

②施工现场质量管理检查记录。

③有关安全及功能的检验和见证检测项目检查记录。

④有关观感质量检验项目检查记录。

⑤所含各分项工程质量验收记录。

⑥各分项工程所含各检验批质量验收记录。

⑦隐蔽工程检验项目检查验收记录。

⑧有材料、成品质量合格证明文件、中文标识及性能检测报告。

⑨不合格项的处理记录及验收记录。

⑩重大质量、技术问题实施方案及验收记录。

⑪其他有关文件和记录。

附 3.2　基础验收

1）一般规定

略。

2）模板和支架检验

略。

3）钢筋检验

略。

4）混凝土检验

略。

5）沉入式桩基（锤击钢管桩）检验

（1）主控项目

①钢管桩制作质量检验应符合下列要求:

a. 钢材品种、规格及其技术性能应符合设计要求和相关标准规定。

检查数量:全数检查。

检查方法:检查钢材出厂合格证、检验报告和生产厂的复验报告。

b. 制作焊接质量应符合设计要求和相关标准规定。

检查数量:全数检查。

检查方法:检查生产厂的检验报告。

②沉入桩的入土深度、最终贯入度或停打标准应符合设计要求。

检查数量:全数检查。

检查方法:观察、测量、检查沉桩记录。

(2)一般项目

①钢管桩制作允许偏差应符合附表 3.1 的规定。

钢管桩制作允许偏差　　附表 3.1

项目	允许偏差(mm)	检验频率		检查方法
		范围	点数	
外径	±5	每批检查 10%	1	用钢尺量
长度	+10 0			
桩轴线的弯曲矢高	≤1% 桩长,且不大于 20	全数		沿桩身拉线,用钢尺量
端部平面度	2	每批检查 20%		用直尺和塞尺量
端部平面与桩身中心线的倾斜	≤1% 桩径,且不大于 3		2	用垂线和钢尺量

②沉桩允许偏差应符合附表 3.2 的规定。

沉桩允许偏差　　附表 3.2

项目			允许偏差(mm)	检验频率		检查方法
				范围	点数	
桩位	群桩	中间桩	≤ $d/2$,且不大于 250	每排桩	20%	用经纬仪测量
		外缘桩	$d/4$			
	排架桩	顺桥方向	40			
		垂直桥轴方向	50			
桩尖高程			不高于设计要求	每根桩	全数	用水准仪测量
斜桩倾斜度			±15%$\tan\theta$			
直桩垂直度			1%			用垂线和钢尺量尚未沉入部分

注:1. d 为桩的直径或短边尺寸(mm)。

2. θ 为斜桩设计纵轴线与铅垂线的夹角(°)。

③接桩焊缝外观质量应符合附表 3.3 的规定。

接桩焊缝外观允许偏差 附表 3.3

项　　目		允许偏差（mm）	检验频率		检查方法
			范围	点数	
咬边深度(焊缝)		0.5	每条焊缝	1	用焊缝量规、钢尺量
加强层高度(焊缝)		+3			
加强层宽度(焊缝)		0			
钢管桩上下节错台	公称直径≥ 700mm	3			用钢板尺和塞尺量
	公称直径＜ 700mm	2			

6）桥台检验

（1）主控项目

台身混凝土强度达到设计强度的 75% 以上时，方可回填土。

检查数量：全数检查。

检查方法：观察、检查同条件养护试件试验报告。

（2）一般项目

混凝土表面应无孔洞、露筋、蜂窝、麻面。

检查数量：全数检查。

检查方法：观察。

桥台背填土的长度，台身顶面处不应小于桥台高度加 2m，底面不应小于 2m。

检查数量：全数检查。

检查方法：观察、用钢尺量、检查施工记录。

附 3.3　缆索结构验收

（1）索塔钢结构部分

略。

（2）缆索结构部分

①缆索所用预应力钢丝应有产品合格证书、材质检验测试报告，其品种、规格和技术性能必须符合设计及相关标准规定。

②缆索交货长度应为设计长度，其允许偏差应符合附表 3.4 的规定。

缆索长度允许偏差（mm） 附表 3.4

缆索长度 L（m）	允许偏差
≤ 50	±15
$50 < L \leq 100$	±20
＞ 100	$\pm L/5\,000$

③运输与储存。缆索装卸中应按规定要求操作，运输中应避免碰撞及直接与硬物摩擦。

④缆索安装时，应在相应工作面上设置安全网，作业人员应系安全带。

⑤在户外作业时，宜在风力不大于四级的情况下进行。在安装过程中应注意风速和风向，

应采取安全防护措施避免缆索发生过大摆动。有雷电时，应停止作业。

⑥缆索在安装过程中，应防止雨水进入索体及锚具内部。

⑦室外缆索应采用可靠的密封防水、防腐蚀和耐老化措施。

⑧施工完成后应采取保护措施，防止缆索被损坏。在缆索的周边不得进行焊接、切割等作业。

⑨锚具的质量、性能、规格等应符合设计要求与《索结构技术规程》（JGJ 257—2012）中的相关规定。

⑩安装后的锚具及其连接应满足调节缆索长度的需要。

⑪锚具及其组装件的极限承载力不应小于索体的最小破断拉力。

⑫施工方应会同设计方、监控方对索结构施工各个阶段的索力及结构形状参数进行计算，并作为施工检测和质量控制的依据。

⑬对索体高强钢丝应进行镀锌，或镀铝锌、环氧喷涂等方法处理，索体两端锚具应采用表面镀层防腐蚀或喷涂防腐涂料。

⑭主缆紧缆工作应分两步进行，并应符合下列规定：

a. 预紧缆应在温度稳定的夜间进行。预紧缆时宜把主缆全长分为若干区段分别进行。

b. 正式紧缆宜采用专用的紧缆机把主缆整成圆形。正式紧缆的方向宜向塔柱方向进行。当紧缆点空隙率达到设计要求时，在紧缆机附近设两道钢带，其间距可取 100mm，带扣应放在主缆的侧下方。紧缆点间的距离宜为 1m。

⑮缆索防护应符合下列规定：

a. 缆索防护应在桥面铺装完成后进行。

b. 防护前必须清除缆索表面灰尘、油污和水分等，并临时覆盖。待涂装及缠丝时再揭开临时覆盖。

c. 缆索涂装应均匀，严禁遗漏。涂装材料应具有良好的防水密封性和防腐性，并应保持柔软状态，不硬化、不脆裂、不霉变。

（3）索夹部分

①索夹安装前，必须测定主缆的空缆线形，经设计单位确认索夹位置后，方可对索夹进行放样、定位、编号。放样、定位应在环境温度稳定时进行。索夹位置处主缆表面的油污及灰尘应清除并涂防锈漆。

②索夹在运输和安装过程中应采取保护措施，防止碰伤及损坏。

③索夹安装位置纵向误差不得大于 10mm。当索夹在主缆上精确定位后，应立即紧固索夹螺栓。

④紧固同一索夹螺栓时，各螺栓受力应均匀，并应按三个荷载阶段（索夹安装时、落架施工后、桥面铺装后）对索夹螺栓进行检查。

⑤索夹安装时，应满足设计对各施工阶段索夹拼装螺栓的拧紧力矩要求。

附 3.4　索塔

略。

附 3.5　主缆

1）主缆材质检验

（1）主控项目

①主缆的品种、规格和技术性能必须符合设计要求及《悬索桥预制主缆丝股技术条件》（JT/T 395—1999）的相关规定。

检查数量：按进场批次确定。

检查方法：检查产品合格证、出厂检验报告、材质证明文件。

②锚具性能质量应符合设计要求和国家现行标准规定。

检查数量：按进场批次确定。

检查方法：检查原材料合格证和制造厂的复验报告；检查成品合格证和技术性能检测报告。

条文来源：《城市桥梁工程施工与质量验收规范》（CJJ 2—2008），18.8.8 条。

（2）一般项目

主缆进场时应对主缆进行外观检测。成型后的丝股钢丝应按规定整齐、紧密排列，无错位，保护层应完好。

检查数量：每 2m 检测一次。

检查方法：观察检查。

条文来源：《悬索桥预制主缆丝股技术条件》（JT/T 395—1999），6.2.1 条，有修改。

2）主缆安装、定位质量检验

（1）主控项目

主缆与索塔的连接构造、主缆（边缆）与混凝土桥台的连接构造应符合设计要求。

检查数量：全数检查。

检查方法：观察法、用仪器量测。

（2）一般项目

①主缆架设允许偏差应符合附表 3.5 的规定。

检查数量：全数检查。

检查方法：见附表 3.5。

条文来源：《城市桥梁工程施工与质量验收规范》（CJJ 2—2008），表 18.8.8-2，较大改动。

主缆架设允许偏差（mm）　　附表 3.5

项目		允许偏差	检查方法
主缆高程	中跨跨中	±L/20 000	用全站仪测量跨中
	边跨跨中	±L/10 000	
	上下游基准	±10	

注：L 为跨度。

②主缆架设后应直顺、无扭转；主缆钢丝应直顺、无重叠和鼓丝、保护层完好。

检查数量：全数检查。

检查方法：观察、检查施工记录。

条文来源：《城市桥梁工程施工与质量验收规范》（CJJ 2—2008），18.8.8 条。

附 3.6 吊杆索

1）吊杆索材质检验

（1）主控项目

①吊杆索所用预应力钢丝的品种、规格和技术性能必须符合设计要求。

检查数量：按进场批次确定。

检查方法：检查产品合格证、出厂检验报告、材质证明文件。

②吊杆索和锚具成品性能质量应符合设计要求和国家现行标准规定。

检查数量：全数检查。

检查方法：检查原材料合格证和制造厂的复验报告；检查成品合格证和技术性能检测报告。

条文来源：《城市桥梁工程施工与质量验收规范》（CJJ 2—2008），18.8.10 条。

（2）一般项目

吊杆索进场时应对吊杆索进行外观检测。成型后的丝股钢丝应按规定整齐、紧密排列，无错位。保护层应完好。

检查数量：按吊杆索数量抽查 10% 且不应少于 10 个。

检查方法：观察检查。

条文来源：《悬索桥预制主缆丝股技术条件》（JT/T 395—1999），6.2.1 条，有修改。

2）吊杆索安装质量检验

（1）主控项目

吊杆索安装完成后的垂度、拱度应符合设计要求。吊杆索锚具与索塔、主桥钢箱梁的连接应符合设计要求。

检查数量：按吊杆索数量抽查 10% 且不应少于 10 个。

检查方法：观察检查及用仪器测量。

条文来源：《索结构技术规程》（JGJ 257—2012），7.7.4、7.7.5 条，有修改。

（2）一般项目

①吊杆索安装完成后，索体表面应圆整、光洁、无损伤、无污垢、无破损。

检查数量：全数检查。

检查方法：观察检查。

条文来源：《索结构技术规程》（JGJ 257—2002），7.7.3 条，有修改。

②吊杆索安装完成后，锚具、销轴及其他连接件表面应无损伤。如果存在损伤，应作相应的修补。

检查数量：全数检查。

检查方法：观察检查。

条文来源：《索结构技术规程》（JGJ 257—2002），7.7.3、7.7.4 条，有修改。

③吊杆索和锚具允许偏差应符合附表 3.6 的规定。

检查数量：全数检查。

检查方法:见附表 3.6。

条文来源:《城市桥梁工程施工与质量验收规范》(CJJ 2—2008),表 18.8.10-20。

吊杆索和锚具允许偏差(mm)　　附表 3.6

项　　目		允许偏差	检 查 方 法
吊杆索调整后长度(销孔之间)	≤ 5m	±2	用钢尺量
	＞ 5m	±L/2 000	
销轴直径偏差		0 −0.15	用量具检测
销轴孔位置偏差		±5	用量具检测
热铸锚合金灌铸率(%)		>92	量测计算
锚具顶压后吊杆索外移量(按规定顶压力,持荷 5min)		符合设计要求	用量具检测
吊杆索轴线与锚具端面垂直度(°)		0.5	用量具检测
锚具喷涂厚度		符合设计要求	用测厚仪检测
锚具尺寸		符合设计要求	用仪器量测

注:1. L 为吊杆索长度。

2. 外移量允许偏差应在扣除初始外移量后进行量测。

3)吊杆索力检验

主控项目

成桥后,在最不利工况条件下,吊杆索索力应保证 2.5 倍安全系数。

检查数量:全数检查。

检查方法:查验静载试验监控报告,参考静载试验方案、静载试验后调索方案。

附 3.7　背索

1)背索材质检验

(1)主控项目

背索所用预应力钢丝的品种、规格和技术性能必须符合设计要求。

检查数量:全数检验。

检查方法:检查产品合格证、出厂检验报告、材质证明文件。

(2)一般项目

背索进场时应对背索进行外观检测。成型后的丝股钢丝应按规定整齐、紧密排列,无错位,保护层应完好。

检查数量:每 2m 检测一次。

检查方法:观察检查。

条文来源:《悬索桥预制主缆丝股技术条件》(JT/T 395—1999),6.2.1 条,有修改。

2)背索安装质量检验

(1)主控项目

①背索和锚具成品性能质量应符合设计要求和国家现行标准规定。

检查数量：全数检查。

检查方法：检查原材料合格证和制造厂的复验报告；检查成品合格证和技术性能检测报告。

②背索安装完成后的垂度、拱度应符合设计要求。背索锚具与索塔、底部锚碇的连接应符合设计要求。

检查数量：全数检查。

检查方法：观察检查及用仪器测量。

条文来源：《索结构技术规程》（JGJ 257—2002），7.7.4、7.7.5 条，有修改。

（2）一般项目

①背索安装完成后，索体表面应圆整、光洁、无损伤、无污垢、无破损。

检查数量：全数检查。

检查方法：观察检查。

条文来源：《索结构技术规程》（JGJ 257—2002），7.7.3 条，有修改。

②背索安装完成后，锚具、销轴及其他连接件表面应无损伤。如果存在损伤，应作相应的修补。

检查数量：全数检查。

检查方法：观察检查。

条文来源：《索结构技术规程》（JGJ 257—2002），7.7.3、7.7.4 条，有修改。

③背索和锚具允许偏差应符合附表 3.7 的规定。

检查数量：全数检查。

检查方法：见附表 3.7。

条文来源：《城市桥梁工程施工与质量验收规范》（CJJ 2—2008），表 18.8.10-2。

背索和锚具允许偏差（mm） 附表 3.7

项目		允许偏差	检查方法
背索长度（销孔之间）	≤5m	±2	用钢尺量
	>5m	±L/2 000	
销轴直径偏差		0 −0.15	用量具检测
销轴孔位置偏差		±5	用量具检测
热铸锚合金灌铸率（%）		>92	量测计算
锚具顶三后背索外移量（按规定顶压力，持荷 5min）		符合设计要求	用量具检测
背索轴线与锚具端面垂直度（°）		0.5	用量具检测
锚具喷涂厚度		符合设计要求	用测厚仪检测
锚具尺寸		符合设计要求	用仪器量测

注：1. L 为背索长度。

2. 外移量允许偏差应在扣除初始外移量后进行量测。

④背索安装允许偏差应符合附表 3.8 的规定。

检查数量 全数检查。

检查方法：见附表 3.8。

条文来源：《城市桥梁工程施工与质量验收规范》（CJJ 2—2008），表 18.8.10-3，有修改。

背索安装允许偏差（mm） 附表 3.8

项　　目		允许偏差	检 查 方 法
背索顶部与索塔连接处偏位	纵向	10	用全站仪或钢尺量
	横向	3	
背索顶部连接处高程		20	用水准仪测量

3）背索锚碇混凝土施工质量检验

（1）主控项目

①地基承载力必须符合设计要求。

检查数量：全数检查。

检查方法：检查地基承载力检测报告。

条文来源：《城市桥梁工程施工与质量验收规范》（CJJ 2—2008），18.8.5 条。

②混凝土表面不得有孔洞、露筋和受力裂缝。

检查数量：全数检查。

检查方法：观察检查。

条文来源：《城市桥梁工程施工与质量验收规范》（CJJ 2—2008），18.8.5 条。

（2）一般项目

①锚碇结构允许偏差应符合附表 3.9 规定。

检查数量：全数检查。

检查方法：见附表 3.9。

条文来源：《城市桥梁工程施工与质量验收规范》（CJJ 2—2008），表 18.8.5，有修改。

锚碇结构允许偏差（mm） 附表 3.9

项　　目		允许偏差	检 查 方 法
轴线偏位	基础	20	用经纬仪或全站仪测量
断面尺寸		±30	用钢尺量
基础底面高程	土质	±50	用水准仪测量
	石质	+50 −200	
基础顶面高程		±20	
大面平整度		5	用直尺、塞尺量
预埋件位置		符合设计规定	经纬仪放线，用钢尺量

②锚碇表面应无蜂窝、麻面和大于 0.15mm 的收缩裂缝。

检查数量：全数检查。

检查方法：观察检查。

条文来源：《城市桥梁工程施工与质量验收规范》（CJJ 2—2008），18.8.5 条。

4）背索力

主控项目：成桥后，在最不利工况条件下，背索索力应保证 2.5 倍安全系数。

检查数量：全数检验。

检查方法：查验静载试验监控报告。

附 3.8 环索

1）环索材质检验

（1）主控项目

环索所用预应力钢丝的品种、规格和技术性能必须符合设计要求。

检查数量：全数检验。

检查方法：检查产品合格证、出厂检验报告、材质证明文件。

（2）一般项目

环索进场时应对环索进行外观检测。成型后的丝股钢丝应按规定整齐、紧密排列，无错位，保护层应完好。

检查数量：每 2m 检测一次。

检查方法：观察检查。

条文来源：《悬索桥预制主缆丝股技术条件》（JT/T 395—1999），6.2.1 条，有修改。

2）环索安装、张拉质量检验

（1）主控项目

①环索成品性能质量应符合设计要求和国家现行标准规定。

检查数量：全数检查。

检查方法：检查原材料合格证和制造厂的复验报告；检查成品合格证和技术性能检测报告。

②环索安装完成后、张拉前，锚固端构造应符合设计要求。

检查数量：全数检查。

检查方法：观察检查及用仪器测量。

③混凝土达到设计强度后，方可进行环索张拉。

检查数量：全数检查。

检查方法：检查同条件养护试件强度试验报告。

条文来源：《城市桥梁工程施工与质量验收规范》（CJJ 2—2008），18.8.6 条，有修改。

④环索应分批次张拉，每批次张拉力应符合设计与施工方案的规定。

检查数量：全数检查。

检查方法：检查施工记录、落架施工方案与设计文件。

（2）一般项目

①环索安装、张拉完成后，索体表面应圆整、光洁、无损伤、无污垢、无破损。

检查数量：全数检查。

检查方法：观察检查。

条文来源：《索结构技术规程》（JGJ 257—2002），7.7.3 条，有修改。

②环索安装、张拉完成后，锚具、销轴及其他连接件表面应无损伤。如果存在损伤，应作相应的修补。

检查数量：全数检查。

检查方法：观察检查。

条文来源:《索结构技术规程》(JGJ 257—2002), 7.7.3、7.7.4 条,有修改。

③环索张拉完成后,应对桥梁结构进行变形测量。结构变形应符合设计要求。

检查数量:全数检查。

检查方法:宜使用全站仪。

条文来源:《索结构技术规程》(JGJ 257—2002), 7.7.5 条,有修改。

④环索架设允许偏差应符合附表 3.10 的规定。

检查数量:全数检查。

检查方法:见附表 3.10。

条文来源:《城市桥梁工程施工与质量验收规范》(CJJ 2—2008),表 18.8.8-2,有较大改动。

环索架设允许偏差(mm) 附表 3.10

项目		允许偏差	检查方法
环索高程	中跨跨中	±L/20 000	用全站仪测量跨中
	边跨跨中	±L/10 000	
	上下游基准	±10	

注:L 为跨度。

⑤环索张拉锚固系统的制作偏差应符合附表 3.11 的规定。

检查数量:全数检查。

检查方法:见附表 3.11。

条文来源:《城市桥梁工程施工与质量验收规范》(CJJ 2—2008),表 18.8.3-1。

环索张拉锚固系统制作允许偏差(mm) 附表 3.11

项目		允许偏差	检查方法
连接器	拉杆孔至锚固孔中心距	±0.5	游标卡尺
	主要孔径	+1.0 0	游标卡尺
	孔轴线与顶、底面垂直度(°)	0.3	量具
	底面平面度	0.08	量具
	拉杆孔顶、底面平行度	0.15	量具
拉杆同轴度		0.04	量具

⑥环索张拉锚固系统的安装偏差应符合附表 3.12 的规定。

检查数量:全数检查。

检查方法:见附表 3.12。

条文来源:《城市桥梁工程施工与质量验收规范》(CJJ 2—2008),表 18.8.4-1。

环索张拉锚固系统安装允许偏差(mm) 附表 3.12

项目	允许偏差	检查方法
前锚面孔道中心坐标偏差	±10	用全站仪测量
前锚面孔道角度(°)	±0.2	用经纬仪或全站仪测量
拉杆轴线偏位	5	用经纬仪或全站仪测量
连接器轴线偏位	5	用经纬仪或全站仪测量

附 3.9　法向索

1）法向索材质检验

（1）主控项目

①法向索所用预应力钢丝的品种、规格和技术性能必须符合设计要求。

检查数量：按进场批次确定。

检查方法：检查产品合格证、出厂检验报告、材质证明文件。

②索夹、法向索和锚具成品性能质量应符合设计要求和国家现行标准规定。

检查数量：全数检查。

检查方法：检查原材料合格证和制造厂的复验报告；检查成品合格证和技术性能检测报告。

（2）一般项目

法向索进场时应对吊杆索进行外观检测。成型后的丝股钢丝应按规定整齐、紧密排列，无错位，保护层应完好。

检查数量：按法向索数量抽查 10% 且不应少于 10 个。

检查方法：观察检查。

条文来源：《悬索桥预制主缆丝股技术条件》（JT/T 395—1999），6.2.1 条，有修改。

2）法向索安装质量检验

（1）主控项目

法向索安装完成后的垂度、拱度应符合设计要求。法向索锚具、索夹与环索连接应符合设计要求。

检查数量：按法向索数量抽查 10% 且不应少于 10 个。

检查方法：观察检查及用仪器测量。

条文来源：《索结构技术规程》（JGJ 257—2002），7.7.4、7.7.5 条，有修改。

（2）一般项目

①法向索安装完成后，索体表面应圆整、光洁、无损伤、无污垢、无破损。

检查数量：全数检查。

检查方法：观察检查。

条文来源：《索结构技术规程》（JGJ 257—2002），7.7.3 条，有修改。

②法向索安装完成后，锚具、销轴及其他连接件表面应无损伤。如果存在损伤，应作相应的修补。

检查数量：全数检查。

检查方法：观察检查。

条文来源：《索结构技术规程》（JGJ 257—2002），7.7.3、7.7.4 条，有修改。

③法向索和锚具允许偏差应符合附表 3.13 的规定。

检查数量：全数检查。

检查方法：见附表 3.13。

条文来源：《城市桥梁工程施工与质量验收规范》（CJJ 2—2008），表 18.8.10-2。

法向索和锚具允许偏差(mm) 附表 3.13

项目		允许偏差	检查方法
法向索调整后长度(销孔之间)	≤5m	±2	用钢尺量
	>5m	±L/2 000	
销轴直径偏差		0 -0.15	用量具检测
销轴孔位置偏差		±5	用量具检测
热铸锚合金灌铸率(%)		>92	量测计算
锚具顶压后法向索外移量(按规定顶压力,持荷 5min)		符合设计要求	用量具检测
法向索轴线与锚具端面垂直度(°)		0.5	用量具检测
锚具喷涂厚度		符合设计要求	用测厚仪检测
锚具尺寸		符合设计要求	用仪器量测

注:1. L 为法向索长度。

2. 外移量允许偏差应在扣除初始外移量后进行量测。

附 3.10 索夹

1)索夹材质检验

(1)主控项目

索夹成品性能质量应符合设计要求和国家现行标准规定。

检查数量:全数检查。

检查方法:检查原材料合格证和制造厂的复验报告;检查成品合格证和技术性能检测报告。

条文来源:《城市桥梁工程施工与质量验收规范》(CJJ 2—2008),18.8.10 条。

(2)一般项目

索夹抗滑移指标应符合设计要求。

检查数量:按索夹数量抽查 10% 且不应少于 10 个。

检查方法:查验制造厂商检验报告。

2)索夹安装质量检验

(1)主控项目

①索夹与高强螺栓的构造、尺寸应符合设计要求。高强度螺栓应能够自由穿入索夹。螺栓(螺母)应符合《紧固件 验收检查》(GB/T 90.1—2002)相关规定。

检查数量:按索夹数量抽查 10% 且不应少于 10 个;每个被抽查索夹按螺栓数抽查 10% 且不应少于 2 个。

检查方法:观察检查及用卡尺检查。

条文来源:《钢结构工程施工质量验收规范》(GB 50205—2001),6.3.7 条,有较大修改。

②索夹高强度螺栓连接副终拧完成 1h 后、48h 内应进行终拧扭矩检查,检查结果应符合以下规定:高强度螺栓连接副扭矩检验含初拧、复拧、终拧扭矩的现场无损检验。检验所用的扭矩扳手,其扭矩精度误差应不大于 3%。

检查数量:按索夹数量抽查 10% 且不应少于 10 个;每个被抽查索夹按螺栓数抽查 10% 且

不应少于2个。

检查方法：高强度螺栓连接副扭矩检验分扭矩法和转角法两种，原则上检查方法与施工方法相同。扭矩检验应在施拧1h后、48h内完成。

条文来源：《钢结构工程施工质量验收规范》(GB 50205—2001)，B.0.3条，有较大修改。

(2)一般项目

①索夹部件的加工精度应符合附表3.14要求。

索夹各部件主要精度要求 附表3.14

项 目	精度要求
长度(mm)	±2
内径(mm)	±2
螺孔位置(mm)	±1.5
螺孔直径公差(mm)	±2
壁厚度(%)	0～5
不圆度(mm)	2
平直度(mm)	1
索夹孔内的表面粗糙度(μm)	R_a=12.5～25
索夹重量的容许误差(%)	<±8

检查数量：按吊杆索数量抽查10%且不应少于10个。

检查方法：观察检查及用仪器测量。

条文来源：《公路桥涵施工技术规范》(JTG/T F50—2011)，表18.7.1。

②索夹安装位置允许偏差应符合附表3.15的规定。

检查数量：全数检查。

检查方法：见附表3.15。

条文来源：《城市桥梁工程施工与质量验收规范》(CJJ 2—2008)，表18.8.10-3，有修改。

索夹安装位置允许偏差(mm) 附表3.15

项 目		允许偏差	检查方法
索夹偏位	纵向	10	用全站仪或钢尺量
	横向	3	
索夹吊点高程		20	用水准仪测量
索夹螺杆紧固力(kN)		符合设计要求	用压力表检测

③为保证主缆不受扭力，索夹轴线在主缆断面上的安装角度应符合下列规定：

a. 索夹安装前应按设计要求事先标定该角度，标定时主缆应水平且不应扭曲。

b. 索夹安装后应复测该角以保证主缆不受扭力。

检查数量：全数检查。

检查方法：查验设计文件、施工资料，并用仪器复测。

④高强度螺栓连接副的施拧顺序和初拧、复拧扭矩应符合设计要求和国家现行行业标准

《钢结构高强度螺栓连接技术规程》(JGJ 82—2011)的规定。

检查数量:全数检查资料。

检查方法:检查扭矩扳手标定记录和螺栓施工记录。

条文来源:《钢结构工程施工质量验收规范》(GB 50205—2001), 6.3.4 条。

⑤高强度螺栓连接摩擦面应保持干燥、整洁,不应有飞边、毛刺、焊接飞溅物、焊疤、氧化铁皮、污垢等,除设计要求外,摩擦面不应涂漆。

检查数量:全数检查。

检查方法:观察检查。

条文来源:《钢结构工程施工质量验收规范》(GB 50205—2001), 6.3.6 条。

附 3.11 钢结构验收

略。

附 3.12 测量要求

略。

附 3.13 验收组织要求

略。

参考文献
REFERENCES

[1] 庞学雷．飘逸在水面上的彩虹——上海国际旅游度假区空间曲梁单边悬索桥的设计与施工[J]. 建筑施工，2015，12:1339-1341.

[2] 罗东伟．空间曲梁单边悬索桥设计中的行人舒适性分析及改进建议 [J]. 建筑施工，2015，12:1342-1344.

[3] 孙利民，杨伟，于军峰，等．空间曲梁单边悬索桥的振动舒适性评估及减振设计 [J]. 建筑施工，2015，12:1345-1348.

[4] 陈路伟．空间曲梁单边悬索桥施工方案的研究 [J]. 建筑施工，2015，12:1349-1350.

[5] 王星，阮再兴．空间曲梁单边悬索桥圆弧形钢箱梁的安装 [J]. 建筑施工，2015，12:1351-1353.

[6] 钱建兴．空间曲梁单边悬索桥缆索系统的安装 [J]. 建筑施工，2015，12:1354-1356.

[7] 花炳灿，朱华军，于军峰，等．空间曲梁单边悬索桥扭转效应的设计处理 [J]. 建筑施工，2015，12:1357-1358.

[8] 马晓云．空间曲梁单边悬索桥的水平环索张拉施工技术 [J]. 建筑施工，2015，12:1359-1361.

[9] 李怀翠，况中华，吕晓天，等．空间曲梁单边悬索桥大跨度预应力钢结构卸载过程分析 [J]. 建筑施工，2015，12:1362-1363.

[10] 崔鑫．空间曲梁单边悬索桥的施工形态监测与分析 [J]. 建筑施工，2015，12:1364-1365.

[11] 徐宝成．空间曲梁单边悬索桥静载试验方法研究 [J]. 建筑施工，2015，12:1366-1368.

[12] 苏昱晟，吕晓天，况中华，等．空间曲梁单边悬索桥静载试验分析 [J]. 建筑施工，2015，12:1369-1370.

[13] 谭长建，崔鑫．空间曲梁单边悬索桥静载试验中的索力测试 [J]. 建筑施工，2015，12:1371-1373.

[14] 于超，赵锡伟，庞学雷．复杂结构景观桥梁项目管理实例分析 [J]. 建筑施工，2015，12:1374-1376.

[15] 王萍．空间曲梁单边悬索桥的质量监理 [J]. 建筑施工，2015，12:1377-1378.

[16] 柯红军，李传习，张玉平，等．双塔大横向倾角空间主缆自锚式悬索桥体系转换方案与控制方法 [J]. 土木工程学报，2010（11）:94-101.

[17] 牛登辉，周志祥．自锚式悬索桥全桥模型试验结构设计与理论分析 [J]. 城市道桥与防洪，2014（10）:44-46.

[18] 吴超兴．自锚式斜拉—悬索桥体系转换施工关键技术研究 [J]. 福建建筑，2012（11）:69-70.

[19] 李鸥．大跨度单主缆悬索桥体系转换过程受力分析 [J]. 桥梁建设，2014（3）:104-108.

[20] 朱群平．关于桥梁施工项目管理办法的探讨 [J]. 交通标准化，2009（23）:192-194.

[21] 宋子婧，章征，向文凤，等．工程系统分解结构在特大型桥梁项目管理中的应用研究 [J]. 建筑经济，2014（8）:32-37.

[22] 华东建筑设计研究院有限公司现代都市建筑设计院．迪士尼乐园湖泊边缘景观人行桥设计图纸 [Z] 上海:华东建筑设计研究院有限公司现代都市建筑设计院，2013.

[23] 花炳灿．悬浮在湖面上的飘带:迪斯尼湖畔公园景观人行桥项目设计 [J]. 建筑技艺，2014（5）:84-86.

[24] 郭耀君．分段桥梁施工分析与控制 [M]. 北京:人民交通出版社，2003.

[25] 郑为，张书征．同步位移顶升监控系统在桥梁施工中的应用 [J]. 交通标准，2012（12）:131-133.

[26] 赵阳，项贻强．湖州岜风桥整体顶升施工及监控 [J]. 公路，2008（10）:13-17.

[27] 魏华．国内最大跨径钢筋混凝土主梁自锚式悬索桥:永康市溪心桥施工控制 [J]. 结构工程师，2004（3）:77-82.

[28] 杨晓凡．桥梁项目管理信息系统研究 [J]. 中小企业管理与科技，2009（4）:45-46.

[29] 曾修贵．道路桥梁中工程项目管理探讨 [J]. 广东科技，2009（2）:19- 20.

[30] 钟思宁．道路桥梁工程建设项目管理的方法及措施探讨 [J]. 城市建筑，2015（3）:144.

[31] 王新敏．悬索桥静力扭转分析 [J]. 石家庄铁道大学学报:自然科学版，1991（3）:8-19.

[32] 黄海云，石国彬．人字形桥梁的约束扭转和畸变效应分析 [J]. 广东公路交通，2002（c00）:41-44.

[33] 钟阔，黄敏．基于 ANSYS 的悬索桥空间主缆扭转问题计算方法研究 [J]. 湖南交通科技，2015（2）:74-77.

[34] 李立，李森，廖锦翔．悬索桥的非线性动力行为及其大振幅扭转振动 [J]. 公路交通科技，2001（5）:29-31.

[35] 罗娜，刘健新．主缆及吊杆形式对超长跨径吊桥结构的影响 [J]. 西安公路交通大学学报，1999（3）:39-41.

[36] 马如进，田雨，陈艾荣 悬挂式人行桥基频估算及考虑车致振动效应的行人舒适性评价 [J]. 振动与冲击，2014（1）:45-50.

[37] 金志坚．人行桥人致振动分析 [D]. 长沙:湖南大学，2010.

[38] 陈政清，华旭刚．人行桥的振动与动力设计 [M]. 北京:人民交通出版社，2009.

[39] 欧家富．大跨度人行斜拉桥的振动分析与参数研究 [D]. 广州:广东工业大学，2010.

[40] 陈阶亮，裘新谷．人行桥振动舒适性评价方法及标准研究现状 [J]. 桥梁建设，2010（1）:75-78.

[41] 陈政清，华旭刚 . 人行桥的振动与动力设计 [M]. 北京：人民交通出版社，2009.

[42] 袁旭斌，孙利民 . 人行桥人致振动特性研究 [D]. 上海：同济大学，2006.

[43] 钱骥，孙利民 . 大跨径人行桥人致振动舒适性评估及减振措施 [J]. 上海交通大学学报，2011（5）：677-681.

[44] Bachmann H，Ammann W.Vibrations in Structures Induced by Manand Machines [J].IABSE- AIIPC-IVBH，Structural Engineering Documents，1987（3）：35-47.

[45] Allen D E，Rainer J H，Pernica G.Vibration Criteria for Assembly Occupancies[J].Canadian Journal of Civil Engineering，1985（3）：617-623.

[46] Pavic A，Reynolds P.Vibration Serviceability of Long-Span Concrete Building Floors.Part1 Review of Background Information[J].The Shock Vibration Digest，2002（3）：191-211.

[47] Pimentel RL，Pavic A，Waldron P.Evaluation of Design Requirements for Footbridges Excited by Vertical Forces from Walking[J].Canadian Journal of Civil Engineering，2001（5）：769-777.

[48] Bachmann H.Vibration Upgrading of Gymnasia，Dance Halls and Footbridges[J].Structural Engineering International，1992（2）：118-124.

[49] Rainer J，Pernica G，Allen D E.Dynamic Loading and Response of Footbridges[J].Canadian Journal of Civil Engineering，1988（1）：66-71.

[50] Allen D，Murray T.Design Criterion for Vibrations Due to Walking[J].Engineering Journal-American Institute of Steel Construction，1993（4）：117-129.

[51] Kerr S C.Human Induced Loading on Staircases[D].London：University of London，1998.

[52] Ellis B.On the Response of Long-Span Floors to Walking Loads Generated by Individuals and Crowds[J].Structural Engineer，2000（10）：17-25.